DE LA VIE

ET DE LA MORT

Considérations Philosophiques.

Imprimerie de Ducessois, 55, quai des Augustins.

DE LA VIE

ET

DE LA MORT

Considérations Philosophiques

SUR

LA VIE DE LA TERRE ET DES ÊTRES QUI EN DÉPENDENT,

EN PARTICULIER

DE LA VIE ET DE LA MORT DE L'HOMME

ET DE SON AVENIR

comprenant

La Géogénie, concordant avec l'interprétation du 1er chap. de la Genèse ; la Géologie, l'Histoire Naturelle philosophique, la Vie humaine particulière et sociale,

PAR

LE DOCTEUR REMY

Membre de la Société d'Agriculture, Commerce, Sciences et Arts de la Marne, etc., etc.

———◆———

PARIS

COMPTOIR DES IMPRIMEURS-UNIS

15, quai Malaquais.

1847

AVANT-PROPOS.

Nous ne prétendons pas offrir ici une nouvelle théorie du grand problème de l'univers et de l'homme, mais présenter, dans ses détails, la preuve matérielle et irréfragable des rapports de l'homme avec la Divinité ; offrir les preuves palpables que nous donnent les sciences positives, surtout la géologie, de la création selon la Genèse ; faire voir que ce n'est plus de la foi , mais de la science que réclame cette divine revélation ou au moins le plus prodigieux des écrits pour toutes les intelligences. Démontrer le développement successif du Globe terrestre , de tous les êtres , et en particulier la marche progressive de l'humanité qui est encore dans l'enfance.

Sans argumentation , nous donnons seulement les preuves que nous offrent les sciences pour combattre les systèmes matérialistes qui font gémir les sciences et la raison : systèmes erronés qui plongent l'humanité dans l'abrutissement.

C'est surtout l'opinion du feu central de la terre , admise par beaucoup de savants, fondée sur une fausse conception des lois de la physique et des phénomènes chimiques, que nous avons à cœur de prouver le contraire.

Notre tâche, qui n'est pas difficile, est donc

de démontrer que tout a été créé, se développe, se perpétue, se reproduit en vertu des lois intelligentes, douées d'une constance qui en fait prévoir avec certitude les résultats successifs et futurs. Que le but de la création est l'homme, sa perfectibilité progressive et intelligente par une marche lente, tantôt vers le mal, tantôt vers le bien, effet nécessaire de la vie qui formule l'union de deux principes opposés, tendant à obtenir des êtres de plus en plus parfaits ou se rapprochant de la divinité : concours universel de tous les êtres tendant à cette fin, et se résumant en l'homme, par une succession de siècles qui effrayent notre imagination, et qui cependant ne sont qu'un instant par rapport à l'éternité.

Qu'il n'y peut y avoir de grands biens sans. grands malheurs. Qu'enfin l'unique bonheur est l'intelligence qui comprend la divinité, et que plus l'homme approche de ce degré d'intelligence plus il s'éloigne de la matière et se rend digne de l'immortalité.

Prouver que les êtres tendent à la perfectibilité d'organisation, que l'homme, dernier résultat actuel, toujours par le jeu de l'antagonisme, marche vers l'organisation intellectuelle, spirituelle, qu'il est encore dans sa première enfance, qu'il peut à peine comprendre la divinité, que par une succession de vie et de mort durant des milliers de siècles, il arrivera à un état essentiellement spirituel. Que tout ce laps de temps n'est qu'un instant par rapport à l'éternité

Que le jeu de l'antagonisme, combat incessant du bien et du mal, du principe conservateur, organisateur contre le principe destructeur, désorganiteur, étant émané de l'acte de la création, est indispensable pour arriver à la perfection; que les mouvements de désorganisations de l'individu, comme ceux de la société, qui semblent indiquer un anéantissement, ne sont qu'un acte instantané de l'antagonisme, comme la marche qui nous paraît progressante; que celle-ci, qui nous flatte, qui flatte nos passions animales, ne peut durer longtemps sans réaction de la part de son antagoniste.

La vie sociale, ou la civilisation, qui tend à la perfection des individus, subit les conséquences du jeu de l'antagonisme dans sa marche; aussi cette civilisation progresse-t-elle, reste-t-elle stationnaire, ou se détruit-elle promptement, suivant que l'antagoniste du mal persiste, qu'il y a équilibre dans l'antagonisme, ou que l'antagoniste du bien domine.

Par exemple, nous devons voir dans la civilisation actuelle, européenne, et même américaine, imitée des Anglais, où l'argent constitue toute la puissance et tout le mérite, qui absorbe toute l'intelligence vers les arts du luxe et la concentre dans les villes, en abandonnant la paresse et l'incapacité aux travaux de l'agriculture, rendra la vie difficile et pénible à tous, en causant la rareté des aliments et une soif inextinguible de l'argent.

Les Anglais qui portent au plus haut point le luxe, le brillant de cette civilisation d'argent, que les autres peuples cherchent à imiter, ne peuvent plus vivre qu'aux dépens des peuples agricoles qu'ils affament, comme font les villes à l'égard des campagnes.

Une telle civilisation, progressante dans un sens, peu favorable à l'humanité et qui méconnaît la divinité, ne peut exister longtemps; parce qu'avant tout il faut manger pour vivre, et que pour avoir des vivres de la terre, il faut la travailler avec intelligence.

Cette civilisation, avant de mourir, n'aura d'autre recours que de s'expatrier, comme ont fait tant de peuples qui négligeaient l'agriculture.

DE LA VIE
ET DE LA MORT.

———◦◦———

PRÉLIMINAIRE.

La vie est une émanation de la Divinité qui met en fonction deux principes opposés ou antagonistes, pour composer un corps, minéral, végétal, animal ou humain. Ce corps croît et fonctionne selon son organisation.

La mort est la cessation de l'équilibre des deux principes antagonistes qui constituaient un corps.

Les corps augmentent la masse solide du globe terrestre, et la vie qui les animait rentre en la Divinité.

Le but de la vie est l'élaboration des êtres vers un état supérieur, et qui paraît se résumer en la perfectibilité humaine, ou d'êtres tendant vers la Divinité.

Les êtres minéraux sont le produit des êtres végétaux et animaux. Les premiers semblent se perfectionner par leur transformation successive de la surface vers le centre du globe, en devenant plus compactes, plus homogènes.

Le règne animal, au contraire, marche des couches ou formations inférieures à la surface en compliquant son organisation.

Le règne végétal alimente les deux autres, en transformant l'eau et l'air en matériaux de nutrition et de composition.

La nature est l'ensemble de tout ce qui compose notre univers, essentiellement et dans ses fonctions.

Le bien et le mal sont l'effet de l'union de deux principes antagonistes. Tout dans la nature est partagé en deux, l'un qui tend à la composition et l'autre à la décomposition, l'électricité positive et la néga-tive, les deux pôles magnétiques, la vie et la mort; les deux grands éléments de la vie, l'air et l'eau, dont chacun est encore composé de deux éléments, l'oxygène et l'azote, l'oxygène et l'hydrogène. Les principes ou les corps semblables ne se combinent pas, mais les dissemblables se combinent, constituent un corps qui reçoit la vie, qui croît, qui a deux propriétés, deux sensations : de là le bien et le mal.

GÉOLOGIE

PHILOSOPHIQUE.

VIE DE LA TERRE.

ABRÉGÉ GÉOGÉNIQUE ET GÉOGNOSIQUE.

PREMIER TEMPS DU GLOBE TERRESTRE.

Premier âge. — Première période. — Temps primitif. — Premier jour
de la Genèse. — Génération de la terre.

« Au commencement Dieu créa le ciel et la terre, »
dit la *Genèse*.

Première formation. — Le globe terrestre nous paraît
avoir été formé par l'union de deux principes opposés,
dissemblables, antagonistes, comme l'oxygène et l'hydrogène, l'un probablement émané du soleil, et l'autre
d'un autre astre, que la puissance divine, manifestée
par l'électricité, aura combinés en leur donnant la vie.

De l'action de ces deux principes antagonistes, résultent l'attraction et la répulsion, la concentration et l'expansion. De là le mouvement circulaire de rotation et de circonvolution autour du soleil, la forme du globe terrestre, qui, pénétré à un haut degré du principe électrique, permanent dans le globe fluide gazeux et liquide, le rendait lumineux et chaud.

Sans l'action simultanée de ces deux principes antagonistes, qu'entretient la vie, rien n'existerait séparément, tout serait dans un état de confusion : ce serait le chaos.

On conçoit qu'une force de concentration centrifuge a dû s'établir au centre du globe, pendant qu'une autre force expansive agissait : de là un noyau aqueux, dont les parties se renouvelaient sans cesse en passant à l'état gazeux, de la périférie, et ceux-ci repassant à l'état aqueux du centre : de là la circulation du globe.

La température, moindre à la surface qu'au centre, et là, peut-être très-considérable, effet de la compression de l'air atmosphérique, sans cesse entraîné vers le centre où une immense masse aqueuse le comprimait; ce qui aussi augmentait la force expansive, comme la privation de la chaleur à la périférie, augmentait la force centrifuge.

Deuxième formation. — L'être terrestre ainsi constitué, fonctionnant par la vie qui lui est imprimée, se sera développé ; alors de nouvelles fonctions, de nouvelles combinaisons se seront établies. Une succession d'êtres nouveaux auront été créés en vertu des mêmes lois et selon les conditions d'existence. La vie et la mort auront marché simultanément dans le même but : création, destruction, pour organiser de nouveau.

Les trois règnes ont-ils commencé sous une même forme, réunis par des substances amorphes, des corps hétéromorphes (de Blainville), des psychodiaires (Bory-de-Saint-Vincent); ou les premières créations n'étaient-elles pas plutôt des matières végétales, confervoïdiformes, premiers produits de la combinaison de l'eau avec l'air? puis des zoophites, des polypiers flexibles en masses immenses, que des conditions de vie les plus favorables multipliaient constamment? Ensuite, profitant de la mort des premiers, s'élevèrent dans les mêmes conditions, portés sur les restes des premiers, des montagnes de zoolithes, madréporiques, coralligène origine des roches primitives, que le travail de la nature aura insensiblement amenés à l'état où nous les voyons.

Nous avons l'exemple de semblables formations, par les îles de l'Océanie, de la Polynésie, essentiellement composées de madrépores jusqu'à une profondeur incalculable, et dont la surface, plus ou moins au-dessus du niveau de la mer, offre les êtres des trois règnes.

Troisième formation. — Après un laps de temps, que l'on ne peut calculer qu'approximativement, comme un million d'années, ces amas madréporiques sont arrivés à constituer les formations de roches primitives, granitiques, syénitiques, porphyriques, qui constituent actuellement les premières formations du temps primitif.

Ces transformations ont dû nécessiter l'action de l'électricité à un haut degré, et les besoins de décomposition et de recomposition expliquent facilement la nécessité de l'action de l'agent terrible à qui rien ne résiste. Action fréquemment provoquée, et encore augmentée par ce qui se passait au-dessous des premières couches de formation ; le besoin d'oxygène faisait décomposer l'eau ; l'accumulation de l'hydrogène, du carbone, de l'azote, provenant des décompositions végéto-animales, a dû produire par leur tendance à l'expansion, par leur inflammation, effets d'une forte compression, effets qui ont attiré la puissance de l'électricité, les fractures, les soulèvements plus ou moins considérables des roches, leur fusion par place, plus ou moins complète, dont le produit sont les roches basaltiques, trachytiques, etc., etc., et les bouches ignivomes qui établissaient au sommet des boursouflements qui constituent les montagnes et les volcans.

La composition des roches primitives, comme toutes les autres, prouve que leurs éléments de composition sont le produit de l'élaboration végétale et animale, arrivées au point où elles sont par des transformations successives, effet du travail de la vie et de la mort.

Les formations madréporiques immenses des mers tropicales sont encore l'exemple de la vie primitive embryogénique du globe, lorsque l'eau, n'étant encore que très-incomplétement séparée de l'atmosphère, le globe aqueux qui devait composer le globe terrestre se remplissait, à sa périférie, de polypiers flexibles, zoophytiques, qui servaient d'aliment et d'appui aux polypiers madréporiques, lithozoaires, origines de la croûte minérale du globe terrestre, et qui croissaient à mesure que le globe aqueux augmentait par la séparation des eaux de l'atmosphère.

Tel a dû être le premier temps du globe terrestre.

Quatrième formation. — Mais ces premières formations subissaient, dans leurs parties inférieures, des transformations qui changeaient insensiblement leur nature successive, transformations qui se montrent différentes suivant les temps. Ainsi :

Superposées aux roches primitives que nous venons de nommer, se voient des roches d'autre nature, intimement liées entre elles, et qui évidemment passent de l'une à l'autre.

Les gneiss, micaschistes, talcschistes, paraissent offrir trois formations, dont le gneiss serait inférieur passant au porphyre, un peu stratifiés, intimement liées entre elles et avec celles inférieures et supérieures, contournées, crevassées, monticulées, traversées par des masses granitoïdes, leptinites, porphyrites, émites, diorites, ophiolites, graphites, stéalites, siénites, quarsites, amphibolites, aphanites.

Ces roches renferment encore des roches stratifiées, plus ou moins, selon les localités, comme des calcaires blancs primitifs, du talc, de la serpentine, des quartzites grenus, des topazes, de la dolomie blanche et noire, des gypses, des hyalomites, des tourmalines.

Les métaux sont nombreux dans ces roches, en

filons, cristallisés, disséminés, comme des minerais de manganèse, de cuivre, d'étain, d'argent, d'antimoine, de cobalt, du fer carbonaté et oligiste, des pyrites arsenicales, de l'or natif, du zinc sulfuré, du plomb, et beaucoup de fer pyriteux aurifère.

La formation talcschiste, la plus supérieure du premier temps, est intimement liée aux phyllades, roches inférieures du deuxième temps, d'où il est facile de remarquer que les phyllades passent aux talcschistes par une nuance insensible. Cependant les deux roches appartiennent à deux temps différents de la terre. Temps différenciés, parce que dans les roches du premier on ne remarque aucune trace de restes organiques, une seule classe d'êtres, les polypiers en étant l'origine. Au lieu que les roches qui constituént les formations du deuxième temps, renferment des restes organiques de formes et de nature différentes.

Ainsi le premier âge de la terre est marqué par l'union de deux principes antagonistes, formant dans l'espace une immense vapeur prenant la forme globuleuse par l'effet du mouvement circulaire qui lui est imprimé. Cette vapeur devient lumineuse par la permanence de l'électricité. L'eau commence à se former, à se séparer de la vapeur, à se concentrer; puis à produire des substances mucilagineuses amorphes, commencement des trois règnes qui doivent composer l'enveloppe solide du globe.

Les roches primitives, résultat actuel des formations du premier temps sont l'effet de transformations successives, opérées à travers les nombreux

siècles qui se sont écoulés depuis les premières formations. La nature des principes constituants de ces
roches ne laisse aucun doute sur leur origine végéto-
animale.

DEUXIÈME TEMPS.

Deuxième période de la terre.—Deuxième jour de la Genèse (embryogénie).
— Terrain de transition : zoophites, polypiers, mollusques, crustacés.
— Règne du crâbe (trilobite). — Deuxième genre de création. — Durée
cent mille ans.

« Le deuxième jour, dit la *Genèse*, Dieu fit le firma-
ment pour séparer les eaux qui restèrent sur la terre,
des eaux qui s'élevèrent. »

En effet, les globules aqueux suspendus dans la
vapeur, ou circulant en torrents dans cette immense
vapeur, se concentrent, un globe aqueux est formé
au centre de la vapeur, et l'atmosphère s'établit par
une vapeur plus homogène et toujours lumineuse par
la permanence de l'électricité, nécessité par le travail
actif de la vie dans son principe, où une succession
incessante de compositions devaient s'opérer.

Aux polypiers flexibles succèdent les polypiers
solides, dont l'immense travail produit des bancs, des
montagnes sous-marines qui atteignent la surface de
l'eau, sur lesquelles se développent d'autres êtres,
zoophytes sous de nombreuses formes, productions
mucilagineuses végétales, qui alimentent une prodi-
gieuse quantité de radiaires, de mollusques, qui à

leur tour sont dévorés par beaucoup de crustacés trilobites.

Une deuxième création d'êtres a lieu ; l'eau et l'air sont transformés en un grand nombre d'êtres de formes différentes.

Les formations solides, par leur affinité, se réunissent et forment des bancs qui deviennent rochers plus ou moins recouverts d'eau.

Le règne psychodiaire toujours très-abondant, par des nuances insensibles, donne naissance aux premiers degrés des trois règnes, c'est-à-dire que les règnes végétal et animal commencent à s'isoler, mais le règne minéral reste toujours uni au règne animal, chez beaucoup d'êtres inférieurs à qui il sert d'enveloppe.

Cette deuxième période offre trois formations actuelles.

PREMIÈRE FORMATION.

Terrain schisteux, phyllade ; restes organiques.

MUCILAGE végétal.

VÉGÉTAUX inférieurs ; des fucoïdes, calamites, asterophylites, lycopodes, fougères, peu d'espèces et douteuses.

ZOOPHYTES, des manon, scyphia, madrépore, tragos, stromatopore, cellapora ; flustra, ceriopora, agaricia, anthophyllum, cyathophyllum, strompodes, astrea, calomopora, eulopera, favosites, amplexus.

RADIAIRES. Pentacrinites, actinocrinites, cyatocrinites, platicrinites, cupressocrynites, sphæronites.

ANNELIDES. Serpula 35 esp.

COQUILLES. Spérifer; calceola, strophomena, Producta, tere-
bratura, 53 espèces.

Gryphœa, pecten, plagiostoma, trigonia, cardium, cardita, isocardia, posidonia.

Patella, melanopsis, melania, natica, nerita, solarium,
delphinula, cirrus, enomphalus, throchus, turbo, turritella, buccinum, bellerophon, conularia, orthaceratites ;
nautilus, ammonites, cyrtoceratites, 150 esp.

CRUSTACÉS trilobites. Calymene, 12 esp. Asaphos, 16 espèces.
Paradoxites, 5 espèces. Ogigia, mileus, isoletus, chacune
4 espèces, et alenus bucéphalus.

POISSONS. Ichthyodoralites, rares.

MINÉRAUX. La pierre dominante de cette formation est un
schiste plus ou moins dur, d'un bleu noirâtre, verdâtre, ou rougeâtre passant au phyllade, au schiste
ardoise et au schiste à rasoir. Dominé par un calcaire gris,
bleu ou noir, abondant en silice, subordonné à des roches
arénacées avec quartzites, alternant quelquefois avec des
psammites, des grès etc., contenant quelquefois le mélange
de métaux, plomb, cuivre, fer, antimoine, argent.

DEUXIÈME FORMATION.

Vieux grès rouge.

Mêmes restes organiques que dans le précédent, mais
beaucoup plus abondants.

MINÉRAUX. La roche principale est une arkose stratifiée avec
des fragments de quartz et d'argile schisteuse, des psammites schisteux alternant avec des quartzites schisteux,
pierres à rasoirs, pierres à faux, grès pourpre.

Lorsque le calcaire carbonifère manque, la houille repose sur le vieux grès rouge.

TROISIÈME FORMATION.

Calcaire carbonifère, limestone. — Calcaire anthraciteux.

VÉGÉTAUX. Calamites, sphenopteris, cyclopteris, etc.

POLYPIERS. Millepore, 6 esp., cargophile, 6 esp., cellepore, fungites, turbinolia, 4 esp., cyatophyllum; astrea; caténipora 5 esp. tubipora; calamopora; favosites 4 esp. amplexus, lithostrotion 5 esp.

RADIAIRES. Pentremites; platicrinites, 5 esp , cyathocrinites actinocrinites 5 esp.

ANNELIDES. Serpula 2 esp.

COQUILLES. Spirifer 20 esp., pentamerus 2 esp., terebratula 25 esp., producta 28 esp., crania, ostrea, vulsella, pecten 2 esp., mylitres, micula, arca, cardium 4 esp., Tellina, sanguinolaria, planorbis, melania, ampullaria, melanopsis, nerita, patella, cirrus, enomphalus 14 esp., troches; turbo 4 esp., turitella 2 esp., buccinum 2 esp.

Bellerophon 8 esp., conularia, orthoceratis 18 esp, nantilus 10 esp., ammonites 5 esp.

POISSONS. Cyprinus, ichthyodolurites.

CRUSTACÉS. Calymane 4 esp., paradoxites, asaphos.

SAURIENS. Espèces non déterminées, ainsi que des chéloniens.

MINÉRAUX. Ce calcaire est phosphorescent, quelquefois magnésien, bitumineux, très-fétide, devenant noir vers la base, par l'effet de sa transformation. Il renferme des masses de dolomine contenant aussi de fossiles. Les strates subordonnées, roussâtres, renferment beaucoup de polypiers, et elles sont souvent coupées par des filons de chaux carbonatée laminaire, contenant des cristaux de chaux fluatée, de galène.

Métaux. Le calcaire est riche en métaux. Du sulfure, du carbonate et du phosphate de plomb, du plomb antimonié, du sulfure et carbonate de cuivre, d'oxide de zinc, des pyrites, des hématites et de l'hydroxide de fer, et beaucoup d'espèces minérales recherchées, les marbres surtout.

La puissance de cette formation dépasse souvent 300 mètres; elle forme quelquefois des montagnes, et offre des cavernes. C'est sur cette formation que repose la houille.

Cette deuxième période de la terre est marquée par deux grands terrains : le terrain schisteux et le terrain calcaire carbonifère. Mais ces terrains ne sont pas dans un état simple, et toujours isolés, au contraire, comme l'a observé M. de Humboldt, on y distingue cinq associations : les roches schisteuses, les roches porphyritiques,, les roches calcaires, grenues et compactes, avec gypse anhydre et sel gemme ; les roches d'euphotide, et les roches agrégées, psammites, brèches, etc., ayant une association binaire dans les différentes localités, comme les schistes et les calcaires noirs, les schistes et les porphyres, les schistes et les psammites, les porphyres et les siénites, les calcaires grenus et les micaschistes anthraciteux, passant de l'un à l'autre.

Ces mélanges des roches primitives avec les secondaires, et les positions différentes de celle-ci, sont l'effet des bouleversements qui ont brisé les couches et changé leur position.

Le terrain schisteux acquiert quelquefois une puissance de 1,000 mètres dans les Ardennes, où il constitue une chaîne de montagnes. Les exploitations d'ardoise, de pierres à rasoir, à faux, etc., etc., sont considérables.

C'est dans le terrain schisteux que sont les fameux filons argentifères d'Amérique, les filons aurifères de Hongrie et de la galène de Bretagne, de la Lozère.

TROISIÈME TEMPS.

Troisième jour de *la Genèse.*—Troisième période.—Fœtoginie.— Terrain secondaire. — Durée cent quatre-vingt mille ans. — Tortues, trois familles. —Règnes de l'ichthyosaure, du plétiosaure, des ptérodactyles, dix formations de terrain. — Troisième genre de création. — Création des végétaux.

« Le troisième jour, dit *la Genèse*, Dieu rassembla les eaux en un seul lieu, et fit paraître la terre. A la voix de Dieu, la terre se couvrit de plantes verdoyantes et d'arbres. »

D'après toutes les recherches faites jusqu'à ce jour, on peut conclure que c'est dans les formations de cette période, que l'on commence à trouver les traces de végétation terrestre, et les indices de courants et de lacs d'eau douce. Et, ce qu'il y a de remarquable, c'est que les végétaux sont les mêmes par toute la terre à cette période, dans les deux hémisphères, sous la ligne comme aux pôles, dont on ne trouve aetuellement les analogues qu'entre les tropiques, ce qui prouve que la température était la même partout, que le soleil n'avait aucune influence sur la terre, et que la chaleur était intertropicale partout, causée, comme nous l'avons dit, par la permanence de l'électricité. Aussi la végétation avait-elle une force, une activité que nous comprenons difficilement; non pas par le nombre des espèces qui étaient les mêmes partout et dont le nombre dans la première formation s'élève à environ quatre cents, mais par leur taille gigantesque.

Les mollusques à coquilles univalves, qui ont une tête et des yeux et des moyens de locomotion, se montrent aussi pour la première fois; pendant qu'auparavant ce n'était que des conchifères en nombre considérable offrant 130 formes.

Des poissons inférieurs, des tortues et des sauriens pour les manger, commencent aussi à paraître au commencement de cette période.

La troisième période se partage naturellement en dix formations.

PREMIÈRE FORMATION.

Terrain houiller. — Grande formation houillère.

Les formations des houillères sont des dépôts de combustibles connus depuis longtemps, formés de végétaux qui ont crû sur place, se succédant durant des milliers de siècles pour former ces masses houillères. C'est six cent mille ans après leur enfouissement que les hommes viennent les chercher pour s'enrichir et les rendre à la vie végétale.

Le terrain houiller est composé de schistes argileux et carbonifères, de grès, de conglomérats de fer carbonaté, et de houille formant deux ou trois étages de différentes qualités. C'est dans les schistes que sont les nombreuses impressions végétales.

Cette formation, contenant la houille et le minerai de fer, est plus importante à elle seule, pour les besoins et les progrès de la civilisation, que toutes les autres réunies.

VÉGÉTAUX. Monocotiledones et conifères, 400 espèces à peu près plus ou moins bien déterminées, caractérisées par des dimensions gigantesques et différentes des végétaux actuels. Sur 258, M. Brongnart a reconnu 220 esp., agames ou criptogames vasculaires. Le terrain houiller s'est formé par une successsion de vie et de mort sur place; végétaux croissant partie dans l'eau tiède, marine ou lacustre et partie dans une vapeur aqueuse, épaisse et électrique.

Equisétacées et calamites, 15 esp. ou familles.

Fougères, 150 esp., en 7 ou 8 familles.

Lycopodiacées, 60 esp. dont 40 esp. de lapidodendron.

Marsilliacées, 5 esp. de sphenophyllum.

Palmiers, 2 esp., flabellaria et noggerathia.

Conifères 6 esp. à peu près.

COQUILLES ammonites 4 esp. nirio, mytilus, lingula, pecten, vulsella, pentamerus 4 esp. saxicave, hyatolite, enomphalus, turritella, bellerophon, orthocératiles 4 esp.

La puissance du terrain houiller est souvent de deux cents mètres. Quelquefois en couches bien stratifiées, alternant avec des couches d'argile schisteuse et de conglomérats, et, ou appuyées, ou traversées par des roches granitiques.

En Europe les formations houillères sont situées à plusieurs centaines de mètres au-dessous du niveau de la mer ; en Amérique, selon M. de Humboldt, dans la région équinoxiale, le terrain houiller s'élève à deux mille six cents mètres au-dessus du niveau de la mer.

Minéraux et Métaux. Des minerais d'argent, de cuivre, de fer pyriteux, des agates, de la calcédoine, etc., du bitume presque pur, du gaz hydrogène carboné (grison) dont l'inflammation cause d'horribles catastrophes.

Dans le voisinage des roches plutoniennes qui ont pénétré dans la masse houillère, celle-ci est changée en anthracite.

Il n'existait alors que des îles ou îlots formés par le sommet des montagnes.

DEUXIÈME FORMATION.

Terrain vosgien, grès rouge, arénacé, bigarré, grès prœcilien.
— Triasique.

Végétaux. Equisetum columnare, calamites arenaceus, anamopteris, nervopteris, sphenoptéris, myriophyllum, félicites, voltzia 5 esp., convallarites, 2 esp., paleoxyris, Echinostachys, ætophyllum. Végétaux différents du terrain houiller.

Coquilles. Avicula, mytilus, plagiostoma, neja, natica, turritella, buccinum.

Reptiles. Des débris des Sauriens.

Cette formation se compose de grès rouge, sables et grès, poudingue, grès bigarré ou psammite, grès vosgien, conglomérats, grès à gros grains, très-étendus partout.

TROISIÈME FORMATION.

Magnésifère, zechstein.

Végétaux. Cupressus, bruckmania, fucoïdes 6 esp., pecopteris, lycopodites.

Zoophites. Retepora, gorgonia 4 esp., calamopora.

Radiaires. Encrinites, cyatocrinites, crinoïdes.

Coquilles. Productus, spirifer 3 esp., terebratula 4 esp., modiola, cucullea, axinus, avicula, mitilus, arca, unio. Les univalves sont des dentales, turbes, pleurotomaire, melanies.

Poisson inf. Paleothrissum 6 esp., paleoniscum, clupea et stromateus.

Crustacés. Trilobites bituminosus.

Minéraux. Calcaire magnésien, calcaire bitumineux, schiste cuivreux, schiste bitumineux. On y rencontre quelquefois de la houille stipite. Ce calcaire passe à un calcaire celluleux cristallin, à un calcaire ferrifère.

QUATRIÈME FORMATION.

Calcaire conchylien. — Mauschelkalk.

Végétaux. Nevropteris gaillardolti.

Zoophites. Astrea pediculata.

Radiaires. Cidaris, astéries, encrinites, encrinus, epitonius, ophiura.

Annelides. Serpula volvata, — colubrina.

Coquilles. Térébratula 4 esp., avicula sociatie, delthyris, lingula, ostrea 12 esp. Gryphea, pecten, plagiostoma, mytilus, trigonia.

Arca, cardium, meya, venus, balanus, cabarmo, calyptrea, copultus, dentalium, trochus, turritella, natica, turbo, etc.

Poissons inf. Rhyncolites hirundo, acutus.

Crustacés. Palinurus sucril.

Reptiles. Tortues, ichthyosaurus, plesiosaures, reptiles demi poisson, demi-serpent et demi-crocodile. Êtres effrayants par leur forme et leur grandeur, qui viennent remplacer les crabes dans la domination destructive des êtres de la terre.

La nature de cette formation indique une époque ou des lieux où le terrain n'était pas complétement découvert, peu solide pour la végétation, mais fourmillant de coquilles qui ont constitué cette formation.

Les tortues commencent à se rencontrer; mais ces tortues sans écailles, tryonix, dont les analogues vivent actuellement dans les lieux les plus chauds, intertropicaux. Les poissons aussi commencent à paraître, on en trouve deux ou trois espèces dans cette formation, mais ce ne sont pas les poissons dont parle la *Genèse*, qui sont des cétacés. Ceux là sont à l'égard des cétacés, ce que sont les mollusques, les reptiles à l'égard des animaux terrestres.

Les ichthyosaures, ces êtres moitié poisson et moitié crocodiles, plésiosaures, tiers poisson, serpent et crocodiles, paraissent aussi comme dominateurs de la surface du globe. Ces êtres gigantesques et effrayants, remplacent les crabes dans la domination pour les aider à dévorer les mollusques, les radiaires qui se · multipliaient à l'infini : et les poissons et tryonix qui paraissent en même temps.

Les conditions de la surface du globe d'alors étaient bien dignes de pareils êtres : point de soleil. une atmosphère de vapeur éclairée par l'électricité, de l'eau chaude, et peu ou point de terrains secs.

MINÉRAUX. Le terrain de cette formation est un calcaire compacte coquillier, d'un gris jaunâtre ou rougeâtre; quelquefois il est dur et ne paraît plus contenir de coquilles; alors c'est du marbre auquel il s'est transformé.

Ce calcaire semble être situé entre deux couches de marne feuilletées, grisâtre ou jaunâtre alternant avec des dolomies à grains fins en haut et à gros grains en bas. On y rencontre quelquefois du gypse et du sel gemme avec des cristaux, des gîtes de calamine, de plomb sulfuré et de fer hydroxidé.

CINQUIÈME FORMATION.

Keupricque. — Marnes irisées, Red marle. — Dernière formation
vosgienne.

VÉGÉTAUX. Glossopteris, pecopteris, lycopodites pterophyllum (B.), Marantoidea. Dans le premier étage.

Equisetum 2 esp., calamites, félicites 2 esp. pterophyllum.

Point de Zoophites.

RADIAIRES. Ophiura.

Coquilles. Dans les parties inférieures. Plagiostoma, cardium, trigonia, meya, mytilus, perna, posidonia, modiola,
lingula, saxicava, buccinum.

Poissons, peu manifestes.

Reptiles. Phytosaures cylindricon-cubicodon dans le premier étage.

Mastodon saurus jageri (4), ichthyosaure lunevillensis et
plesiosaure. Êtres dignes du ciel et du soleil qui les
éclairait.

Minéraux. Marne irisée, gypse, grès, sel gemme. Ils forment
4 étages. 1ᵉʳ grès keupérien supérieur. 2ᵉ marne irisée.
5ᵉ grès K. inférieur. 4ᵉ terrain salifère K. Des dolomies
remplacent quelque fois le dernier étage.

Métaux. Fer hydroxidé, fer pyriteux, celestine, gypse, kars-
tenite, soufre, polyalite, mica, stipite.

Terrain jurassique, groupe oolithique, oolithe, formation
jurakalk.

Le type de ce terrain est pris dans la chaîne du
Jura ; on lui reconnaît cinq formations, qui comprennent depuis notre 6ᵉ inclusivement, jusqu'à notre 10ᵉ
exclusivement.

SIXIÈME FORMATION.

Lias, calcaire à gryphites. — Marnes, calcaires et grès.

Végétaux. Mantellia cylindrica, et beaucoup de débris de
conifères.

Zoophytes. Cyclolites, cellepora, astrea, turbinolia.

Radiaires. Pentacrinites 6 esp.

Annelides. Serpula.

Coquilles. Terebratula 6 esp., gryphea 5 esp., beaucoup
d'autres espèces différentes.

Ammonites 13 esp., belemnites 7 esp.

Crustacés. Astacus.

Poissons. Ureus, sauropsis, ptycholepsis, semionatus, repi-
dotes 5 esp., leptolepsis 3 esp., letragonolepsis 5 espèces,
dapedium. (Agassiz.)

Reptiles. Pterodactyle, plesiosaures 2 esp., ichthyosaures
2 esp., geosaures, monstres dominants dans ces temps
primitifs qui dévoraient leur progéniture.

Dans cette formation paraît un nouvel être encore
plus effrayant que les deux dont nous avons parlé précédemment, c'est un lézard ou crocodile volant, appelé ptérodactyle C.

En Angleterre, le D. Bucklaud, qui avait déjà reconnu des fœces d'hyènes, conservés avec les débris
de ces animaux dans quelques cavernes à ossements,
qu'il nomma coprolites, en a reconnu également à lyme
regis, qui étaient des excréments de sauriens.

Ces fœces pétrifiés ou coprolites de sauriens ont un
à deux centimètres de long et environ un centimètre
de diamètre. Ils sont gris ou noirâtres, et quelques-uns
ont été retirés de la région abdominale des ichthyosaures. Outre les fragments de poissons que contenaient ces fœces, on y rencontrait des fragments de
petits ichthyosaures. Ainsi, ces monstres du premier
monde se nourissaient non-seulement de poissons et
de céphalopodes, mais ils dévoraient encore leurs propres enfants.

Le premier étage du lias est caractérisé par une grande quantité de bélemnites, et d'autres empreintes qui se trouvent dans les marnes et calcaires schisteuses.

Le deuxième l'est essentiellement par le gryphea arcuata.

Minéraux. Le lias se montre en trois étages :

1° L'étage supérieur, qui est le plus puissant, est principalement composé de marnes argileuses, schisteuses, diversement colorées par des matières bitumineuses qu'elles renferment.

2° L'étage moyen se compose également de marnes, de calcaires marneux, et rarement de grès.

3° L'inférieur se compose plus particulièrement de roches arénacées, grès et arkoses.

Métaux. Des veines et même des filons de galène et de calamines, de cuivre carbonaté et de cuivre gris, des célestines et d'une grande quantité de barytine. Le spath calcaire coupe toutes les roches du gypse en amas et en cristaux ; du fer oxidé, rouge, pyriteux, qui se décompose et produit une efflorescence de sulfate d'alumine.

Du lignite et même de la houille (stipites) se montrent en couches.

L'action chimique très - active dégage des gaz et beaucoup de chaleur, d'où il résulte des inflammations spontanées très-souvent.

SEPTIÈME FORMATION.

Grande formation oolitique.— Grande oolite.— Cornbrash. Forest manble. —Argile de Bradford. — Terre à foulon. — Oolite inférieure. — Agglo mération de grains.

Cette formation se compose de six étages :

1° Cornbrash, calcaire oolitique et marne.

2° Forest marble. Calcaire à polypiers et marne.

3° Argile de Bradford, marne argileuse, bleue, calcaire, sableuse.

4° Grande oolite. Calcaire oolitique ; sa puissance varie de 8 mètres à 60.

5° Terre à foulon. Marne argileuse bleue.

6° Oolite inférieure. Oolite ferrugineuse.

Ces six étages que nous avons considérés de haut en bas, contrairement à la marche que nous suivons, forment le grès superliasique de M. Thurman.

Végétaux. Fucoïdes, equisetum collumnare, fougères, cicadées 11 esp., du genre zamia. (Ad. Brong.)

Zoophytes. Achilleum, 9 esp.

Madrépore, 24 esp.

Radiaires, 17 fam. , cidaris, apocrinites, comatula, etc.

Annelides. Lumbricaria, serpula.

Coquilles. Térébratula, 30 esp.

Orbicula, gryphea, trigonia, 43 esp.

Isocardia, 24 esp. , astarte, pholodomia, etc.

Patetla, 39 esp., oolite inférieure, trochus, rissoa, g. oolite.

Belemnites, 12 esp. dans l'oolite inférieure.

Nautilus, 3 esp.

Hamites, 2 esp.

Ammonites, 15 esp., dont quelques-unes ont un mètre de longueur ; elles sont caractéristiques de l'époque.

Crustacés. Pagurus, ergon cuvieri, scyllarus, palemon, astacus.

Poissons. Clupea.

Reptiles. Pterodactylus grandis-crossirostris, crocodile, tel cosaure, megalosaure, plesiosaures, 3 esp., ichthyosaures,

La race des reptiles est encore augmentée dans cette formation, on y remarque surtout le mégalosaure, crocodile de vingt-cinq mètres de longueur !!! le téléosaure, autre gavial monstrueux.

Minéraux et Métaux. Cette formation est peu riche, du spath calcaire, des dolomies en masse, du fer oxidé, silicaté, du silex et quelques cristaux de quartz et de gypse.

HUITIÈME FORMATION.

Argile d'Oxford. — Roc de Kelloway.

Cette formation forme deux étages :

L'inférieur : roc de Kelloway, calcaire marneux et argile.

Le supérieur : marne argileuse, et calcaire marneux.

Végétaux. Très-rare.

Zoophites. Scyphia, tellinites, cellepora.

Radiaires. Nuctelites 5 esp.

    Rodocrinites 4 esp,

    Apocrinites 2 esp.

Coquilles. Ammonites, 24 esp.

    Belemnites, 4 esp.

    Rostellaria 6 esp.

    Perna 18 fam., Gryphea surtout.

    Terebratula 10 esp.

Crustacés. Astacus Rostratus.

Poissons. Dapédium, carcharias.

Minéraux et métaux. Fer oolitique, du gypse. Les calcaires peuvent donner de la chaux hydraulique.

Groupe corallien. — Coral-rag, oolite de mortagne.

Cette formation se divise en quatre étages :

1° Calcareous gris. Sables et grès calcarifères très-ferrugineux.

2° Coralrag. Calcaire siliceux contenant beaucoup de polypiers. Les coquilles qui les accompagnent ont ordinairement été changées en quartz calcédonien.

3° Oolite. Le calcaire compacte supérieur devenu oolitique ou lumachelle, passe bientôt à un calcaire parfaitement oolique, dont la grosseur des grains varie de celle de la navette à celle d'un pois.

4° Calcaire compacte. Les dernières strates de la formation précédente alternent avec un calcaire marneux, jaunâtre, qui se développe seul après quelques alternances.

VÉGÉTAUX. Seulement quelques fragments de cycadées.

ZOOPHITES. Très-nombreux, astrea 6 esp., turbinolia, méandrina 3 esp., Sarcinula, lithodendrum. (Thurm.)

RADIAIRES. Astérias, crinoïdes, cydaris et clypeus.

COQUILLES. Ammonites, belemnites, nerines 3 esp., ceritium, gryphea, pecten et 10 autres genres.

CRUSTACÉS. Astacus rostratus. (Phil.)

REPTILES. Crocodiles, ichthyosaures.

La puissance de cette formation varie de 30 à 80 mètres.

Système supérieur du terrain jurassique. — Étage supérieur du groupe oolitique.

On peut distinguer trois étages dans cette formation :

1° La partie inférieure. Calcaire de Weymouth, calcaire et marne. Du bas en haut, la masse est composée, soit de calcaire marneux et de marne schisteuse, soit d'une alternance continue de strates calcaires et de marnes. Les strates sont séparées par de la marne à gryphées virgules. Mines de Spath calcaire. En bas le calcaire devient siliceux et offre une immense quantité d'huîtres.

2° En montant, argile de Kimmeridge, argile avec rognons calcaires. Toute cette masse marno-argileuse souvent de 80 mètres d'épaisseur, renferme des couches de lignite, des cristaux de sélénite, spath calcaire, fer pyriteux, calcaire ferrugineux.

3° Oolithe de portland. Calcaire et sable. Lié au terrain crayeux par du sable ferrugineux, à gryphées virgules, trigonies, ammonites, pecten, barytine jaune. Beaucoup de restes organiques.

Végétaux. Tous à la famille des cycadées.

Zoophites. Peu nombreux ; astrea, cellepora, meandrina.

Annelides. Serpula conformis.

Radiaires. Asterias, cidaris.

Coquilles. 1er étage, ammonites, ampullaria, natica, solarium, trocus, turbo, pterocerus, nerina bulla, ostrea, pecten, trigonia, asterte nerita, isocardia, venus, cardita, cyclas, perna, gervillia, Gryphea, mytilus, modiola, celtina.

2e et 3e étage. Les mêmes, plus, belemnites, nautilus, cardium, pholadomia, avicula, chama, terebratula, unio.

Poissons. Quelques empreintes.

Reptiles. Gavial, monitor, megalosaure, plesiosaure, ichthyosaure, et des coprolites de ces animaux.

Ce terrain acquiert quelquefois une puissance de 200 mètres.

QUATRIÈME TEMPS.

Quatrième jour de la Genèse. — Quatrième période. — Première enfance de la terre. — Terrain crétacé. — Trois formations. — Durée cent mille ans. — Quatrième genre de création — Apparition du soleil. — Tortues : règnes du requin, des mosasaures, mégalosaures.

« Le quatrième jour, dit la *Genèse*, Dieu fit le soleil, la lune et les étoiles. »

Nous pensons que l'on doit entendre que c'est à cette quatrième période de la terre, que Dieu fit paraître le soleil sur sa surface, ou c'est-à-dire que Dieu fit sortir le globe terrestre de cette immense vapeur aqueuse qui lui servait d'amnios, et interceptait les rayons solaires.

Quoi qu'il en soit, durant cette période de la terre, le globe paraît avoir été partout recouvert d'eau. C'est vers la fin que des innombrables îlots se formèrent : alors les êtres organiques précédents ne reparurent plus en grande partie, et ceux qui se formèrent n'étaient pas les mêmes partout ; les saisons commencèrent enfin à se manifester ; tous les nouveaux êtres ont des yeux ; les créations nouvelles diffèrent suivant les localités.

Le terrain crétacé offre trois formations superposées, différant un peu selon les lieux, de manière à indiquer plus ou moins l'effet de la lumière solaire sur les formations.

PREMIÈRE FORMATION.

Inférieure du terrain crétacé.

Cette formation comprend trois étages :

1° En commençant par en bas, couches de purbeck. Ciment calcaire à paludines; strates calcaires alternant avec des couches de marnes schisteuse, sables. Son endurcissement constitue la pierre de purbeck.

Les calcaires et marnes schisteuses offrent souvent des empreintes de poissons d'eau douce et des débris de tortues et de crocodiles. (M. de la Biche.)

2° Sables ferrugineux, siliceux, jaunâtres, verts, rougeâtres, bleuâtres, alternant quelquefois avec des grès, du gault, argile, marne, terre à foulon ou lits de minerai de fers, lignites et végétaux carbonisés. Les roches arénacées ressemblent beaucoup à celles de la formation houillère.

Les restes organiques de cet étage ne peuvent être rapportés à des espèces fluviatiles, lacustres.

3° Masse argileuse bleue dont la puissance dépasse souvent 60 mètres, qui se lie en haut avec le grès vert par des alternances d'argile et de sable calcaire à paludina viviparia.

On voit dans toute la masse de petites paillettes de mica, de fer pyriteux, des cristaux de selenite, et de la lignite.

Végétaux. Calamites, sphenopteris, conchopteris, cyropodites, mantellia, cycadroeïdea, carpolithus (B). Élatvaria. (M.)

Coquilles. Cyclas dans les deux premiers étages.

Unio, 5 esp., paludina, 3 esp.

Melania, potamides, cypris.

Poissons. Lepisasteus, silurus, squalus.

Reptiles. Crocodilus priscus, leptovinelius ; iguanodons 25 mètres de longueur.

Megalosaures, trionix, emys, chelonia, plesiosaure, ptcrodactyles et tortues.

C'est dans cet étage ou sa partie inférieure que se trouvent les sources d'eau ascendantes qui alimentent les puits forés ou artésiens.

DEUXIÈME FORMATION.

Étage moyen du terrain crétacé.

Aussi trois sous-étages :

1° Grès vert, alternance de grès, de marne et de calcaire. fer silicaté, — hydroxidé, cristaux de gypse, veines de Spath calcaire, lits minces de lignites. Quelquefois colennes de serpentines. (Boué.)

2° Sables verts ou ferrugineux, très-puissant.

3° Grès vert supérieur , sable rempli de fossiles ; marne bleue ou argile. Grès secondaire à lignite de M. de Humboldt.

C'est dans cette formation qu'est concentrée ou pressée l'eau des sources jaillissantes et des puits forés.

Coquilles. Pecten, trigonie.

Poissons. Requins.

Reptiles. Geosaures, tortues.

TROISIÈME FORMATION.

Étage supérieur du terrain crétacé, craie.

Trois sous-étages, en commençant par en haut :

1° Craie blanche, roche tendre, rarement dure, carbonate de chaux presque pur, silex pyromaque, mines de chaux carbonatée spathique, quelquefois geodes tapissé de cristaux, lits de fer pyriteux.

2° Craie tufacée ou grise, craie marneuse. Dans les parties inférieures du premier étage, les silex pyromaques disparaissent. On voit la dureté de la roche augmenter peu à peu et la stratification se régulariser et arriver à une roche calcaire compacte.

Cette craie tufacée est composée de craie, argile et sable, fer pyriteux, en nodules et en cylindres, quelquefois bancs de lignites conservant la texture fibreuse. La masse de calcaires compacte est pétrie de sphérolites, radiolites et hippurites.

3° Glauconie craieuse, Sable vert supérieur, craie chloritée, glauconie calcaire ou grès vert à ciment calcaire, ou un sable vert marneux. La glauconie solide est stratifiée, lit d'argile, large fragments de quartz arrondis, fer pyriteux formant la substance des fossiles. Cristaux de baryte sulfaté, calcédoine et silex formant quelquefois le corps des bois pétrifiés, polypiers abondants, puissance 60 mètres.

La glauconie repose souvent sur un banc argileux très-puissant, argile de Gault.

La formation craieuse renferme encore de la baryte, du soufre enfermé dans des geodes d'oxide de fer; des dépôts de gypse accompagnés d'eau salée; du sel gemme parfois, ainsi que des bancs de lignite.

Les basaltes, les trachytes et porphyres noirs traversent quelque fois la craie.

La formation crétacée, essentiellement marine, renferme plus de 500 espèces coquillière et des autres restes organiques dans la même proportion. Nous citerons seulement les plus caractéristiques de la craie.

Végétaux. En grande partie marins. Conferves, fucoïdes, cycadées, fougères, conifères.

Polypiers. Spongia ramosa, alcyonium, cellepora, lumulites, orbitolites.

Radières. Apiocrinites, cidarites, galerites, ananchytes, spa-ætangus, etc.

Coquilles. Terebratula, mya, trigonia, inoceramus, plagiostama gervillia, pecten, six espèces, lutraria caractéristique.

Ostrea, trois esp. Gryphea, belemnites, ammonites six espèces, hamites.

Reptiles. Mosasaure qui est caractéristique. Coprolites, B.

Crustacés. Astacus, coryster, paguru, eryon, arcania.

Poissons. Requins, murènes, amies, esoces, saumons.

Les montagnes formées par la craie sont arrondies, peu élevées, mais terminées par des plateaux plus ou moins vastes. Les vallées y sont assez profondes, mais moins larges que dans le terrain du 5ᵉ temps.

La limite du terrain de cette quatrième période, avec la cinquième, est ordinairement bien tranchée. Quand il n'y a pas solution de continuité entre les roches de la quatrième période et celles de la cinquième, ce qui est rare, la présence des silex pyromaques, et l'apparition des ammonites, des bélemnites, des coquilles-marines qu'on n'a point encore trouvées au-dessus de la craie, servent d'indication.

Au-dessous de la craie, le nombre des bivalves excède beaucoup celui des univalves, et après c'est le contraire.

L'atmosphère s'éclaircit, les rayons solaires pénètrent sur la surface de la terre, les saisons se manifestent, ce qu'annoncent les formations de cette période, les végétaux, et surtout les êtres animaux, dont la conformation indiquait le besoin de respirer l'air moins chargé d'eau, et le besoin de voir, de jouir de la lumière solaire.

CINQUIÈME TEMPS.

Cinquième jour de la Genèse. — Terrain tertiaire. — Cinquième période. —Terrain supercrétacé, subapennin, subatlantique.—Cinquième genre de création. — Deuxième enfance de la terre. — Durée cent mille ans. — Création des poissons, des oiseaux. — Règne du dinothérion, de l baleine.

« Le cinquième jour, dit la *Genèse*, Dieu créa les poissons qui nagent dans les eaux, et les oiseaux qui volent sous le ciel. »

Moïse n'a entendu parler que des cétacés, considérant les autres comme des êtres inférieurs, incomplets, qui abandonnent leur progéniture, les rangeant dans la catégorie des zoophytes, comme les végétaux, avant la troisième période, étaient des psychodiaires.

La terre se montre de nouveau hors de l'eau, elle reçoit l'impression du soleil et des températures différentes causées par le jour et la nuit, et les saisons. De nouvelles catégories végétales et animales remplacent les anciennes ou leur succèdent dans la domination.

Mais les créations sont en rapport avec l'état géologique du globe ; des cétacés, mammifères aquatiques, des palmipèdes, des échassiers, dans le principe, respirant l'air pur, annonçaient encore le peu de terrain à sec, et les grandes étendues de bas-fonds de nos continents. Cependant la terre ne tarde pas à se montrer dans de grandes étendues, et à se couvrir de végétaux nouveaux ; les dicotyledones remplacent en grande partie les monocotyledones, et les agames, que ces dernières remplaçaient dans les deux dernières périodes, ne paraissent plus qu'au nombre des espèces marines.

Les roches de cette période sont bien moins agrégées que celles des terrains précédents. Ce sont des roches calcaires, siliceuses, gypseuses et argileuses, traversées par des roches primitives, ou ignées.

Le terrain tertiaire offre trois formations :

Première formation, inférieure.— Masse très-puissante composée de calcaire grossier, de marnes argileuses, et de marnes calcaires, renfermant une immense quantité de coquilles marines, travertins acérites, numinulithes, etc., des bancs de lignite renfermant des coquilles d'eau douce, ou des coquilles marines avec des coquilles d'eau douce, travertin, argile plastique, poudingue. Cette formation subatlantique, selon M. Rozet, n'est qu'une masse de marne argileuse bleuâtre de 200 mètres de puissance à pecten et cardium. Sur d'autres points, graviers et sables imprégnés de fer.

Deuxième formation. — Grès, oudi ngues, calcaires, sables siliço-calcaires, plus ou moins ferrugineux, grès ferrugineux, calcaire grossier. Ces couches alternent entre elles. Grès coquillier reposant sur un sable sans coquilles. Le sable ferrugineux contient beaucoup de coquilles, pecten, bucardes, terebratules huîtres, etc. Marnes vertes avec rognons de celestine. Masse lacustro très-puissante, travertin, masses de gypse superposées, dont les strates alternent avec des marnes qui contiennent des coquilles, des poissons d'eau douce, des reptiles, des oiseaux. Des masses de sel gemme se rencontrent aussi.

Troisième formation, lacustre. — Silex meulière avec coquilles; marnes, calcaires stratifiés ou ressemblant au travertin, alternant avec des couches de marnes de diverses couleurs, renfermant des coquilles. Couches de lignites.

Cette formation passe rarement 20 mètres de puissance. Des meulières sans coquilles pour les moulins.

Végétaux. Exagénites, lycopodites, poacites, chara, nymphea, etc.

Coquilles. Fluviatiles et terrestres, lymnées, des planorbes, potamides, paludines, cyclades, cyclostômes, hélices, bulimes.

La cinquième période, offre un singulier assemblage de formations marines et lacustres, remarquable surtout dans les restes organiques, qui bien qu'ayant dû vivre dans des milieux différents, se trouvent rassemblés dans les mêmes lieux. On reconnaît facilement l'effet des alluvions marines ou fluviatiles qui aura ainsi entassé successivement les restes organiques dans les mêmes lieux.

Restes organiques. — A côté des tortues, crustacés, crocodiles, lamentins, poissons inférieurs, emyde, testudo, punctata, se rencontrent dans les formations marines, les os épars des paleotherions, anaplotherions, anthracoterions, lophiodon pachidermes de la sixième période. Et dans la partie supérieure de l'étage supérieur des débris d'éléphant, de rhinocéros, de mastodonte, et de plusieurs autres animaux de la période diluvienne.

On rencontre encore dans d'autres localités, avec les paleotherions, etc., plusieurs espèces d'oiseaux, des carnassiers, des rongeurs. On rencontre également ment les coprolites de ces animaux, dont l'étude fait connaître leurs mœurs.

M. Rozet pense que les sables du grand désert de Sahara pouvaient n'être que ceux de la partie supérieure du terrain subatlantique.

Le terrain tertiaire s'est développé sur ne échelle immense, sur toute la surface de la terre, avec des variétés infinies, dont l'étude serait des plus laborieuses. Il a fallu un temps bien considérable pour opérer ce travail de la nature, et cette augmentation d'épaisseur de la croûte terrestre depuis seulement le terrain crétacé.

On voit par l'examen des fossiles, que la température a dù toujours aller en s'abaissant à mesure que la croûte s'épaississait; qu'en Europe elle a dû passer de la température équatoriale à celle que nous éprouvons actuellement, et par place glaciale.

L'Europe, l'Afrique et l'Asie, et aussi l'Amérique, formaient au commencement de cette période des myriades d'îles comme l'Océanie, qui plus tard ont formé des caspiennes, puis des lacs dont l'eau s'est dessalée.

Cétacés amphibies. — Parmi les fossiles cétacés, un phoque deux fois plus grand que ceux actuels. Dinotherion. Un lamentin, des dauphins, dont l'un à long museau. Trois espèces ziphius, à long bec, à bec plan, et à bec creusé, dont la grosseur approche de celle des baleines et de la forme des cachalots. Une baleine, longue de 20 mètres, trouvée dans la cave d'un marchand de vins à Paris. Ces espèces n'existent plus, comme le dinotherion, dominateur de cette période.

Oiseaux. — Les oiseaux sont en petit nombre : quelques échassiers, palmipèdes, rapaces, galinacés. Ibis, pélican, hirondelles de mer, bécasses, chouettes.

Enfin la nature des formations de la période tertiaire, qui offre un mélange de dépôts marins et de dépôts d'eau douce, indique que la mer a recouvert encore la terre durant cette période, au moins en grande partie, et que c'est cette période qui a vu naître les cétacés, que Moïse nomme poissons; et les oiseaux; animaux intermédiaires, qui se distinguent des inférieurs, poissons et reptiles, parce qu'ils ont l'instinct de la conservation de leur progéniture, au lieu que les autres les mangent.

SIXIÈME TEMPS.

Sixième jour de la Genèse. — Troisième enfance de la terre. — Sixième période. — Durée soixante-dix mille ans. — Terrain quaternaire, clysmien, diluvien. — Création des animaux terrestres. — Règne paléothérien. — Règne des éléphants. — Création des hommes. — Déluge. — Sixième genre de création.

« Le sixième jour, dit la *Genèse*, Dieu fit produire à la terre toutes les espèces d'animaux qui devaient la peupler; ensuite il dit : faisons l'homme à notre image et à notre ressemblance et qu'il commande aux poissons de la mer, aux oiseaux du ciel, aux bêtes et à toute la terre. »

Dieu forma le corps de l'homme du limon de la terre; il répandit sur lui un souffle de vie, c'est-à-dire lui donna une âme raisonnable capable de le connaître et de l'aimer.

Les caractères géognostiques de cette période n'ont pas encore été bien étudiés; ils sont d'ailleurs extrêmement difficiles; de là, la divergence d'opinion des géologues. On a généralement compris sous le nom de terrains tertiaires, toutes les formations jusqu'aux effets du cataclysme, jusqu'aux effets de causes violentes qui ont dû changer la forme du sol et établir la confusion sur la surface. Cependant, une nouvelle série d'êtres se montrant dans des formations différentes que les précédentes, sont pour nous des raisons suffisantes pour les rapporter à une période nouvelle, caractérisée en outre par des effets surnaturels à la marche ordinaire de la nature.

Le sixième temps de la terre offre deux terrains distincts :

1° Terrain paléothérien, terrain tertiaire émergés. Tous les terrains supérieurs du terrain supercrétacé, la plupart supérieurs à des formations marines de ce dernier, jusqu'aux mêmes formations du terrain clysmien ou diluvien marin, forment les terrains paléothériens, caractérisés par la présence des fossiles d'animaux antérieurs à ceux des terrains diluviens. La confusion résultant de ce que la configuration du sol d'alors n'était pas la même qu'actuellement, ne peut s'éclaircir que par la présence des restes organiques.

Ainsi, l'étage supérieur des terrains subapennin, subatlantique, le travertin inférieur, et le terrain gypseux du bassin de Paris ; argiles, calcaires, marnes gypseuses, lignites, marnes et mollasses, sel gemme ; sables, grès calcaire, etc. des autres contrées, constituent le terrain paléothérien, comme aussi les silex meulières moyen et autres silex.

Végétaux. Chara, gyrogonites, typha, endogénites, des saules, peupliers, palmiers, pins, platanes, etc., etc.

Mollusques. Simeris Br., planorbis id. 4 esp., paludina 5 e.
d'orb., bulimus, Br. 2 esp., cyclostomes. Bucl.

Dans le gypse, catyphea, turitella, crossatelle, ceritium, corbula.

Poissons inf. Squales, spares, etc.

Reptiles. Trionix, crocodiles, tortues.

Oiseaux 4 fam., palmipodes, rapaces, échass, insectivores. Lam.

Cétacés. Phoques, dauphins, lamentins, du gong, baleines.

Mammifères pachydermes, paleotherions 7 esp., anoplotherions 6 sp. (Cuv.), lophiodou chéropotanes, dichobames, adapis, anthracotherions.

Tels sont les premiers mammifères terrestres qui ont paru sur la terre. Les paléothérions, qui diffèrent beaucoup pour la taille ; les plus grands ont un mètre 50 centimètres de hauteur ; les plus petits sont de la grandeur des lièvres. Ils paraissent être de la famille des tapirs ou au moins voisins, et former le type des pachydermes. Les anoplothérions se rapprochent des chameaux ou vigognes, et forment le type des ruminants. Les autres ont leurs analogues dans les forêts marécageuses de l'Amérique tropicale : ce qui indique, avec la nature très-différente des végétaux, et de quelques animaux des pays froids, une température si différente dans les mêmes localités de l'époque paléothérienne.

Les paléothérions se rencontrent partout, ils sont caractéristiques de cette époque; et on ne les rencontre que dans les terrains de cette époque : auparavant ils n'existaient pas et après ils n'existent plus.

TERRAIN CLYSMIEN, DILUVIEN.

Au-dessus de toutes les formations précédentes est un dépôt de transport d'une puissance qui varie de 1 à 100 mètres. Composé de cailloux roulés, de blocs énormes, de même nature que les cailloux, ou de nature différente mêlés de sables, de marnes et d'argiles, constatant un transport violent et rapide. Ces blocs erratiques sont tellement gros, qu'on a peine à croire qu'ils aient été transportés là par un cours d'eau. Le travertin y est souvent très-abondant. Les blocs deviennent plus considérables à mesure que l'on avance au pied des montagnes, d'où nécessairement elles proviennent, puisqu'elles sont de même nature que les roches qui les composent. Leurs angles sont arrondis, mais celles qui sont sur les versants, quelquefois près des sommets, sont moins arrondies. Ces roches portent toutes l'empreinte d'une action violente qui les a arrachées et transportées, en plus ou moins grande quantité, quelquefois à des distances de deux cents lieues.

La nature du dépôt diluvien varie comme celle des roches qui composent les montagnes : et pour chaque zône de roche de l'intérieur de la chaîne de montagne il existe une zône correspondante dans la formation diluvienne de la plaine; dans le milieu des plaines, les roches sont toutes mélangées.

Chose remarquable qui mérite la plus grande attention, le savant M. Rozet, a remarqué dans la plaine de la Métidja, bordée au sud par les montagnes calcaréo-marneuses du petit Atlas, et au nord par une bande de petites collines composées de grès et de calcaires d'une nature bien différente de ceux de l'Atlas : du côté sud, les débris diluviens proviennent des montagnes, et, du côté nord, ce sont les collines qui les ont fournis.

Et ce qui est encore caractéristique, comme le rapporte M. D'Orbigny, et les observations de M. Élie de Beaumont, parmi les graviers et galets transportés à de très-grandes distances dans le sens du cours d'eau de la Seine, on reconnaît des débris 1° de presque toutes les roches qui constituent les divers terrains parisiens, grès, calcaire d'eau douce, calcaire grossier, meulières, silex de la craie, etc. ; 2° de calcaire lithographique, arraché aux terrains jurassiques de la Bourgogne ; 3° de roches primordiales, granite, gneiss, syénite, protogyne, etc., identiques avec les roches des montagnes du Morvan.

Outre le dépôt de galets, que M. Brongniart nomme terrain détritique, le terrain diluvien comprend les couches de limon qui ont comblé certaines cavités ou vallées anciennes qui forment aujourd'hui des plateaux beaucoup plus élevés que le lit de la Seine.

La même chose s'observe dans la partie nord-ouest du département de la Marne, où beaucoup de vastes et profonds vallons, aboutissant au bassin de la Marne, ont été évidemment creusés par les eaux diluviennes, qui en ont arraché les roches, les diverses formations, pour en remplir à de plus ou moins grandes distances, des cavités dont la surface est beaucoup plus élevée que le niveau de la Marne.

Tous les vallons, dans le fond desquels coulent des rivières ou ruisseaux, nous paraissent avoir été creusés par les eaux diluviennes.

Dépôt métallifères. — Outre le dépôt de cailloux roulés et de blocs erratiques, les dépôts caillouteux et limoneux, il y a, dans le voisinage des montagnes, des dépôts limoneux métallifères et gemmifères contenant les métaux et pierres précieuses des montagnes qui les avoisinent; des dépôts marins, qui n'existent que sur quelques points, principalement le long de la mer.

Tourbière, forêts fossiles. — Des tourbières et forêts fossiles qui, au voisinage de la mer, sont recouvertes par des dépôts marins; partout ailleurs elles sont recouvertes par le dépôt diluvien terrestre, et elles paraissent avoir été enfouies par une cause violente. Cette tourbe se différentie par sa texture compacte et stratifiée.

Cavernes osseuses. — Les cavernes et brèches à ossements, sur lesquelles le célèbre docteur Buckland a le premier fixé l'attention, sont des formations diluviennes situées dans des cavernes, composées d'argiles ferrugineuses, de sable, de cailloux roulés, de calcaires, d'un limon marneux qui enveloppent des débris de roches et d'ossements ordinairement brisés, renplissant la caverne jusqu'à une certaine hauteur, tantôt friables, tantôt dures; situées, **en général**, dans les formations secondaires, soulevées et fracturées. Le dépôt ossifère est recouvert d'une couche de stalagmite. Cuvier a démontré que sur une centaine de cavernes, quatre-vingts appartenaient à des ours, dix-huit à des hyènes et deux à des éléphants. Les carnassiers étaient toujours accompagnés d'autres animaux herbivores plus ou moins nombreux, avec les excréments (caprolites) des carnassiers.

Le docteur Buckland prétend que les cavernes à ossements étaient les repaires des animaux carnassiers, qui y entraînaient leurs proies, en totalité ou en partie. Beaucoup d'autres géologues pensent que les ossements ont été entraînés dans les cavernes avec les alluvions qui les ont empâtées. On ne comprend guère qu'une vingtaine d'espèces différentes, hyène, tigre, ours, loup, renard, belette, éléphant, rhinocéros, hippopotame, cheval, bœuf, lièvre, lapin, rat et plusieurs espèces d'oiseaux (kirkdaie), aient pu être entraînées dans les cavernes par le diluvien. D'un autre côté, s'il n'y avait qu'un carnassier, la prétention du docteur Buckland serait incontestable. C'est une vérité cependant pour beaucoup de cavernes, où l'ours, ou l'hyène, sont en compagnie d'os d'éléphants, de rhinocéros, etc.

M. Schmerling a découvert quinze cavernes à ossements, dans le calcaire ancien des environs de Liége, dans une desquelles des os humains se trouvaient mélangés avec ceux d'ours, de deux espèces de souris et de quatre espèces d'oiseaux. Tous ces os étaient enterrés dans une même couche argileuse mêlée de cailloux de quartz, de silex et de calcaire.

Brèches osseuses. — Les brèches osseuses formées des mêmes matériaux, avec ossements que le diluvien des cavernes entraînés par celui-ci dans les fentes des rochers, les a obstruées à l'aide d'un ciment calcaréo-sableux, ocreux. Ces brèches osseuses se rencontrent dans toutes les parties du monde, même à la Nouvelle-Hollande, dont une apportée à Paris, dans laquelle le célèbre Cuvier à reconnu des os d'éléphant.

Anthropoïdes. — Les brèches de la Dalmatie ont offert, d'abord à Spallanzany, puis au savant Donati, des ossements humains mêlés à des débris de divers animaux; on a révoqué en doute le témoignage de ces deux savants, mais dans ces derniers temps il a été confirmé par le professeur Germer, qui y a trouvé des fragments de verre et de poteries grossières. Trois savants distingués, le baron de Schtotheim, M. Schottin et le comte de Stenberg, ont signalé dans une brèche osseuse, près de Kastrix, des ossements humains mêlés à des os de bœufs, de rhinocéros, de chevaux et de cerfs (M. Huat).

Cependant le résultat de ces découvertes est contesté par nos plus célèbres géologues qui croient ne pas avoir de preuves suffisantes d'anthopoïdes.

Mais on ne peut révoquer en doute les ossements humains trouvés par un de nos plus célèbres géologues, M. Boué, dans les alluvions diluviennes de l'Alsace, et la découverte faite en Autriche, dans une semblable alluvion, de crânes que l'on a trouvé ressembler à ceux des araucas.

Que dira-t-on encore, du tibia et du péroné humain, que le savant M. l'abbé Croizet, a trouvé dans un puissant atterrissement diluvien, en compagnie de pachidermes, ruminants et carnassiers, dans le domaine de Gergovie, département du Puy-de-Dôme (22 mai 1836)?

Ainsi, pour nous, nul doute de l'existence de l'homme avant le déluge. De la rareté de leurs fossiles, doit-on conclure que les hommes étaient en petit nombre, ou qu'ils habitaient des contrées actuellement recouvertes par les eaux. Ne doit-on pas plutôt croire que les hommes se trouvaient dans des milieux peu propres à leur conservation et qu'ils ont mieux su se soustraire au diluvien que les animaux, en se plaçant dans des situations d'où le temps les aura fait disparaître complétement. Trouve-t-on beaucoup des anciens peuples des pays que l'on explore? Trouve-t-on beaucoup de restes des anciens lieux de sépultures? Non sans doute; parce qu'il faut des conditions particulières pour opérer la conservation des fossiles. La Sibérie nous offre tant de fossiles, parce qu'ils sont dans un terrain glacé. Les os se conservent peu de temps dans la terre végétale.

Restes organiques. — Ils comprennent des restes d'êtres, dont un tiers n'existent plus. Les deux autres tiers ont leurs analogues actuellement existants, mais d'espèces différentes, et la plupart habitent les pays chauds, quelques-uns les froids.

Animaux. — Ainsi, parmi les restes d'ours, d'hyènes, de gloutons, de tigres, de chiens, de castors, de porcs, de bœufs, de chevaux, de cerfs, de lièvres, de marsupiaux, aurochs, élans, etc., etc., on rencontre des mastodontes, des éléphants, des rhinocéros, des hippopotames, en quantité ; le grand mastodonte, le mégathérion, le mégalonix, en Amérique, sont d'espèces perdues, comme aussi l'hermatine, le syvatherion en Asie, l'élasmotherion.

Les restes d'éléphants se rencontrent dans toutes les parties du monde, et sont caractéristiques de l'époque diluvienne.

DÉLUGE DE LA GENÈSE. — DÉGEL UNIVERSEL BORÉAL.

Nous ne devons voir dans l'arche de Noé qu'une allégorie, en rapport avec la conception des peuples. Nous ne devons voir là que la tradition d'une inondation générale, que les découvertes de la géologie nous font voir, et que, pour que des hommes en aient été témoins, il fallait qu'ils fussent dans des vaisseaux.

Avant que l'on eût connaissance que les montagnes étaient dues aux soulèvements partiels de la croûte terrestre, soulèvements qui souvent s'opéraient dans la mer, on donnait des preuves du déluge par les poissons et coquilles marines situées à leurs surfaces. Des théologiens opposaient à l'incrédulité de Voltaire la présence des huîtres sur le sommet des Alpes, comme témoignage du déluge ; et Voltaire leur répondait que ces huîtres étaient des restes laissés par l'armée de Jules César, etc.

De nos jours, le fait du déluge est prouvé d'une manière irréfragable, mais nous en sommes encore à en connaître la cause. Les plus célèbres géologues anglais supposent qu'une irruption violente et passagère des eaux de la mer dénuda la surface de la terre jusqu'à une grande profondeur, en creusant des vallées et donnant naissance à d'immenses dépôts d'alluvion transportés jusque sur les plateaux et les sommets des collines.

Les célébrités géologues les plus distinguées de la France regardent comme cause possible du déluge, sinon général, au moins partiel le soulèvement brusque de quelques grandes régions sous-marines, qui aurait fait balayer par la mer la surface de la terre. Le célèbre M. de Beaumont, a été jusqu'à avancer que le soulèvement de la chaîne des Andes pouvait avoir été la cause du déluge.

Nous sommes loin de partager ces opinions, puisqu'il est démontré que les formations diluviennes sont de deux natures distinctes, fluviatiles et marines, ou c'est-à-dire que les dépôts diluviens sont terrestres et d'eau douce, excepté le long des côtes où les dépôts contemporains sont marins. Les dépôts mixtes, c'est-à-dire ceux formés par l'eau de la mer et par l'eau douce à la fois, sont situés entre les formations marines d'un côté et les formations d'eau douce de l'autre. La mer n'a donc eu qu'une faible part dans l'inondation générale. Celle-ci au contraire est due pour les trois quarts au moins à l'eau douce. C'est donc l'eau douce qui a dénudé la surface de la terre, creusé les vallées et formes les monticules et collines d'alluvions; comme c'est l'eau de la mer qui a produit des effets semblables le long de la mer ou sur les îles. Les eaux douces et marines ont par conséquent agi simultanément, mais séparément, dans l'action de l'inondation générale.

D'un autre côté, comment expliquer le transport des roches erratiques, provenant du sommet des montagnes, sur le sommet ou les revers de hautes collines, des plateaux élevés, après avoir traversé de larges et profondes vallées, de grands lacs (lac de Genève), des mers (la Baltique), à des distances considérables, des blocs de plus de mille mètres cubes ?

Ensuite toutes ces traces évidentes d'anciens glaciers, en Suisse, en Écosse [1], etc., etc., où l'on ne peut expliquer le déplacement des blocs de granit, ainsi que leur arrachement, que par les glaces, comme on voit fréquemment des blocs de glaces, voguer sur des lacs ou la mer dans le nord, avec des rochers qu'ils avaient détachés ou enlevés des montagnes à une assez grande distance. Ce que l'on voit aussi assez souvent sur les rivières, où des glaçons charrient des amas de graviers, de cailloux ou de pierres [2].

---

[1] D. Bucklaud, M. Agassis, M. Lenoir.

[2] M. Bayfield, Canada, 15 février 1837.

On ne peut donc pas expliquer autrement que par la glace, l'arrachement, et le transport de ces énormes blocs erratiques, répandus à la même époque, à l'époque diluvienne, sur la surface du sol, principalement dans le voisinage des montagnes, les sillons, les rabotements des roches et des montagnes.

Maintenant si nous considérons la haute température du globe terrestre durant ses temps primitifs, lorsqu'il était enveloppé d'une vapeur épaisse, immense, qui le masquait du soleil; qu'à mesure que la croûte terrestre croissait en épaisseur, la chaleur superficielle diminuait ainsi que la vapeur, de telle sorte qu'au quatrième temps, les rayons solaires ont commencé à paraître sur la terre, d'abord insensiblement et seulement sur les points les plus élevés de la surface. De sorte que la surface de la terre se refroidissant toujours peu à peu, il est arrivé un temps que sa température était à peu près ce qu'elle est maintenant. Mais il s'y formait des soulèvements, des montagnes comme aujourd'hui, pendant que des cavités, des enfoncements conservaient, étant plus rapprochés du centre, une basse température, qu'entretenait une vapeur ou brume épaisse; et pendant que la glace se formait, la neige s'accumulait sur les chaînes de montagnes, les bas-fonds conservaient toujours une température favorable. La brume conservant longtemps de l'intensité, empêchait les rayons solaires de la pénétrer. La glace, la neige sont restées permanentes, ont gagné par en bas; et avec l'augmentation de l'épaisseur de la croûte les glaces sont devenues presque générales, excepté toujours les moindres vallées que l'épaisse vapeur couvrait encore[1]. Cet état a duré pendant bien des siècles, que d'immenses glaciers se sont formés presque partout. Plus tard la brume se dissipant, les rayons solaires dégelaient en partie les immenses montagnes de glaces et de neiges; lorsqu'enfin l'atmosphère entièrement éclaircie , les rayons solaires arrivant immédiatement, le dégel se sera opéré, brusquement ou lentement, mais probablement avec les circonstances épouvantables d'effets électriques et de pluies continues, comme nous en avons des exemples annuellement dans les régions polaires.

Des montagnes immenses de glaces superposées sur d'autres montagnes, accumulées pendant des milliers de siècles, se sont détachées, enlevant avec elles la sommité granitoïde de ces montagnes, glissant sur leurs flancs dans les vallées, les lacs ou les caspiennes, que déjà des torrents d'eau avaient emplis ou grossis à tel point que rien ne pouvant plus retenir les masses d'eaux, il en est résulté une inondation générale, que favorisait encore le grossissement de la mer par la même cause, laquelle a passé par dessus ses bords pour submerger les surfaces voisines, et ne laisser seul hors de l'eau que le sommet arraché des montagnes.

---

[1] De nos jours il arrive souvent qu'en Islande une brume épaisse la garantit des gelées, au point de ne pas empêcher les bestiaux de passer l'hiver dehors.

On conçoit que la terre, entièrement inondée, excepté le sommet des montagnes, il a dû en résulter d'immenses et rapides courants, des torrents chargés de montagnes de glaces hérissées de fragments de roches primitives qui rabotaient, arrachaient toutes les roches qui se trouvaient sur leurs passages, brisaient les obstacles qui pouvaient s'opposer au passage des eaux, et enfin ces roches cessaient de suivre les courants, lorsque la glace, fondant chaque jour, ne pouvait plus les soutenir sur l'eau : pendant quelque temps encore, ils pouvaient suivre le fond des ravins avant de s'arrêter tout à fait, après les avoir rabotés.

Il est facile alors d'expliquer tous les phénomènes du déluge, sans avoir recours aux suppositions extraordinaires, et de concilier la parabole de l'arche de Noé, avec ce cataclysme prédit cent ans auparavant; puisque, avant que l'effet fut aussi terrible, plusieurs années auparavant, il devait y avoir des effets partiels, qui étaient les indices d'une inondation générale, lorsque les conditions atmosphériques qui, chaque année se montraient plus favorables, le deviendraient enfin entièrement. Qu'il n'est pas étonnant qu'un père de famille, Noé, marin d'habitude, ayant l'expérience du passé, ne se soit mis en mesure, en construisant un bâtiment capable de contenir sa famille et les animaux qui étaient à sa disposition, et qu'en moins d'une année, son vaisseau, l'arche, ne se soit déposée sur le sommet d'une montagne même peu élevée. Mais nous le répétons, l'arche de Noé est une parabole.

De là cette dénudation, ce balayement des surfaces

jusqu'aux formations du quatrième temps. La Champagne dénudée jusqu'au terrain crétacé et dont le produit supercrétacé a été former le terrain et les collines de la Brie, en y pratiquant toutefois de vastes et profonds vallons, etc. etc. Et d'autre part, les comblements de vastes bassins, lacs ou caspiennes, avec les témoins enlevés sur d'autres points: les bassins du Rhin, du Rhône, etc. etc., où l'on voit d'immenses dépôts.

Si l'on a besoin d'une comète pour aider l'effet du déluge, il n'en faudrait qu'une comme celle qui a paru en 1811, qui a augmenté la température de 20 degrés Réaumur pendant un mois. Des glaçons de plusieurs lieues carrées ont été rencontrés à la hauteur des Açores. Les neiges perpétuelles de plusieurs sommets de montagnes ont fondu entièrement.

Nous avons dit que les profondes vallées, celles qui avoisinaient les pôles, comme plus rapprochées du centre de la terre, ont conservé plus longtemps une température douce. C'est ce qui explique l'immense terrain diluvien de la Sibérie, avec tous ses grands pachidermes; ces éléphants et rhinocéros primitifs, dont deux ont été conservés dans la glace d'où on les a extraits en entier avec peau, chair et os.

Sans doute qu'un tel déluge n'a pu avoir lieu en même temps que sur l'hémisphère boréal, et que s'il a eu lieu sur l'hémisphère austral, cela n'a pu être que l'année précédente ou suivante.

La formation de deux étages dans la plupart des dépôts diluviens, dont le dernier formé a tout au plus le dixième de puissance du premier, contenant peu de gros morceaux et de cailloux, mais plus roulés, indique un second dégel bien moins considérable que le premier. Les deux étages ne sont remarquables que vers le nord, où ils sont d'ailleurs beaucoup plus considérables que partout ailleurs vers le sud. Comme aussi les escarpements, sillons et rabotements des montagnes granitiques du nord de la Suède, dont toute la calotte rocheuse a été arrachée et transportée en morceaux, dont quelques-uns ont plus de mille mètres cubes, sur la mer Baltique, jusque dans les plaines de l'Allemagne et de la Pologne et sur le versant d'autres montagnes également décapitées, sont des témoignages d'un bien puissant dégel.

M. Lenoir (J. Ency. p. 336., 1837) admet l'existence de glaces générales, qu'il attribue au refroidissement de la terre et à son éloignement du soleil; et la fonte insensiblement de ces glaces au rapprochement du soleil. Or, rien ne démontre notre rapprochement du soleil. Ensuite étant plus rapproché du soleil, y aurait-il augmentation de la chaleur à la surface de la terre? En outre, il est bien prouvé que la vie n'a pas été interrompue à la surface de la terre; que la vie s'est conservée plus abondamment vers les pôles et plus longtemps intertropicale, ou au moins très-tempérée, pour être anéantie d'un seul coup par le déluge.

Le terrain diluvien recouvre immédiatement les formations intertropicales, comme celles des zones glaciales peu éloignées. Les palmiers comme les sapins, les trionyx comme les lagomis, les hyènes, les tigres, comme les ours blancs polaires, sont immédiatement recouverts par les dépôts diluviens. C'est cette confusion d'êtres intertropicaux avec ceux qui habitent actuellement à la même époque la zône glacée, qui faisait dire à notre célèbre professeur Cuvier, que la température avait toujours été la même à toutes les époques de la terre. Pendant qu'un examen plus approfondi a démontré être le contraire de ce qu'il soutenait; et que l'on ne peut expliquer que par les deux positions de terrains qui offraient dans le même temps deux températures opposées. Glaces en dehors, au-dessus de la brume épaisse, tempéré ou chaud au dessous, au-dedans: comme cela se remarque encore dans certaines localités du nord, à un degré moindre il est vrai.

De ce remaniement général, ce mélange, cette trituration dans l'eau, des formations des époques précédentes, dans des proportions différentes, est résulté un nouveau terrain exposé aux rayons du soleil, à une autre marche des agents atmosphériques.

SEPTIÈME TEMPS.

Septième jour de la Genèse. — Septième période. — Première jeunesse de la terre. — Poste diluvien. — Terrain moderne. — Durée cinq mille ans depuis le déluge.

« Le septième jour, dit la Genèse, Dieu cessa de créer, c'est à dire qu'il ne créa plus d'êtres au-dessus de l'homme. »

Il nous faudra probablement encore bien des recherches pour démontrer qu'à chaque formation principale ou époque, que nous présumons être de trente-cinq mille ans (Boitard), il s'opère la création d'une famille dominante ou supérieure. Ces opinions que font naître les observations géologiques actuelles, semblent se rapporter avec les idées géogoniques de Platon, et sont exprimées par les Gerbanites, astronomes arabes, qui florissaient quelques siècles avant J.-C. Suivant eux, un couple d'animaux de toute espèce est produit tous les 36,426 ans pour repeupler la terre. Il en est de même des végétaux.

1ᵉ *formation*. Dépôts et terre végétale. — Les eaux du déluge ont été plus ou moins longtemps à se retirer de dessus la surface de la terre : elles ont dû en changer la forme, en se retirant peut-être insensiblement, et laisser un dépôt limoneux dans certains endroits, sableux et graveleux dans d'autres, et le dépôt limoneux n'a pas dû tarder à se couvrir de végétaux : de là le commencement d'une nouvelle terre minérale que les débris, les restes de la vie animale, qui a dû se manifester peu après la vie végétale, ajoutent à la terre végétale ainsi que les dépôts des eaux pluviales.

Ainsi l'on voit que la terre végétale doit varier dans sa composition autant de fois que la nature de ces dépôts, les terrains primitifs ou sous-jacents avec lesquels elle est contiguë, varient.

2ᵉ *formation*. Éboulis, atterrissements.—Les éboulis sont les dépôts qui se forment sur les pentes et au pied des montagnes, des collines, de tous les débris que les agents atmosphériques, forment, détachent et entraînent.

Les *atterrissements des rivières*, des fleuves, qui tendent sans cesse à en changer le cours. En remaniant les anciennes formations des *bords*, les combinant avec d'autres matériaux entraînés ou dissous dans l'eau, pour en former de nouveaux dépôts hétérogènes qui s'emergeant par leur accumulation forment une surface à la vie végétale et animale. Telles sont les plaines qui avoisinent les rivières et les fleuves, ainsi que leurs nombreux îlots, qu'ajoutent sans cesse les débordements.

Les *atterrissements marins* se lient à ceux d'eau douce par les dépôts qui se forment à l'embouchure des fleuves.

Dans quelques localités, la mer jette sur ses bords des sables mêlés de débris de coquilles et de coraux agglutinés par un ciment calcaire, et qui finissent par former une roche dure. Ces roches contiennent en outre des débris terrestres : à la Guadeloupe on a trouvé un squelette humain incrusté dans l'une de ces roches.

Sur d'autres points ce sont des amas de galets et de graviers, ou de coquilles, ou de sables contenant des débris terrestres et des restes organiques marins et terrestres.

Les amas de sables forment les dunes, par les vents qui les accumulent sur les plages.

Des *dépôts sous-marins*. Les courants de l'intérieur de la mer font des dépôts plus ou moins vastes, qui constituent des bas-fonds, des bancs, et formeraient plus souvent des îles, si d'autres courants ne reprenaient ce que les premiers forment. Ces dépôts sont marins et terrestres.

3e *formation*. Calcaires madréporiques. — Les zoophites saxigènes dans les mers intertropicales, bâtissent des murailles calcaires sur les bas-fonds, et les élèvent en leur donnant beaucoup de largeur, de manière à former des récifs dangereux lorsqu'elles ne débordent pas et mettent en défaut les cartes, ou des îles qui se couvrent de végétaux quand elles passent le niveau de la surface de la mer.

4e *formation*. Dépôts salins, travertins. — Les travertins sont des dépôts calcaires qui se forment dans toutes les eaux plus ou moins chargées de chaux carbonatée tenue en dissolution par un excès d'acide carbonique ; ils se forment dans les conduits de fontaines, et surtout dans certaines fontaines incrustantes, ils forment souvent des bancs de roches bonnes à bâtir. Ils sont blancs, gris ou jaunâtres, suivant le corps avec lesquels ils sont en contact. Les stalactites et stalagmites sont du travertin.

Il existe beaucoup d'autres dépôts sédimenteux comme des sédiments *gypseux* ou de sulfate calcaire, sédiments siliceux dans les sources chaude.

Des dépôts de natrone ou carbonate de soude, de sulfate de soude ou sel de glauber, de sous-borate de soude ou borax ; de nitrate de potasse ou salpêtre ; de chlorure de sodium ou sel marin ; du nitrate de chaux, du sulfate de magnésie ou sel d'epsum.

Des dépôts de fer limoneux, ou d'oxide de fer pur.

Enfin les dépôts bitumineux provenant des sources de matières bitumineuses, de naphte et d'asphalte.

5ᵉ *formation,* Dépôts volcaniques. — Ces dépôts se composent de cendres qui faisant pâte avec l'eau forment le tuf volcanique (péperine); de sables formés de petits fragments scarifiés; de scories semblables à ceux des forges ; de pierres lancées qui n'ont pas subi la fusion; de laves, semblables à un métal fondu qui coule ordinairement des bords du cratère. Les courants de lave, qui sont très-longtemps à se refroidir, en s'entassant les uns au-dessus des autres, autour des cratères et s'y entremêlant avec les autres produits des déjections, forment des montagnes qui divergent du volcan comme centre.

La lave est le produit de la fonte des roches primitives sortant du cratère. Elle paraît avoir la chaleur de la fonte fondue ; mais elle conserve sa liquidité quelquefois pendant dix ans, en se couvrant d'une pellicule qui empêche la chaleur rayonnante. Elle est extrêmement tenace et visqueuse.

Nous ne comprenons pas une assez grande intensité du calorique pour fondre les roches primitives et autres, en une matière liquide; et nous comprenons encore moins la conservation de la chaleur et l'état liquide de cette lave pendant dix ans. Il faut nécessairement admettre un autre principe que le calorique et pour opérer la fusion et pour conserver l'état liquide et chaud pendant dix ans et plus. L'effet électro-chimique des volcans n'est pas encore bien connu.

Des volcans s'écoulent souvent aussi des eaux chau
des, salines, acides, et beaucoup de boues dans certains temps.

Les productions volcaniques sont nombreuses. Les
laves modernes sont à peu près les mêmes partout;
M. Brongniart en rapporte la matière à la tephrine,
qui est feld-spathique, pyroxénique, ou scoriacée; les
ponces, les obsidiennes, en sont des portions.

Les volcans actuels produisent aussi des trachytes
et des basaltes, et souvent beaucoup de soufre, des
hydrochlorates de soude, de potasse et d'ammoniaque,
comme des acides hydrochlorique et carbonique.

Les laves renferment aussi, du cuivre pyriteux, sulfaté et chloraté, du fer oligite, oxidulé, galène, du
manganèse, zircon; olivine, fluor, aragonite, dolomie;
amphibole, pyroxène, grenat, tourmaline, pidote,
alun, feldspath, mica, etc. Des matières organiques
non détruites qui se trouvent englobées.

Les dykes sont formés par la matière des laves qui
s'accumule dans les crevasses des formations de laves,
et qui paraît différer un peu de la matière première.

Les geysers forment du silex, surtout ceux d'Islande.

6e *formation*. Tourbes et forêts fossiles. —Les forêts
fossiles nous paraissent être toutes antédiluviennes.
Celles qui paraissent être modernes, comme dans la
vallée de la Somme, etc., sont couvertes de tourbe.
Les autres, sur les bords du Rhin, de la mer, sont recouvertes de grains de sable.

Les tourbes des montagnes se forment par la succession de la vie et de la mort des mousses, lichens et quelques graminées, que subissent une décomposition lente retardée par le froid.

Les tourbes des marais se formant aussi par la succession de la vie et de la mort des plantes aquatiques , dont la décomposition complète est empêchée par l'eau. Ces formations sur des lits d'argiles où reposaient des lacs, se trouvent insensiblement comblées par la formation tourbeuse qui en s'élevant forme des marais et finit par former des prairies. Quelquefois ces prairies sont flottantes sur l'eau que le fond retient toujours.

Restes organiques. Les végétaux sont ceux actuellement existants.

Animaux. Des cerfs, des chevreuils, des sangliers, bœufs, aurochs, élans. Ces deux derniers plus communs, n'existent plus en Europe qu'à l'état fossile.

On y trouve aussi des vases antiques. En 1823, dans les tourbes de Lancashire, on a trouvé trois pirogues semblables à celles des sauvages de l'Amérique. Aux environs de Saint-Quentin, on a découvert sous la tourbe une chaussée romaine et un amas d'armes anciennes.

7e formation. Tuf, argile, marne.—Enfin la dernière formation minérale est le tuf immédiatement situé au-dessous de la terre végétale. Celle-ci composée du détritus de matières végétales et animales, et plus ou moins de terrains voisins, pénétrée par l'air, les eaux pluviales, fluvialites, la rosée, la chaleur, et parcourue pas les courants électriques, donne naissance à une matière minérale concrétionnée, réunie par l'affinité, blanchâtre, grisâtre, jaunâtre ou noirâtre que l'on nomme tuf, qui est composé de carbonate calcaire, d'argile et d'autres matières selon les lieux. Souvent l'argile en est séparée.

Plus tard ce tuf sans consistance, acquiert de la dureté, devient compacte, et forme des roches argileuses calcaires, qui fournissent des pierres bonnes à bâtir, d'autant plus compactes et plus dures que les couches sont plus inférieures, lesquelles alternent avec des lits d'argile bleue verdâtre qui devient plastique inférieurement. Le calcaire est souvent siliceux.

7ᵉ *formation.* Dessous la terre végétale limoneuse, sur le plateau de hautes collines est un sable argileux rougeâtre ou jaunâtre dans lequel se trouve souvent à moins d'un mètre de profondeur, un ou deux lits irréguliers de meulières, de rarement plus de 50 centimètres de puissance.

Cette meulière paraît se former tous les jours, la dernière formée est très-poreuse, légère comme de l'éponge desséchée ; elle est très-bonne pour la bâtisse. Celles qui sont les plus anciennes sont compactes, pesantes, à cassure circuse, passant au quartz.

Sur d'autres points, au milieu des sables se forment des grès, sables agglutinés par mamelons d'abord friables, puis acquérant une grande dureté en vieillissant.

Silex. — Le calcaire siliceux, le silex pyromaque,

que l'on trouvent épars, unis ou incrustés dans la roche calcaire argileuse de formation moderne, nous paraissent être aussi de formation moderne résultant probablement de courants électriques plus intenses qui rencontrent de la silice libre.

GÉOPHYSIQUE.

Les fausses interprétations de la Genèse, effet de l'ignorance géognostique, et des notions défigurées que les Grecs avaient puisées chez les Égyptiens, firent de la géogénie une science ridicule. Maintenant les découvertes récentes de la géologie, aidées des progrès de la chimie, ont établi la vérité dans cette partie de la science. Mais il nous reste encore à démontrer l'erreur des partisans de l'incandescence de l'intérieur du globe terrestre.

INÉGALITÉS DE LA SURFACE DE LA TERRE.

Des montagnes.

Les inégalités de la surface de la terre, formées par les coteaux, collines, montagnes, vallées et vallons, ont pour cause principale des soulèvements partiels de l'écorce terrestre ; lorsqu'ils ne sont pas le résultat d'alluvions ou de creusement par les eaux.

Ces soulèvements plus ou moins considérables nous

paraissent être dus à des actions électro-chimiques qui agissent dessous les roches primitives cristallines, de manière à amener ces roches, granit, scyenite, porphyre, au point culminant, au sommet des soulèvements en les fracturant, de telle sorte que les fragments forment un cône plus ou moins régulier, qui supporte toutes les formations des temps suivants qu'il fracture et traverse en leur donnant un plan plus ou moins oblique, ou culbutées sur leurs tranches. Ou quelquefois cette masse graniteuse, scyenitale est soulevée en masse, perce et renverse les couches supérieures pour former une montagne granitique. L'effet est presque instantané ou lent.

Les successions de ces soulèvements forment les chaînes de montagnes qui sillonnent la surface du globe dans divers sens.

Tremblements de terre. Ces soulèvements s'annoncent ordinairement par des bruits souterrains, par des secousses qui se succèdent avec plus ou moins de rapidité et de force, et se font sentir avec la rapidité de l'électricité à de très-grandes distances.

Volcans. Souvent les roches brisées s'entr'ouvrent et livrent passage à des vapeurs irritantes, de la fumée, des flammes, vomissent des laves, lancent des cendres et des scories, donnent issue à des torrents d'eau chaude, boueuse, etc. De là les *lagonis*, les *volcans* proprement dit, les *salzes*, les fontaines, les puits de feu, les solfatazes ou soufrières, etc.

Électricité. L'électricité, dont le pouvoir est incompréhensible, nous paraît être l'agent d'action de ces phénomènes qui ont pour but la décomposition et la composition des corps. Cette puissance à laquelle rien ne résiste, accumulée en raison du besoin des transformations, se développe au point de briser, de soulever les masses rocheuses de la croûte, de l'enveloppe du globe terrestre ; les brûler, les fondre en laves [1] en cendres, et les jeter au-dehors par des cheminées, temporaires, intermittentes ou permanentes, selon le besoin d'action que nécessite la nature des corps.

Les trous tubulaires de la craie, des grès et autres roches siliceuses nous paraissent être produits par les courants électriques, que MM. Rozet, Lyell et autres savants attribuaient à des sources acides, et que M. D'Orbigny attribue à des foraminifères.

L'électricité parcourt dans toutes les directions les formations de la croûte terrestre, et y forme tous les corps, ces cristallisations, ces pierres plus ou moins précieuses, qui paraissent comme placées accidentellement dans la substance des diverses formations; désagrége les unions hétérogènes, les isole et forme de nouveaux corps en donnant à l'affinité moléculaire une consistance d'autant plus grande que les éléments moléculaires sont moins nombreux.

Magnétisme. L'électricité est universelle, permanente dans la terre comme dans tous les corps, c'est le magnétisme, avec lequel elle est en relation continue par

---

[1] D. Fusinieri Bibli. univ., mai 1832.

des courants intimes entre tous les corps. Composé de deux principes antagonistes, il donne la mesure de l'attraction et de la répulsion. Ces deux principes bien équilibrés constituent l'état naturel des corps, c'est l'inverse pour l'état contraire: alors les corps sont dits magnétiques. Toutes les substances ferrugineuses sont magnétiques; le manganèse, le nickel, le cobalt, le chrome sont aussi magnétiques. L'aimant est le fer sulfuré magnétique. Le globe terrestre est magnétique et a ses pôles qui attirent ceux du même nom des autres corps.

Intérieur de la terre. — Nous ne savons pas ce qui se passe dans l'intérieur de la terre, comme nous ne saurions pas ce qui se passe dans l'intérieur des corps organiques végétaux et animaux, si nous n'avions pas vu et étudié les organes intérieurs de ces derniers. Nous en connaissons l'écorce et à peu près ses diverses formations, mais nous n'avons pu faire nos explorations plus loin, le rayon de la terre étant de six millions de mètres, nous connaissons à peu près une épaisseur de six mille mètres, compris la hauteur des montagnes; ainsi nous connaissons tout au plus la millième partie du rayon terrestre. Et cependant cette millième partie constitue l'écorce: les foyers d'action des soulèvements, des volcans, s'opérant toujours aux mêmes niveaux.

Température.—Il est bien constaté que la terre a une chaleur propre qui augmente à mesure que l'on descend dans l'épaisseur de son écorce, que cette chaleur se fait sentir à quelques mètres, va en augmentant de primo, par 15, 19 ou 36 mètres selon les localités. (M. Cordier). De là on infère que la température de l'eau bouillante doit exister à 2,500 mètres de profondeur ; et celle de 100 degrés du pyromètre de Wedgwood, température capable de fondre, dit-on, les laves et les roches, à une profondeur moindre de $\frac{1}{70}$ du rayon terrestre. Voilà des suppositions, des conséquences que nous nous abstiendrions de mentionner si elles n'étaient admises par beaucoup de savants. Nous dirons d'abord, pourquoi faire des suppositions ? Ensuite des suppositions impossibles, puisque ni les laves, ni la plupart des roches ne se fondent par tels degrés de chaleur que ce soit. Elles se volatilisent, et tous les métaux, passé 100 degrés du pyromètre de Wedgwood, se volatilisent aussi. Après cela, en admettant toujours la progression de la chaleur jusqu'au centre du globe, longtemps avant d'y arriver, comment exprimer un tel degré de chaleur ? Croit-on que la croûte encore plus épaisse que nous ne la connaissons résisterait ? Et qu'est-ce qui alimenterait un tel foyer ? On est donc forcé de s'arrêter ? Or, pourquoi plus tard que plus tôt ?

N'est-il pas plus rationnel d'admettre avec nous une chaleur vitale ? Chaleur qui, comme la chaleur animale, croit de la périphérie à l'intérieur d'abord, puis reste stationnaire sous la peau qui recouvre le centre sans augmenter jusqu'au centre. Nous pouvons en ad-

---

[1] M. Cordier.

mettre une de même dans l'intérieur de la terre, une température qui irait croissant jusqu'au dessous de l'écorce terrestre, puis, qui resterait à peu-près la même.

La température solaire, selon M. Arago, ne se fait plus sentir au-dessous de la surface de la terre : le thermomètre y reste à 12 degrés; et dans aucun lieu de la terre, il n'a pas 46 degrés sur le continent, en mer 31 degrés, l'eau de la mer jamais au-dessus de 30 degrés, et le plus grand degré de froid que l'on ait jamais observé a été de 50 degrés. La température de la mer diminue à mesure que l'on descend dans ses profondeurs jusqu'à 12 à 1,500 mètres; après cela elle augmente, et celle de l'air diminue à mesure que l'on s'élève ; 160 mètres correspondent ordinairement à 1 degré d'abaissement du thermomètre, moins cependant si la température est élevée. Il en est probablement de l'abaissement de la température en s'élevant au-dessus de la surface de la terre, comme de l'élévation en descendant dans son écorce, nous ne pouvons pas savoir si ces deux extrêmes continuent. Il est plus probable que non, mais que l'homme arriverait dans des milieux où il ne pourrait exister. Pourquoi donc faire des suppositions d'augmentation et de diminution de chaleur au delà de notre conception. Ne sait-on pas que la compression de l'air détermine la chaleur, et que dans les mines, les excavations, l'air étant comprimé est la cause de l'augmentation de la chaleur?

DE L'EAU.

De l'eau. — Les eaux forment encore plus des trois quarts de la surface du globe terrestre, et plus du quart de la masse de la croûte terrestre restante. D'un autre côté si l'on considère que l'eau constitue environ le tiers du poids, sous des formes dont il est facile de le séparer, de tous les êtres qui composent la partie dure connue de la terre, on comprendra dans quelle proportion l'eau entre dans la composition actuelle de la surface du globe ou de l'épaisseur connue de son écorce. Ensuite, comme il est reconnu par les recherches des plus savants physiciens, particulièrement par M. Ampère, que le centre de la terre doit être dans un état solide, que la densité du globe terrestre est comme celle de l'eau, on comprendra facilement que toute la masse de notre globe est composée comme celle de son écorce, c'est a dire près des $\frac{9}{10}$ d'eau.

Il en est de l'eau à l'égard du globe terrestre, comme des différentes parties liquides à l'égard des êtres animaux et végétaux. L'eau circule dans toutes les parties du globe, comme le sang, la sève, etc, etc. dans les végétaux et les animaux. M. Arago n'a pu trouver aucune cause pour expliquer les courants marins. L'immense gulf-stream et d'autres peut-être aussi considérables sous-marins profonds, très-rapides et chauds, indiquent bien certainement une cause vitale, et leur communication à un centre commun dans l'intérieur de la terre.

Tout le monde sait que l'eau se décompose comme les fluides animaux ; qu'elle se remplit et se couvre d'êtres organiques inférieurs ; que renfermée dans des tonneaux, elle se corrompt en se troublant, puis dépose, redevient potable, pour se corrompre de nouveau à différentes reprises, jusqu'à ce qu'il ne reste plus qu'un sédiment boueux, de la terre végétale limoneuse.

L'eau et l'air sont les deux aliments indispensables de la vie ; aussi se mettent-ils et agissent-ils simultanément dans cette fonction importante. L'eau privée d'air est nuisible, comme l'air privé d'eau l'est également.

Indépendamment de l'air, l'eau douce de fontaine contient divers corps en dissolution, des carbonates, sulfates et hydrochlorates calcaires; d'autres eaux spéciales, dites minérales, contiennent en dissolution certains minéraux qui les caractérisent.

Eau de la mer. — L'eau de la mer est à peu près partout la même; elle contient, selon l'analyse du docteur Marat :

Muriate de soude,	133,30.
Sulfate de soude,	2,35.
Muriate de magnésie,	4,95.
Muriate de chaux,	0,99.
Total,	218,57.

La profondeur de la mer paraît aller en augmentant, de l'équateur vers les pôles ; comme aussi la température va en diminuant.

L'eau de pluie est comme l'eau distillée, elle ne contient aucun corps en dissolution mais elle contient plus d'air.

La tendance de l'eau à se solidifier, non pas à former de la glace, mais à faire partie intégrante des êtres solides, et ceux-ci à absorber l'eau, cause journellement une grande diminution dans la masse de l'eau, diminution que l'on ne peut encore apprécier, tant la masse aqueuse visible ou appréciable est considérable, et rien ne démontre que la diminution de l'eau puisse se réparer ; tout, au contraire, nous prouve cette diminution de l'eau, et son remplacement par les corps solides.

L'affinité de combinaisons de l'eau et de l'air, pour concourir ensemble à alimenter la vie, nous donne l'exemple de leur état primitif, où unis ensemble ils constituaient la totalité du globe terrestre ; dont la première séparation partielle a commencé à former un noyau aqueux avec un atmosphère immense de vapeurs aqueuses ; donc le travail de la vie et de la mort ou l'attraction de composition, forcée par les agents de la vie, le magnétisme et l'électricité, a constitué le globe terrestre tel qu'il est maintenant. L'aplatissement des pôles et le renflement à l'équateur prouvent l'état fluide primitif du globe.

La température élevée primitive se conçoit facilement, tant par l'effet de la compression de l'air dans l'eau, que par le travail, extrêmement actif, de composition et de décomposition, ou de la vie et de la mort, ou seulement de la vie par rapport à la **terre**, véritable chaleur vitale qu'entretient l'oxigène, comme chez les êtres organiques ; puisqu'il est démontré que la chaleur intérieure de la terre est toujours élevée, probablement comme elle l'a toujours été, dans **un** état voisin de l'ébullition ; rien ne prouve au delà, à plus forte raison l'état de fluidité ignée dont on suppose être l'intérieur de la terre, que rien ne démontre, comme nous le prouverons.

Courants ou circulation de l'eau.—Indépendamment des flux et reflux de la mer, qui paraissent être déterminés par une cause physique, des courants d'eau sont établis dans tous les points de l'écorce du globe terrestre.

Ceux de la surface, ruisseaux, rivières et fleuves, sont connus ; ils sont comme les veines qui rapportent les liquides au réservoir commun superficiel, la mer ; leurs ramifications et naissances, n'ont-elles pas la plus grande analogie avec celles des veines du corps animal. Les veines tout à coup paraissent sans qu'on puisse suivre leurs dernières ramifications, la moitié des sources sont dans le même cas ; elles naissent d'une manière insensible, l'autre moitié paraît venir des profondeurs de l'écorce terrestre. Les sources superficielles paraissent alimentées par les eaux pluviales, quelques-unes des profondes semblent aussi en recevoir une augmentation ; mais ni les unes ni les autres ne proviennent entièrement des eaux atmosphériques. Si quelques-unes tarissent entièrement après de longues sécheresses, c'est l'effet de l'absorption de l'humidité de la terre : la preuve en est que la cessation de cette absorption sans pluies manifestes laisse reparaître les sources.

Les pluies et les neiges abondantes et continues ne pénétrent jamais au delà de deux mètres de profondeur. La quantité de pluie tombée sur un pays est reportée dans la même proportion par les fleuves, dans l'espace de quelques jours, l'ayant reçu par les torrents. Il existe des sources jaillissantes sur le plateau des montagnes isolées (Laon), dans les petites îles éloignées des continents (les Bermudes), en pleine mer (manifestés sur plusieurs points de la mer des Indes), et là comme aux Bermudes l'eau est douce.

Les courants et les souterrains ne sont pas encore bien connus, pour pouvoir assigner leur direction, si ces courants sont de deux espèces : les uns apportant l'eau pour être distribuée et les autres la reportant au réservoir commun.

Puits artésiens. — Il est bien évident que les puits artésiens proviennent de courants puissants dont l'eau ne coule pas, comme elle paraît le faire à la surface de la terre, par l'effet d'une pente, mais bien par l'effet d'une force particulière motrice qui va du centre à la circonférence.

Courants marins. — Les courants, comme des fleuves qui sillonnent l'Océan, surtout remarquables aux détroits, sont bien connus des marins. Le gulf-stream qui se dessine depuis la mer des Indes par une marche contournée jusqu'au pôle arctique, en ne paraissant pas rouler ses eaux à celles de l'Océan, étant d'une température très-différente; comme beaucoup d'autres également bien connus, dont quelques-uns semblent en être les branches. Mais ce qui corrobore notre opinion sur les courants comparés aux vaisseaux des animaux, ou plutôt des végétaux, c'est la présence à l'entrée des détroits de Gibraltar et du Sund, de deux courants l'un au-dessus de l'autre allant en sens inverse avec une vitesse différente. Dans plusieurs endroits de l'Océan on a également remarqué des courants à de grandes profondeurs, coulant dans un sens inverse que les superficiels et beaucoup plus rapides.

Pourquoi chercher à expliquer la circulation des eaux de notre globe, autrement que par une action vitale? Pourquoi aller chercher des différences de niveau des mers qui n'existent pas en réalité: on sait qu'à Saint-Malo, la mer monte à 23 mètres, et qu'à Brest elle ne monte qu'à 14 mètres, bien que ces deux ports soient rapprochés. Comment expliquera-t-on cette différence de niveau?

Circulation dans l'atmosphère. — L'eau circule dans l'atmosphère comme dans la terre. On a calculé que l'évaporation annuelle enlevait l'épaisseur d'un mètre de l'eau de la mer, et que cette même quantité lui était rendue par les pluies et par les fleuves.

Enfin il y a des fontaines jaillissantes, intermittentes, minérales, thermales, de diverses variétés et de températures différentes; dans la fontaine d'eau bouillante (86 degrés) de l'île de Luçon, outre les végétaux qui y croissent, il y a des poissons. Des poissons longs de 20 à 30 centimètres vivent dans l'eau bouillante , ainsi que des plantes végétant parfaitement. L'ulva et tremella thermalis, limneus periger, etc.

Mouvements de la terre.—Le globe terrestre, isolé dans l'univers, tourne sur lui-même d'un mouvement régulier, en 24 heures, autour d'un axe idéal qui passerait par ses pôles. En même temps il parcourt dans l'espace en décrivant autour du soleil une ellipse qui est son orbite dont le soleil et le centre : le premier de ces mouvements parcourt 400 mètres par seconde ; le deuxième parcourt 8 lieues par seconde. Le 1/2 grand axe de l'orbite est de 34,505,422 lieues.

Dans sa révolution la terre emporte avec elle la lune, son satellite, qui se meut aussi dans une ellipse dont la terre est un foyer, de telle manière qu'elle fait douze révolutions pendant que celle-ci en fait une autour du soleil. Dans cet intervalle, la lune prend différentes positions relativement à la terre et au soleil, qui se reproduisent de la même manière à chaque révolution lunaire, et donne naissance aux phases de la lune. Elle a aussi un mouvement de rotation.

Le mouvement de rotation de la terre produit le jour et la nuit ; celui de circumduction autour du soleil donne naissance aux saisons.

Ces deux mouvements si incompréhensibles pour tant de monde, découverts par Copernic dont les idées premières ont été si bien développées par Newton, qui établit la loi fondamentale que tous les corps s'attirent en raison directe des masses et en raison inverse du carré des distances.

Tel est le résultat de l'observation et du calcul, qui attribue au hasard ou à Dieu cet état de choses. Que bien certainement nous ne pouvons attribuer au hasard une harmonie établie d'une manière si admirable : provenant d'une même force et concourant au même but. Nous ne pouvons pas admettre avec Newton, que la loi de l'attraction soit la propriété de la matière. Nous la regardons comme une loi du créateur qui donne la vie, comme la loi de la vie, modifiée selon l'organisation, dans laquelle nous entrevoyons le mystérieux mécanisme de l'agent, que nous nommons magnétisme, action de la vie, action de deux principes antagonistes unis par l'agent de la vie, l'électricité duquel principe émane le magnétisme.

Magnétisme. — Nous disons donc que, les deux principes antagonistes composant le globe terrestre, par un mouvement simultané d'actions opposées tendant à s'équilibrer, en se plaçant sur deux points diamétralement opposés, produisent la rotation, et ces deux mêmes principes, ou les pôles magnétiques de l'attraction des pôles semblables, et la répulsion des dissemblables, produisent la translation autour du soleil, comme la lune autour de la terre.

Tous les corps célestes, au moins de notre système solaire, sont pénétrés du principe magnétique, qui est l'agent de leur action, par leur attraction et répulsion réciproque, reçoivent le mouvement général et particulier que nous connaissons. N'est-ce pas la vie de relation des corps célestes subordonnés au soleil?

Notre globe, dont nous connaissons les effets de ses

relations avec le soleil, avec les autres planètes et surtout avec la lune, les fonctions de sa vie particulière sont dirigées par les mêmes principes (le magnétisme, l'électricité) qui établissent des relations extérieures.

L'obliquité de l'écliptique qui nous donne les variétés des saisons, est dû à l'effet magnétique, attractif des planètes qui modifient l'attraction solaire et ralentissent la vitesse de translation. Comme la tendance croissante à ramener l'obliquité est l'effet attractif des grosses planètes.

Le phénomène des marées s'opère par l'attraction magnétique; tous les globules d'eau sont pénétrés du principe magnétique; l'attraction polaire tend à l'équilibrer, à contenir les eaux dans leur lit; le magnétisme lunaire agissant sur la plus grande somme de magnétisme des eaux, il en résulte un effet attractif des eaux de la mer, du flux et du reflux de la mer, tout à fait en rapport avec le mouvement de la lune, aidés de l'attraction solaire. Les petites étendues d'eau n'ont pas assez de principe magnétique pour exercer l'attraction; les marées sont d'autant plus considérables que la lune et le soleil sont près de l'équateur; les plus fortes marées mensuelles arrivent aux Syzygies, et les plus faibles aux quadratures; les plus fortes marées annuelles ont lieu aux équinoxes.. Les inégalités dans l'arrivée et la hauteur des marées dépend du plus ou moins de puissance magnétique.

Cette liaison, ces rapports intimes entre tous les corps célestes, cette marche si régulière, si bien calculée, enfin cet ordre sublime indiquent évidemment un centre d'action raisonné, une puissance surintelligente, qui n'est certainement pas une propriété de la matière. Nous remarquons les effets, nous les calculons, nous entrevoyons une cause prochaine d'action (le magnétisme), cette cause prochaine est due à une autre cause d'action (électricité), que nous pouvons dans bien des cas la diriger, elle se présente même toutes les fois qu'elle est réclamée pour donner la vie ou la changer. Cette cause d'action à double puissance opposée, qui donne la vie et l'ôte instantanément, est incompréhensible à l'intelligence humaine ; et encore sommes-nous forcés de ne la regarder que comme cause secondaire, et de reconnaître qu'elle est subordonnée à d'autres causes plus puissantes : telles que les causes favorables ou défavorables à son effet, la nécessité de la vie qui ne cesse jamais, qui l'appelle pour constituer les êtres. Ainsi cette puissance (l'électricité) est subordonnée à une volonté, à une cause raisonnée, qui ne peut émaner que d'une puissance suprême, unique, de Dieu enfin. Sans Dieu, ni l'univers ni la vie ne peuvent se comprendre.

Mouvement des astres. — Nous comprenons à peu près la marche de notre système planétaire ; expliquons quelques phénomènes de notre globe terrestre, et un peu la marche de sa vie. Nous ne savons pas ce que c'est que le soleil, ni les planètes. Nous présumons qu'il a un mouvement de rotation et un mouvement de translation dans lequel il entraîne ses planètes autour d'un autre corps céleste que nous n'apercevons pas; et tout cela n'est qu'un point dans l'immensité de l'univers, à en juger pas ces innombrables étoiles dont on ne peut pas même calculer la distance et que l'on présume être autant de soleils. Enfin tout cela indique notre petitesse; et la plupart des astronomes et naturalistes qui ont voulu raisonner au delà de ce qu'ils voyaient, sans s'appuyer sur la Divinité, sont tombés dans le délire.

Origine des Astres.—Buffon qui ne savait pas plus que nous ce que c'était que la substance du soleil, pas plus que celle des comètes, a imaginé que la terre comme les autres planètes pouvaient bien être des portions du soleil qu'aurait détachées le choc d'une comète.

Laplace qui comprenait que si une comète touchait le soleil elle y resterait, a imaginé une matière atomique disséminée dans l'espace, dont l'attraction moléculaire aurait insensiblement formé les étoiles, le soleil et les planètes incandescentes, qui se seraient encroûtées par le refroidissement de la surface. On se demande d'abord qu'est-ce que des atomes? Si ce sont des corps infiniment petits, doués de la propriété attractive, doués de la propriété de formuler d'autres corps de diverses grandeurs, de diverses formes, de diverses densités, ces atomes étaient créateurs, s'ils avaient la propriété de créer, de donner la vie ou l'existence, de formuler des corps autres qu'eux, de diverses natures; et des corps qui en engendraient encore d'autres, comme la terre qui, entre autres, engendrait l'homme. Un M. Laplace par exemple, qui voyait des atomes dans l'immensité, des atomes qui avaient tous la même propriété originaire, inhérente, infinie, indivisible, un même principe de cause et d'action, des atomes, enfin des presque rien, qui ont donné naissance à tous les corps de l'univers. N'est-ce pas là la puissance du Dieu créateur?

Mais ce qu'il y a encore de plus invraisemblable c'est l'incandescence primitive des planètes, incandescence permanente du sein de notre globe, comme de la lave en ignition que vomissent les volcans!!! Fourier qui, jugeant par l'analogie de la lave des volcans qui est longtemps à se refroidir, disait que le globe terrestre serait plusieurs millions d'années à se refroidir, Fourier ne savait pas que les laves des volcans se forment dans l'écorce terrestre par l'électricité qui enflamme et met en fusion les minéraux qui sont sur son passage, comme ce même principe met en fusion une cloche dans un clocher. Ensuite, est-ce que tous, ne nous démontrent pas que la chaleur n'est qu'un effet développé par l'électricité, par l'action des combinaisons et des décompositions qui l'appelle, par la concentration des rayons solaires, la compression de l'air, etc. Disons avec le savant M. Rozet, que l'étude de la terre et de tous les êtres qui la composent, nous prouve à chaque pas l'existence de la Divinité: qu'elle nous montre une puissance infinie présidant à tout, dont le but paraît être l'homme et que, aucune science plus que la géologie n'est capable d'élever notre esprit, d'agrandir nos idées et de nous rapprocher du Créateur.

Telle est l'opinion de nos plus célèbres géologues, Werner, Cuvier, Brongniart, docteur Buckland, de Humboldt, etc, etc, qui abandonnèrent les hypothèses pour les observations exactes.

Air atmosphérique.—La masse gazeuse qui enveloppe la terre et qui constitue l'atmosphère est composée, en volume, de quatre parties d'azote, d'une d'oxigène et de deux ou trois centièmes d'acide carbonique, tenant en dissolution de la vapeur aqueuse dans ses parties inférieures, les éléments de l'eau dans sa partie supérieure, de beaucoup plus d'émanations gazeuses de diverses espèces, selon les localités ; et qui s'élève à une hauteur inconnue.

L'azote, l'oxigène et le peu d'acide carbonique qui composent l'air vital , ne sont point combinés entre eux, mais seulement unis dans une proportion convenable à l'entretien de la vie, de sorte que, suivant le besoin des êtres, ils peuvent se combiner seuls ou ensemble dans les proportions réclamées.

L'agent magnétique maintient l'air en équilibre autour de la terre, vers le centre de laquelle il l'attire. L'électricité le parcourt et manifeste sa présence à chaque instant, pour y opérer les combinaisons nécessaires, et y déterminer tous les effets météorologiques ordinaires et extraordinaires, les orages, les ouragans , les trombes , la grêle , les météores , les aérolithes, etc.

C'est l'atmosphère qui forme la chaleur que nous transmettent les rayons solaires qui la traversent, en subissant à travers les bulles de vapeurs aqueuses, une concentration, semblable à celle que nous opérons avec la loupe. Ces espèces de conoïdes qui transmettent la chaleur à la surface de la terre sur les points sur lesquels ils sont plus perpendiculaires et plus rapprochés de leurs sommets, nous font expliquer la chaleur intense intertropicale et le froid des régions polaires, la diminution de la chaleur à mesure que l'on s'élève dans l'atmosphère, constatée par le sommet des montagnes et à l'aide des ballons.

La compression de l'air produit aussi la chaleur, au point d'enflammer les corps qui se trouvent en contact. Son élasticité se trouve également démontrée.

Un décimètre cube d'air pèse 1225 milligr. La courbe atmosphérique qui enveloppe la terre paraît avoir un pesanteur égale à une couche d'eau de dix mètres 25 centimètres ou 76 centimètres de mercure.

L'air produit donc une pression dans cette proportion sur tous les êtres; et l'on comprend difficilement que l'homme ordinaire supporte un poids de 10,000 kilogrammes, sans quoi il ne pourrait exister. Ainsi outre la nécessité de l'air pour la respiration, l'air est également indispensable pour comprimer les corps. Mais cette pesanteur apparente de l'air pourrait n'être que l'effet d'une attraction magnétique vers le centre du globe, et dont l'apparente raréfaction des régions supérieures de l'atmosphère serait l'effet d'une diminution dans la force attractive. Quoi qu'il en soit, il paraît que la densité des couches atmosphériques diminue en montant vers les régions supérieures. Comme la température qui diminue également : ainsi la quantité de vapeur aqueuse qui diminue ou augmente la pesanteur de l'air fait monter ou baisser le baromètre.

L'atmosphère subit un mouvement périodique, effet de l'attraction lunisolaire, semblable à celui de la mer, qui probablement aide beaucoup à celui-ci.

Les vents.— Les courants d'air ou les vents peuvent avoir lieu dans trente-deux directions différentes et sont subordonnés aux courants électriques.

Les vents alisés résultent du mouvement de rotation de la terre, en sens inverse de ce mouvement, inclinant un peu au nord dans l'hémisphère boréal, et au sud dans l'autre hémisphère.

Les moussons soufflent durant six mois dans une direction, et six mois dans la direction opposée.

Les vents inférieurs vont de la mer à la terre durant le jour, et en sens contraire durant la nuit.

Les vents supérieurs sont des courants de l'équateur aux pôles, et des pôles à l'équateur un peu moins supérieur.

L'interruption de ces courants par des causes qui nous sont inconnues, mais dans lesquelles agit l'électricité, forme les tempêtes, les ouragans.

Les vents ordinaires parcourent 1800 mètres par heure; l'ouragan en parcourt 160,000.

Enfin, les vents inférieurs persistent ordinairement dans la même direction durant une demi-saison commençante; et si dans ce moment ils viennent de la mer, ils amènent de la pluie durant un mois et demi;

s'ils viennent des continents, c'est de la sécheresse.

Pluies.—Nous avons dit qu'une partie des vapeurs aqueuses se dissolvaient ou se décomposaient dans l'air et s'élevaient dans les régions supérieures de l'atmosphère, qu'un autre partie des vapeurs aqueuses restait seulement suspendue dans les régions inférieures, et par l'agglomération des gouttelettes formaient les nuages, que la pesanteur ou le magnétisme attiraient sur la surface de la terre, et formaient la pluie, les rosées.

Mais la quantité dissoute et suspendue dans les régions supérieures réclame l'intervention de l'électricité pour se recomposer et former de l'eau; de là alors, les orages, la grêle.

Étoiles filantes. — Les étoiles filantes nous paraissent être des bulles ou globes d'hydrogène, effet de la surabondance d'hydrogène lors de la composition de l'eau dans les régions supérieures de l'atmosphère, réunies par l'attraction d'agglomération et enveloppées de vapeurs aqueuses de dernières compositions, qu'un courant électrique entraîne, ou crève en répandant ordinairement beaucoup de lumière.

Aérolithes. — Les pierres météoriques, comme les étoiles filantes, jadis objets de superstition, intriguent encore bien des personnes. Cependant ces aérolithes sont des objets très-communs maintenant, parce qu'on les distingue des autres pierres plus exactement qu'autrefois. Il en tombe presque tous les ans; leur chute est ordinairement précédée d'un météore lumineux et d'un bruit semblable à celui du tonnerre, preuve évidente que la formation de ces pierres a lieu dans l'atmosphère.

Les aérolithes sont les mêmes partout, et composées des mêmes principes, du fer, de la silice, de la magnésie, un peu de nickel, d'alumine, de chaux, de chrôme et de soufre. Mais le fer ou le silice y sont tantôt l'un, tantôt l'autre pour plus de la moitié : c'est ce qui les distingue en fer météorique, ou pierre météorique.

Ces météorolites sont formés de toutes pièces dans les parties supérieures de l'atmosphère; c'est l'électricité qui les forme, lorsque les éléments de composition sont en rapport ; ces éléments proviennent peut-être des volcans, que leur extrême ténuité aura fait enlever par l'hydrogène; leur similitude de propriétés physiques et chimiques indique assez cette origine commune.

Ainsi, jusqu'à ce qu'il soit démontré que les aérolithes soient des fragments de bolides ou petits globes errants dans l'espace, nous croirons qu'ils sont formés dans les parties supérieures de l'atmosphère.

MINÉRAGÉNIE, LITHOGÉNIE.

L'eau et l'air, éléments de la vie, l'électricité, l'agent, avec les trois formes de la vie, minérale végétale et animale, constituent le globe terrestre.

L'action par laquelle les minéraux se formulent et croissent, est une portion de vie dévolue à la série ou classe d'êtres dits inorganiques.

Les minéraux constituent des espèces distinctes aussi nombreuses que celles des végétaux et des animaux. La marche de la vie des premiers est simultanée et paraît dépendante de celles de ces deux dernières.

La première formation minérale est-elle primitive à celles végétale et animale ? L'état actuel de la science, et surtout les divergences d'opinion des savants, nous obligent de poser cette question.

Beaucoup de savants célèbres, Descartes, Leibnitz, Watton, Buffon, etc, veulent que la terre ait commencé par le feu, par un éclat du soleil détaché par le choc d'une comète, comme le soutient encore M. Boué. D'autres, comme est en première ligne, M. Delaplace, et aussi M. Herschell, s'appuyant sur les nébuleuses qu'ils ne connaissent pas, et sur l'augmentation de chaleur en descendant dans la croûte terrestre, que l'on ne connaît qu'à une profondeur de 4 à 500 mètres, et en imaginant que le soleil doué d'une chaleur excessive dans le principe, en se refroidissant, aurait laissé des zônes de vapeurs ignées qui auraient formé notre globe. Or, il est démontré que le soleil ne transmet pas de chaleur. Étrangers aux lois de la physique, ils veulent que la terre, ainsi que tous les autres corps célestes, ait commencé par une réunion d'atomes ignés, de telle sorte que le globe terrestre aurait été un globe de feu, un soleil qui se serait incrusté par le refroidissement et aurait ainsi formé notre planète. Telle est l'hypothèse soutenue par beaucoup de jeunes savants. Ce système était celui des sectateurs de Bramha de Zoroastre, qui croyaient que le soleil était du feu, et que la chaleur nous venait du soleil.

Ceux qui regardent l'eau comme générateur du globe terrestre, paraissent avoir puisé cette opinion en Égypte, Orphée, Hésiode, Mahomet, Homère, Thalès, Socrate, Platon, Aristote. Les savants modernes qui ont soutenu le système hydrogéen, sont Burguet, Maillet, Linné, Dolomien, Werner, Pallas, Spallanzani, Lavoisier, Ampère, Haüy, Cuvier, MM. Brongniart, docteur Buckland, Tyell, Agasis, Rozet, Boitard, etc, etc.

Les partisans de l'hypothèse pyrogéenne prétendent que les roches primitives, granite, syenite, porphyre, sont le résultat de la pellicule du fluide incandescent qui s'est figé par le refroidissement. Si ces roches primitives étaient des basaltes, trachiques, etc. cela serait possible puisque ces roches sont d'origine ignée; mais les granits, porphyres etc, sont évidemment des cristallisations opérées dans l'eau, et sont par conséquent loin d'être de la lave figée. Quant aux gneiss, micaschistes, talcschistes, roches stratifiées, on ne peut pas supposer là l'effet du feu.

Après cela, les partisans du système pyrogéen ou atmogéen, d'où feront-ils provenir l'eau qui a couvert le globe, et qui en couvre encore les trois quarts? Car il est constant que l'eau a couvert toute la surface du globe, qu'elle alimente tous les êtres et fait partie intégrante de leurs organes, et que rien ne démontre sa formation nouvelle, qu'au contraire tout tend à démontrer qu'elle diminue toujours.

Ainsi il est donc constant que les roches primitives sont d'origine aqueuse. Mais il nous reste à établir qu'elles sont précédées des végétaux et des animaux psychodiaires, zoophites les plus inférieurs. Or, tous les chimistes reconnaissent que les roches primitives sont entièrement composées de silice, alumine, potasse, chaux, dans des proportions qui en constituent les espèces, et que toutes ces substances sont formées par les végétaux et animaux. Ainsi il est positif que le règne végétal a commencé le premier, qu'il a commencé dans l'eau ; qu'il a puisé , comme il le fait encore maintenant, ses éléments de nutrition et dans l'eau et dans l'air. Que le règne animal a commencé peu après, pour joindre à ces éléments de nutrition le produit du règne végétal. Qu'ensuite le résultat de la décomposition des substances végétales et animales a produit les éléments de composition des minéraux ; et qu'une nouvelle attraction de composition aura formé ces derniers.

Puisque nos incursions, jusqu'à présent, ne nous ont rien montré au-dessous des roches cristallines, que nous n'avons encore pu pénétrer ou connaître au-dessous de 6,300 mètres, pendant que le rayon de la terre est de 6,300,000 mètres, nous n'élèverons aucune hypothèse sur l'organisation intérieure de notre globe. Nous nous contenterons de dire aux pyrogénistes comme aux atmogénistes, qu'ils ne connaissent pas mieux que nous l'intérieur du globe terrestre, et de leur prouver à chaque instant, que les raisons qu'ils allèguent en faveur de l'incandescence extérieure ne sont pas fondées.

Non-seulement nous n'avons pas pu explorer la millième partie du rayon terrestre dans l'étendue qui nous est accessible, mais il nous reste encore plus des trois quarts de la surface du globe qui sont recouverts par les mers. Cependant il résulte des investigations faites sur les points les plus éloignés des continents, une telle similitude dans les formations de la croûte terrestre, qui tend à nous faire croire qu'elle est partout la même.

Partout cette mince pellicule, malgré les bouleversements de ces diverses formations, offre un même ordre. Comme le dit M. Rozet: « On voit que la for-« mation des grandes masses dont elles proviennent « a été soumise aux lois générales de l'univers ; les « bouleversements eux-mêmes, qu'elles ont éprouvés, « sont des conséquences naturelles de ces sublimes « lois ; le doigt de Dieu se trouve encore là, comme « dans toutes les autres productions de la nature. Tout « dans la nature semble être un mélange d'ordre et « de désordre pour arriver au but de la création, « considéré physiquement comme moralement. »

Dans les masses de formations qui semblent marcher vers un changement, se trouvent des minéraux isolés qui paraissent avoir atteint le but de la perfection, en même temps que des restes organiques non décomposés, des pierres précieuses, des métaux rares se trouvent ensemble dans des roches qui paraissent n'avoir aucun rapport avec eux. Les roches les plus anciennes se trouvent composées de minéraux intimement unis, d'espèces très-différentes.

Les roches primitives ne sont pas le résultat unique des formations primitives ; leur action formatrice continue toujours. Nous ne savons pas ce que forment les porphyres et les granits, puisque nous n'avons pu voir au-dessous; mais nous savons que les gneiss passent au porphyre et au granit, avec lesquels ils alternent quelquefois, mais auxquels ils sont ordinairement superposés, que le micaschiste passe au gneiss, le talcschiste au micaschiste, etc., etc.

Ces transformations s'opèrent insensiblement par la voie de la circulation des liquides de l'intérieur à l'extérieur, de l'extérieur à l'intérieur, en traversant toutes les formations, puisant et déposant des matériaux de composition qui sont mis en contact ; il en résulte de nouveaux composés qui changent ainsi l'espèce de formation. De là résulte aussi la formation de minéraux qui semblent être placés accidentellement dans les diverses formations, comme les métaux, les silicates, le diamant, etc., etc. L'effet violent de l'électricité, l'inflammation des gaz, la fonte des roches, leurs bouleversements toutes ces causes enfin tendent à opérer les changements minéralogiques que nécessite la période géologique qui, par la raison qu'il établit de nouveaux êtres organiques, il doit aussi en résulter de nouveaux êtres inorganiques. Tout cela ne change en rien la disposition actuelle des couches de formation; en passant à une autre elles sont remplacées par celles qui les précèdent : peut-être avec des modifications que nécessitent les changements de la surface terrestre.

Ainsi partant de ces données, nous allons tacher d'esquisser la liste des minéraux de chaque période en commençant par la dernière, puisque les corps minéraux, résultats des végétaux et des animaux semblent se perfectionner de l'extérieur à l'intérieur; nous allons essayer de suivre l'action créatrice et l'action destructive telles qu'elles se présentent, la vie et la mort minérale alternant continuellement et marchant simultanément.

TABLEAU DES MINÉRAUX.

MINÉRAGÉNIE.

Septième temps. — Première série minéragénique.

TERREAU. Humus, detritus des végétaux et animaux.

TOURBE. Végétaux à demi décomposés, et conservés par l'eau stagnante.

TUF. Concrétion calcaire argileuse, friable, compacte, pierre calcaire argileuse.

TRAVERTIN. Sédiment ou dépôt de carbonate calcaire des fontaines, à incrustation de certaines fontaines. Stalactite stalagmites des cavernes. Pétrification moderne.

ARGILE. Limoneuse, dépôts superficiels, limons, blanche ou colorée, sédiment homogène formant pâte avec l'eau et se durcissant au feu.

Siliceuse ferrugineuse, terre à potier.

MARNE. Argile calcaire blanche.

SILICE OU QUARTZ. Sable blanc ou diversement coloré, grès, sable agglutiné par un ciment calcaire, silex meulière, très-carié; quartz carié plus compacte, quartzeux, silex carié, pyromaque pierre à fusil, silice produit du dépôt de certaines fontaines thermales, des gypses.

Fer carbonaté. Dépôts, fer limoneux.

Chaux sulfatée. Dépôts de gypse, sélenite.

Soufre. Dépôts des eaux sulfureuses des volcans.

Bitume. Substance combustible sous trois formes. Naphte ou petrole, liquide ; molhea, molle, goudron universel, asphalte solide.

Carbonate de soude,

Sulfate de soude. Sel de glauber.

Sulfate de magnésie. Sel d'Epsum.

Nitrate de potasse. Salpêtre, sel de nitre.

Borate de soude. Borax.

Chlorure de sodium. Sel marin.

Nitrate de chaux. En dissolution.

Madrépores. Formation calcaire par les saxigènes.

Corail. Rouge, ordinairement aussi de formation Zoophites à de grandes profondeurs dans la mer. Corailligènes.

Galets. Cailloux roulés aplatis des bords de la mer.

Calcaire coquillier. Agglutiné et formant des roches.

Lave ou *Téphrine* volcaniques. Produits de la fonte des roches primitives et des autres.

Feld - spathique , tephrine , pyroxénique , tephrine scoriacée ou scories volcaniques.

Trachyte. Lave, roches vitreuses agrégées formant des montagnes coniques, et des couches au pied des montagnes. formées de petits cristaux de nyacolithe ou d'albite.

Basalte. Laves volcaniques, roches noires, compactes, en colonnes prismatiques composées de feld-spath et de pyroxène formant des montagnes.

Ponce (pierre). Production volcanique, légère, poreuse, filamenteuse.

Obsidienne. Verres volcaniques verdâtres.

Galène. Cubique, sulfure de plomb des volcans.

Cuivre. Pyriteux, sulfaté.

Fer. Oligiste, fer oxidulé.

Manganèse. Métal sous forme d'oxide noire, friable.

Zircon. Pierre précieuse en petits prismes carrés de diverses couleurs, jargon ; hyacinthe ou zircon rouge, silice et zircone.

Peridot. Olivine, magnésie et silice.

Fluor. Spath fluor, fluate calcaire, spath vitreux.

Aragonite. Carbonate calcaire, crayeuse.

Dolomie. Carbonate de chaux albuminifère, grenu et phosphorescent par la percussion formant des masses qui jouent le même rôle que les trachytes et les basaltes. Brunes de M. Rozet.

Amphibole. Honeblende , silice, alumine, magnésie et fer silicaté, rhomboïdale, opaque.

Pyroxène. Silice, chaux, oxide de fer, magnésie et chaux, substance verte qui raye à peine le verre.

Epidote. Delphinite, silice, alumine, oxide de fer et chaux.

Grenat. Silice, oxide de fer et alumine, pierre scintillante de toutes couleurs, très-dure.

Tourmaline. Silice, alumine, oxide de fer et chaux, jehol électrique par la chaleur, de toutes couleurs.

Feld-spath. Silice, alumine, potasse et chaux; pierre scintillante qui entre dans la composition de beaucoup de roches les plus anciennes, couleur verdâtre, vitreuse, rarement isolé, geai vert, intimement unis à l'orthose, l'albite, la bradorite,

Mica. Silice, alumine et oxide de fer, formés de lames brillantes et polies, transparentes, trouble, jaune; or de chat, clambe, argent de chat.

Alun. Sulfate d'alumine, de potasse et d'ammoniaque.

Alun de roche ou de glace, masse transparente; de Rome, fragments cubiques rosés, oxide de fer du levant, rougeâtre; alun d'Angleterre blanc.

Ammoniaque hydrochloraté, sel ammoniac.

Sel de cuisine. Hydrochlorate de soude.

Hydrochlorate de potasse, sel de Silvius.

Quartz. Silice presque pur, quarzhyalin, cristal de roche, rhomboïde, cassure vitreuse, scintillant, phosphorescent, très-répandu dans la nature, mais plus souvent isolé que le feld spath. D'après les calculs de M. Cordier, le quartz constitue les $\frac{24}{100}$ de la croûtre minérale du globe terrestre; yalin calcarifère, couleur grisâtre, cassure terne.

Nigrine. Titane de fer, acide titanique, protoxide de fer et de manganèse, noir, cassure brillante, raye le verre; quelquefois sous forme de sable ferrugineux.

Domite. Argilolite, pâte d'argile cuite formant des roches mêlée avec du feld-spath, du mica, du fer oligiste, etc.

Nicioolite de bronze.

Phonolite. Clinkstone, roche composée de feld-spath et de fer titané, sonore, noirâtre, offrant des variétés leucostines, balsatiques, trachytiques, granulaires (M. Cordier).

Perlite. Obsidienne persée, sphérolite, roche composée de silice, alumine et potasse.

Peperine. Tuf volcanique, roche tendre composée de vake. Il est formé par les cendres des volcans.

Vake. Roche homogène, tendre, argileuse.

Traff, variété des précédentes, wakite ou produit de la décomposition basaltique.

Pouzzolane. Pouzzolite, matière pulvérulente provenant de la décomposition des scories, noirâtre, formant avec la chaux et du sable le meilleur mortier hydraulique. Deux variétés, aréneuse et argileuse.

Les wakites sont le passage des roches ignées au roches de sédiment.

Pseudo-basalte. Roches trachytiques passant au basalte.

Trapp. Roche d'un vert foncé, composé de pyroxène et d'aphanite, intercalée dans les terrains sédimentaires, passant du basalte au trapp, basanite, variété du précédent.

Dolerite. Dolerite, texture cristalline, dégénérescence, pyroxène et albite.

Argile grasse, produit de la décomposition feld-spathique.

Olivine. Chrysolite, cincophane, silicate de magnésie dans les basaltes et non dans les trachytes.

Cette première série beaucoup plus considérable en nombre que les autres, parce qu'elle renferme les productions volcaniques, tous les résultats du triple effet, de l'air, de l'eau et du feu pour les transformations minérales, qui agissent simultanément sur quelques points.

Sur les points où l'électricité n'agit pas avec autant de violence, on y remarque la transformation lente, peu sensible des substances minérales. Les tufs de-

viennent des pierres calcaires argileuses. Les sables
colorés avec l'argile forment les silex meulieres, les sables se transforment en grès.

SIXIÈME TEMPS.

Deuxième série minéragénique.

Calcaire. Moellon en grosses masses non stratifiées.

Roche diluvienne. Brèches osseuses.

Travertin zoossifère. Calcairė lacustre.

Fer pysiforme. Mines de fer en grains.

Manganèse. Oxide de manganèse, pesant, grisâtre.

Titane. A l'état d'oxide, anatase, rutile, dans un sable mi-
cachaltite, et dans un schiste rouge.

Arsenic. Oxide blanc, acide arsénique, état ordinaire ou
état natif, gris, cassant ; ou de sulfure rouge ou de sulfure
jaune, orpiment.

Spillites. Bronze, calcaires amygdaloïdes de l'intérieur des
basaltes.

Opale. Belinite, fiorite, merclite, geglerite, loyalite, vakite,
suivant les lieux, simples silicates.

Marne gypseuses. Argile calcaire sulfaté, argileuse, verte,
terre de tuileries, gris marbré, à enlever les taches.

Grès calcarifère. Grès dur.

Sel gemme. Dépôts en masse de diverses formes et couleurs.

Dépôts coquilliers, formant quelquefois des roches calcaires.

Dans la deuxième série, les calcaires tendres passent
aux calcaires moellons. Les grès deviennent plus durs ; les
marnes deviennent gypseuses.

CINQUIÈME TEMPS.

Troisième série minéragénique.

Calcaire d'eau douce stratifié ; non-stratifié, travertin.

Marnes marines ; argile rouge et verte, argileuse, bleuâtre, salifère, plastique.

Arkose. Akènes, grès ou sables granitoïdes, quartz, mica et feld-spath.

Silex corné. Pyromaque ou opaque conchoïdes, cristaux de quartz dans les cavités de la variété meulière, des ménilites.

Lignites. Amas de végétaux plus décomposés que la tourbe.

Mariquas. Mollasses, sables argileux un peu calcaires, mica, grenu et presque friable.

Poudingues. Roches composées de fragments de quartz , gonphalites, Brong.

Grès ferrugineux. Cohésion de sable ferrifère, coquillier.

Calcaires, à coraux, à mesmelites : fétide, sulfaté, hydroxidé, feryriteux, pisolitique.

Mercure natif. En gouttelettes, en hydroclorate cristallisant.

Dans cette troisième série, il se forme de nouveaux calcaires, ceux de la série précédente deviennent stratifiés. Les marnes acquièrent une nouvelle consistance. Les métaux deviennent plus abondants. Les grès sont métalliques, l'arkose semble déjà être une préparation au granite. Quelques marnes aux schistes.

QUATRIÈME TEMPS.

Quatrième série minéragénique.

Craie, blanche, jaune, rougeâtre, tufacée, marneuse, grise,
verte, chlorite.

Silex pyromaque, disséminé dans la craie pure; corné,
pierre à fusil de diverses couleurs.

Grès vert. Sables verts.

Ophiolithes. Roches volcaniques, silicate magnésien composé.

Serpentine. Magnésie, silice, alumine et oxide de fer.

Argile de Gault. Spath calcaire, lignite, bleue schisteuse;
sables ferrugineux.

Calcaire argileux à paludines.

Stipite. Lignite intermédiaire à la houille.

Ici les calcaires se sont transformés en craie; la silice qu'ils contenaient forment les nombreux silex pyromaques. Les grès deviennent verts par le sulfate de
fer. Les argiles deviennent schisteuses. La tourbe est
changée en lignite. De nouveaux calcaires argileux se
forment.

TROISIÈME TEMPS.

Cinquième série minéragénique.

Calcaire oolitique cannabine, Brong., siliceux, saccaroïde.

Marne schisteuse, bitumineuse, calcaire argileux, ferrugineux, marneux, sulfaté, cristallisé.

Barytine. Baryte sulf., pierre pesante, puante.

Fer oolitique, hydroxidé, pyriteux.

Gypse saccaroïde, cristaux de selenite.

Oolites miliaires, masse calcaire, stratifiée, friable, calcaire jaunâtre.

Argileo-calcaire. Terre à foulon.

Spath calcaire, schisteux.

Galène. Sulfure de plomb.

Calamine. Oxide, zinc mélangé de fer, de sulfure de plomb.

Cuivre carbonaté et gris.

Sulfate d'alumine, situé au milieu des marnes.

Stipites Brong., intermédiaire de la houille et du lignite.

Bitume glutineux, dans les fissures calcaires.

Marbre. Pierre lithographique diversement colorée, muschelkalk, calcaire compacte, gris de fumée.

Marne irisée

Grès rouge, bigarré, blanchâtre, jaunâtre, G. vogien, præcilien. Tous très-étendus.

Psammites. Grès et argile de toutes couleurs, pierre à aiguiser.

Calcaire dolomitique. Dolomie, chaux carbonatée, magnésosifère.

Kartenite. Gypse anhydre, sulfure de chaux non-cristallisé.

Sel gemme.

Polyhalite. Mélange de toutes sortes de sels.

Soufre cristallisé.

Mica en paillettes.

Celestine.

Calcaire conchylien, compacte, coloré, lames spathiques, magnésiennes, c. cotticiteux, c. ferrifère, c. fétide à productus.

Anagénite. R. composée de fragments de granite, gneiss et lepticnite.

Cobalt. Oxide.

Argent muriaté, natif.

Chaux fluatée.

Psammites. Grès granitique , formé de grains de quartz, mica et feld-spath, réunis par un ciment argileux ; grauwacke, conglomérats à gros fragments.

Houille disposée en strate.

Anthracite. Honille compacte, dure, métalliforme.

Carbone pulvérulent.

Pséphite. Conglomérats composés d'une pâte schisteuse verdâtre.

Arkose granuleuse.

Schiste tendre, argileux.

Blende. Sulfure de zinc.

Fer carbonaté en nodules, fer pyriteux.

Argile pyriteuse.

La craie est devenue oolite, ou marbre. Le gypse devient très-abondant. Au lieu de lignite ce sont des stipites. Beaucoup de métaux. Les grès deviennent psammites ; de nouveaux calcaires se forment. Enfin la houille en grande puissance succède aux stipites, montre les résultats d'une végétation extraordinaire, la première qui laisse des traces.

DEUXIÈME TEMPS.

Sixième série minéragénique.

Calcaire carbonifère, grès stratifié, marbre magnésien ferrugineux, bitumineux, carbonifère noir, métallifère, antraxifère, spathique, blanc.

Plomb antimonié; sulfure, carbonate et phosphate.

Cuivre, carbonate et sulfure.

Zinc. Oxide et carbonate.

Pyrites et hydroxide de fer, hematite.

Spath fluor. Spath calcaire, selenite.

Strontiane sulfaté.

Baryte carbonaté et sulfaté.

Grès pourpré. Vieux grès rouge.

Psammites schisteux.

Quartzites schisteux et compactes, gris.

Arkose pourpré, avec des fragments de quartz, schistes quartzeux et argile schisteuse.

Calcaire gris et noir, marbre.

Phyllades. Schistes argileux, silicate d'alumine, pailleté, ferrifère, bituminifère, maclifère.

Schiste luisant. Calcarifère, bleuâtre, marbre, ardoise, schiste ardoisier, caticule, pierre à rasoir, talcqueux, brun, noir, calcschiste.

Argent. En filons.

Or.   id.   Cuivre, plomb, fer surtout.

Galène argentifère.

Mercure.

PREMIER TEMPS.

Septième série minéragénique.

Talcschistes. Intermédiaire entre le phyllade et le mica-schiste.

Graphite. Transformation de l'anthracite.

Etain oxidé.

Fer pyriteux. Aurifère.

Asbeste. Amiante, trémolite, actinote, espèce d'amphibole.

Talc cristallisé.

Chaux. Carbonate cristallisée.

Macles. Quartz et grenats.

Micaschistes. Intermédiaire entre le talcschiste et le gneiss.

Calaire micacé ; dolomie blanche et noire, gypses.

Quartzites grenus.

Topaze. Silice fluatée, alumineuse.

Hyalomicte. Annoxide d'étain, Brong., grisen, W. quartz, hyalinairée mica.

Pyrite arsenicale.

Cobalt.

Or et Argent. Diamants.

Gneiss. Porphyroïde, granitique, sienitique, micaschistique.

Stéalithe. Talc stealite, micastéalite, passage du gneiss ou syenite.

Syenite. Granit poli, intermédiaire du gneiss au granit, leptinite. R. variété.

Calcaire final. Blanc ou lamellaire, renfermant du talc et de la serpentine. Cipolin, marbre blanc, verdâtre.

Ophialite. Euphotide, diallage, silicate magnésien, ferrifère renfermant beaucoup d'autres minéraux.

Chrôme. Chromate de fer.

Granite. Cristaux distincts de quartz, feld-spath et mica amphibolique, siénite, lorsque le talc est remplacé par l'amphibole. Talcqueux, protogyne, point d'amphibole, siénitique, amphibole avec mica, leptinique, moins ou sans cristaux supérieurement, sunitique, plus de mica, le feld-spath est compacte.

Eurite granitoïde. Le feld-spath devient compacte porphyririque, passage du granite au porphyre.

Pegmatite. Quartz et feld-spath sans mica, grenu.

Petrosilex. Feldspath compacte.

Acrthose. En masse, silice, alumine, potasse et un peu de chaux.

Kaolin. Orthose sans potasse, terre à porcelaine.

Diorite. Diabase, Br. Amphibole et feld-spath, etc., etc. schisteuse, glanitoïde, porphyrique.

Fer arsénieux aurifère. Hydrate aurifère et platine, pyriteux aurifère, Étain oxidé, cuivre pyriteux.

Urane oxidé. Molibdène.

Porphyre. Formé des mêmes éléments que le granite sans cristaux, texture compacte de couleurs variées, amygdaloïde et fragments d'autres roches supérieurement, compacte inférieurement.

Aphanite. Résultats des diorites et eusites compactes, roche cornéenne, la plus difficile à casser ; la plus inférieure connue ; dernier sédiment de la croûte terrestre.

Il est facile de suivre les transformations minérales d'une série à l'autre en descendant à la septième série. A la sixième les carbonates sont tronsformés en marbre ; les argiles sont des schistes de diverses consistances, phyllades, ardoises, coticules, psammites schisteux, quartzites schisteux ; l'arkose se colore et devient plus compacte ; enfin les métaux se multiplient et deviennent plus abondants. En même temps que les sables disparaissent, pour former des grès durs, de plus en plus colorés, des psammites.

Dans la septième série, ces diverses formations ébauchées forment des talcschistes, ceux-ci des micaschistes, et en dernier le gneiss. Le gneiss, par degrés peu sensible, stéatite, teptinite, siénite, arrive au granit, et le granit par les eurites, passe au porphyre, qui à son tour paraît se résumer en aphanites, dernière roche connue. D'où il est évident que les roches de sédiments se transforment en roches cristallines : ce qui combat l'opinion de ceux qui veulent que ces dernières soient d'origine ignée , comme les basaltes, trachytes, etc.

Notre pauvre intelligence nous porte à croire que les laves des volcans proviennent , sinon du fluide ignée dont on suppose être composé l'intérieur de la terre, mais au moins de dessous l'écorce minérale du globe, où se trouverait ou se formerait la lave ? Cette explication paraît toute simple, lors même que l'on sait que la lave, outre plusieurs productions, est composée de silice, alumine, chaux et potasse, qui sont bien les éléments principaux des roches sédimentaires, mais ce pouvait être aussi les éléments du fluide igné renfermé dans l'intérieur du globe terrestre.

Mais les basaltes, trachyte, dolomie, wakite, phonolite, dolerite, qui se comportent à l'égard des terrains de sédiments, comme la lave téphrine, dira-t-on que ces roches, que l'on croit avoir été laves, quoique l'on ne voye pas de cratère , dira – t - on qu'elles viennent d'un foyer commun, dessous l'écorce minérale de la terre ? Supposera-t-on des foyers différents à ces roches si différentes de compositions et d'aspects ? on ne peut pas leur donner une même origine qu'à la téphrine.

D'un autre côté , les silex, silex pyromaque, les quartz, feld-spath, que l'on rencontre dans les roches de sédiments, substances qui ont l'apparence pyrogé-

nique , et qui ordinairement composent les roches
pyrogéniques, qu'est-ce qui les a formées? Les silex en
si grande quantité et isolés dans la craie? Eh bien la
même chose qui produit les laves, basaltes, etc, etc,
l'électricité,

C'est l'électricité qui joue le principal rôle dans les
volcans, c'est le feu électrique qui seul est capable de
produire le phénomène des volcans, de fondre toutes
les roches, les conglomérats, les argiles etc, de les
réduire en une substance en apparence homogène,
très-longtemps fluide.

L'électricité, susceptible de se diviser à l'infini, de
former des courants, si bien démontrés par M. Ampère , forme les silex , silicates, feld – spaths, etc. ,
dans les terrains de sédiments. Mais lorsque le
besoin de composition ou de décomposition l'oblige
de se concentrer sur les points qui l'appellent, alors il
agit sur les masses , les chauffe , les transforme , les
fond complétement. De là les masses basaltiques, trachitique, dolomique, etc, qui appartiennent à l'un ou
l'autre terrain suivant leur composition essentielle,
mais le plus souvent des dernières séries minérales
qui étaient déjà soulevées dans les autres, ou qui
l'ont été au moment de leur transformation ou de leur
coulée.

Les passages d'une roche à une autre, si visibles
dans les étages de la dernière série minérale, s'opèrent par les courants électriques qui transforment les
éléments de compositions. Ces transformations par-
tielles sont bien évidentes dans la roche trachitique,

où l'on voit rangées par files, sur plusieurs lignes parallèles, les cristaux de feld-spath vitreux et communs de mica, d'amphibole, de pyroxène, de fer spéculaire, oligiste, de grenats, du titane ferrifère, des obsidiennes, des opales, des silex résinites, des minerais aurifères, argentifères, tellèrifères, plombifères, du soufre, etc, etc. Les lignes parallèles sont l'effet des courants électriques, qui, rencontrant les éléments de compositions propres, auront formé ces diverses substances par leur fusion.

Les trachytes seraient le produit de la fusion des roches primitives ou de première formation. Les basaltes, ceux des marbres de la sixième série. Les dolomites, phonolites, seraient des modifications, les dernières des trachytes et les dolomites des basaltes.

La dolomie serait la craie ; la dolomite, la marne, la wakite, l'argile ou les terrains argileux ; les ponces les lignites, transformées par le feu électrique.

Action chimique électrique. C'est l'action chimique qui appelle l'électricité ; plus l'action chimique est vaste plus l'électricité a de force, jusqu'au point de produire les phénomènes du soulèvement des couches minérales, d'enflammer les substances qui en sont susceptibles, de fondre les diverses formations, en partie ou en totalité, de leur pratiquer des crevasses à travers celles sur lesquelles elle n'agit qu'indirectement, de les pousser au-dehors, et de former d'immenses cavités souterraines ; de former des volcans, périodiques ou permanents, suivant la nature ou l'abondance des substances soumises à son action ou à l'action chimique.

Mais ces actions chimico-électriques, ne sont que les agents d'un principe vital qui les commande, et celui-ci est subordonné à une cause suprême qui donne la vie et la dirige vers une fin ; car si dans bien des actes chimico-électriques, que nous expliquons, nous remarquons toujours l'action d'un agent occulte que nous ne pouvons définir, M. Berzélius (Ann. chim. et phys., février 1836) fait remarquer qu'il est prouvé que plusieurs corps simples et composés, solubles et insolubles, ont la propriété d'exercer sur d'autres corps une action très-différente de l'affinité chimique ; au moyen de cette action, ils produisent dans ces corps des décompositions de leurs éléments, et des recompositions différentes de ces mêmes éléments, auxquels ils restent étrangers. Cette nouvelle force, demeurée inconnue, et commune à la nature organique et inorganique, n'est peut-être pas tout à fait indépendante des affinités électro-chimiques de la matière ; mais tant que nous ne pourrons pas voir leur liaison et leur dépendance, M. Berzélius trouve plus commode de les désigner par le nom de force catalytique, et par celui de catalyse la décomposition des corps par cette force. M. Berzélius cite comme exemple de cette force, la diastase qu'on ne trouve qu'autour des yeux de la pomme de terre ; la transformation en sucre et en gomme solubles de l'amidon qui est insoluble, etc.; peut-être pourra-t-on trouver par la suite que c'est par une action analogue que se produit la sécrétion des corps si différents qui, tous cependant sont tirés d'une même matière : la sève, le sang. Ainsi, M. Berzélius, nomme force catalytique, ce que nous appelons lois vitales.

L'action chimique est subordonnée aux besoins de la vie et de la mort, de la composition et de la décomposition, et là où ces besoins, dirigés par les lois de la nature, l'appelle, l'électricité positive ou négative, s'y porte, s'y concentre si l'opération est grande, et les résultats ont lieu. C'est l'électricité qui enflamme les corps combustibles : la décomposition permanente de l'eau peut produire un feu continu par l'inflammation de l'hydrogène, de l'hydrogène plus ou moins carboné qui se dégage par le travail de la nature, action digestive, l'oxigène se combine, l'hydrogène ne le fait pas dans la même proportion, et devient libre, le carbone également surabondant, s'unit à lui, comprimé outre mesure, leur élasticité aidée de la force électrique, déplace, soulève les couches superposées, des crevasses s'opèrent, les gaz s'enflamment, et les phénomènes de toutes les espèces de volcans se manifestent, plus ou moins, suivant les profondeurs, l'étendue des foyers : de là, les simples émanations gazeuses, les salses ; les volcans d'air, lorsque des courants d'air atmosphériques s'établissent sur les foyers, l'azote est seul expulsé, l'oxigène se combinant avec les corps combustibles ; d'eau, de boues ; et enfin, quand l'opération est considérable, la force électrique s'accumulant, il en résulte les phénomènes des grands volcans ; c'est le travail de la nature opéré brusquement par le feu électrique. Les eaux thermales sont aussi dues à ces causes ; les transformations qui s'o-

pèrent lentement d'une couche à l'autre, n'ont pas
pour résultat la transformation complète, la métamorphose d'une formation à l'autre ; les premières formations existaient sous une nature, les postérieures y
ont ajouté et y ajoutent encore, en même temps
qu'elles reçoivent elles-mêmes des autres postérieures
encore, ainsi de suite jusqu'à la superficie qui est ali-
mentée par les productions végétales et animales : de
ces additions successives, transmises par la circulation
vitale, résultent les changements dans les formations
à mesure que l'on descend dans les profondeurs de la
croûte terrestre ; de telle sorte que le terrain crétacé
ne deviendra jamais oolitique, parce que la formation
première oolitique essentielle, était différente de la
formation première crétacée qui n'était plus du même
temps géologique : chaque temps ayant ses êtres nouveaux. Ces deux formations changeront complétement
et auront toujours les mêmes rapports, etc., etc. Il en
est de même des tourbes, lignites, stipites et houilles,
qui sont les résidus, non entièrement décomposés,
des végétaux des temps auxquels ils appartenaient.

Graphite, anthracite, houilles, stipites, lignites, tourbes.
Semblables aux restes des animaux, ces amas des
restes végétaux semblent être des surabondances aux
formations du temps, que la nature a conservé pour les
besoins futurs, dans lesquels elle puise tous les jours
pour les besoins subséquents. Ces dépôts, en partie
minéralisés, conservés avec leurs éléments de com-
bustion, sont exhumés quelques centaines de mille ans
après leur enfouissement. pour les besoins des hommes,

et être rendus de nouveau à la vie végétale et animale.

Vie minérale. La vie minérale paraît résister dans toutes les molécules que l'attraction de composition a réunies par juste apposition pour former des corps, des masses en couches superposées. Tels sont les corps produits de la cristallisation, des concrétions sédimentaires; car d'autres minéraux sont le produit de la sécrétion animale, comme les calcaires; et si l'on en croit M. Bowerbank, en cela d'accord avec beaucoup de naturalistes, les cailloux siliceux sont formés par les spicules, comme les saxigènes forment les madrépores. Est-ce purement attraction de la silice, ou bien cette substance est elle sécrétée par les spicules, etc.? Il nous paraît plus probable que les spicules et autres foraminifères se nourrissant de silice, comme les saxigènes, de carbonate de chaux, excréteraient ces substances et formeraient ainsi les cailloux.

Enfin, il est évident que tous les minéraux paraissent exister pour l'utilité des hommes, qui les adaptent tous à leurs besoins ou à leurs jouissances.

Éléments. Nous ajouterons encore, que tous les corps dits inorganiques qui composent le globe terrestre, que l'on considère comme élémentaires, parce qu'on n'a encore pu les décomposer, comme les métaux, nous paraissent n'être que des composés d'oxigène, d'azote, d'hydrogène ou de carbone, l'un ou l'autre, ou l'un et l'autre de ces quatre éléments, seuls ou combinés, modifiés par l'électricité. Ainsi, le nombre des éléments reviendrait à quatre comme le disait Platon, avec cette différence que ce ne sont plus les mêmes expressions.

Mais il se rapprochait autant de la vérité, suivant nous, que les modernes qui rangent le calorique, la lumière et l'électricité au nombre des éléments, puisque les deux premiers sont des effets et non des corps, et l'électricité un agent. Peut-être que le soleil est un foyer électrique.

PHYTOGÉNIE.

Au centre d'une immense vapeur aqueuse, lumineuse, électrique, dont le diamètre surpassait plus de vingt fois celui du globe terrestre actuel, se développait un globe aqueux, dans lequel les premiers éléments de la végétation ont commencé à se formuler : Commencement de la vie végétale, destinée à alimenter la vie animale, et l'une et l'autre à préparer les matériaux de construction de la terre, la minéragénie.

Ce globe d'eau, pure, n'ayant d'autre mélange que les trois éléments de l'air atmosphérique, donne naissance aux premiers végétaux, à des substances mucilagineuses qui s'organisent et acquièrent de la consistance, substance que nous comparons à la tremelle thermale, comme nous l'avons vu dans le grand bassin d'eau thermale de Dax, qui, dans les temps électriques croît si rapidement qu'elle aurait rempli le bassin en peu de temps si l'on avait l'attention de l'ôter. Cette plante amorphe, à laquelle chaque botaniste a donné un nom, comme conferve thermale, fucus thermal, oscillatoire, ulva labyrinthiforme, etc., et puis que des naturalistes la considérant comme une substance pseudo-organisée, l'ont appelé alcaline, barègine, glairine, plombièrine et zoagène, que M. Bory de Saint-Vincent nomme anabaine thermale, en la plaçant dans la famille des arthrodiées. Nous observerons en passant que la nomenclature de la botanique est tellement compliquée, que pour couper court et s'éviter la peine de chercher, par conséquent par paresse, on donne un nom à sa guise au végétal que l'on examine !!! tout en disant que la science de la botanique ne consiste pas dans la nomenclature.

Pendant longtemps, sans doute, ces algues amorphes, gélatineuses, mucilagineuses, membraneuses, emplissaient le globe aqueux jusqu'à sa surface. En préparant l'aliment des premiers animaux, ils formulaient la silice, la soude, la potasse, l'alumine, etc., etc., qui, bientôt s'unissent aux produits de la vie et de la mort animale, pour former les premiers minéraux.

Nous n'avons d'indice de ces psychodiaires, que parce qu'il nous est évident que la silice, la soude, la potasse, la chaux, etc., qui sont les principes constituants des roches primitives, ont dû avoir été formulés par les végétaux et les animaux, puisqu'il nous est évident que ce sont ces derniers qui forment la potasse, l'alumine, la chaux, etc., etc., comme on peut s'en convaincre, en faisant croître des végétaux dans de l'eau distillée: la cendre de sarment nous montre de l'or, quoique la terre végétale, dans laquelle croît la vigne, n'en montre point, ou à peine quelque atome dans l'ancienne terre végétale à vigne. Pour douter que les éléments constitutifs des roches primitives ne soient pas le produit de la zoophytie, il faut se jeter dans des suppositions contraires à ce que l'on voit, contraires à la science et à la raison. Que Brahma, Zoroastre aient dit dans leur cosmogonie fabuleuse et inintelligible que la terre a commencé par le feu; que Buffon ait dit que la terre et les autres planètes, sont le produit des éclats du soleil causés par le choc d'une comète. Buffon ne savait pas que les comètes ne sont qu'un gaz très-diaphane, à travers lequel on voit les étoiles situées derrière, comme on peut s'en assurer chez la plupart des comètes. Que des savants mathématiciens astronomes aient renouvelé l'idée de Buffon, en supposant que le soleil est un globe de feu, plus chaud anciennement qu'actuellement, qui répandait des atomes ignés dans l'espace, dont les réunions de ces atomes ont formé la terre et les autres planètes, même les comètes, cela se conçoit de la part de savants qui ignoraient que le soleil n'est pas du feu, qu'il ne transmet pas de chaleur par lui-même, que des atomes ignés dans l'espace sont impossibles, attendu que le calorique n'est point un corps, une substance, mais seulement un effet; mais que des savants modernes qui devraient être au niveau des sciences chimiques, physiques, géologiques, continuent d'être sous les impressions des cosmogonies de Buffon et de Laplace, en supposant toujours que l'intérieur du globe terrestre est une lave incandescente, cela ne peut se comprendre, lorsque la physique démontre que le centre de la terre doit être un corps solide (M. Ampère), que l'eau et l'air circulent dans l'intérieur du globe. Que non-seulement les opérations chimiques démontrent tous les jours les développements les plus considérables de chaleur, que l'air comprimé développe aussi les plus hauts degrés de chaleur, et qu'il est d'autant plus comprimé qu'il descend d'avantage dans l'intérieur du globe : jusqu'à une certaine distance, bien entendu. Ainsi, la chaleur qu'indique le thermomètre en descendant dans la croûte terrestre, n'est rien autre que l'effet de la compression de l'air, compression causée par le poids de l'atmosphère ; par la même raison, plus on s'élève dans l'atmosphère, moins il y a de chaleur. Il en est à peu près de même de l'eau ; mais celle-ci étant moins élastique que l'air, et que peut-être elle doit sa compressibilité à l'air qu'elle contient, le développement de la chaleur ne se fait sentir que par une beaucoup plus forte pression. Ainsi, à quoi servent les calculs pour prouver l'incandescence de l'intérieur de la terre, calculs qui ont amené une si grande perturbation dans les esprits, lorsque des explications aussi claires, démontrent que la chaleur intérieure de la terre, est une chaleur vitale, semblable à celle de tous les êtres en fonction de la vie ; et que la température de la surface de la terre était d'autant plus élevée, que la terre avait moins d'âge, que sa surface se rapprochait davantage du centre d'action ?

LISTE PHYTOGÉNIQUE.

Première série. — Deuxième temps de la terre. — Des fucoïdes et de quelques autres traces végétales amorphes. — Les fucoïdes sont de toutes les séries, ainsi que les conferves.

Deuxième série. — Troisième temps de la terre. — Végétaux nommés par Ad. Brongniart et le docteur Buckland :

Calamites ou *Equicétacées*. 14 variétés ou fam.

Mersilliacées. 4 variétés de sphénophyllum.

Lycopodiacées. Lycopodes, 5 variétés ; lépidodendron, 40 variétés ; sclagenites, 2 variétés, cardiocorpon.

Fougères. Sphenopteris, 26 variétés ; phenopteris, 4 variétés ; stigmanie, 7 variétés ; pecopteris. 50 variétés ; cyclopteris, 3 variétés ; névropteris, 19 v. ; Conchopteris, adampteris, 4 var. ; sigillaire, 30 var.

Palmiers. Flabellaria, noggerathia.

Brongniartées. Sternbergia, poacites, triganocarpe, musocarpe, annulaire, asterophyllites et volkmanière.

Plantes remarquables par leur taille gigantesque, comparativement à celles qui portent le même nom aujourd'hui. Ainsi, les prêles s'élèvent en Europe à environ 50 centimètres ; entre les tropiques, elles ont 3 mètres de hauteur ; dans le terrain houiller, elles atteignent 10 à 15 mètres. Les fougères, dans le Nord, ne s'élèvent qu'à quelques centimètres ; en Europe, à environ 1 mètre ; entre les tropiques, elles sont arborescentes, et s'élèvent au plus à 7 mètres ; dans l'état fossile, elles ont près de 30 mètres de hauteur. Les lycopodes qui ont quelques centimètres ici, donnent une longueur de 25 mètres dans le terrain du troisième temps. Il en est de même des autres.

La végétation, avant le troisième temps ou troisième jour de la Genèse, ne consistait qu'en substances amorphes, cellulaires, membraneuses qui n'ont, par conséquent, laissé que peu de restes. La constitution du globe terrestre, probablement encore recouverte partout d'une trop grande épaisseur d'eau, ne permettait pas le développement de végétaux ligneux consistants, qui n'auraient pas pu résister aux mouvements de la mer. Ce ne pouvaient être que des végétaux incomplets, de la nature de ceux qui, maintenant, tapissent le fond des mers. Mais au troisième temps, des bas-fonds, des îles se sont montrés, et alors une vraie végétation, sous les circonstances végétatives les plus puissantes; température élevée, permanente; humidité chaude continue; sol sédimentaire abondant, et par-dessus tout, puissance électrique continue, comme l'attestent les immenses dépôts de houilles, s'est montrée dans toute sa puissance. Et comme l'indique le divin livre de Moïse, le troisième temps est celui de la création des vrais végétaux : qu'une surabondance conservée pour les besoins des hommes, semble être un effet de la prévoyance de la Providence.

Troisième série végétale. — Quatrième temps de la terre.

Brongniartées, 5 espèces.	Échinostachys.
Voltzies, 5 variétés.	Æthophylies.
Convallarites, 2 variétés.	Bruckmanie.
Paleoxyris,	Glossoptere.

Myriophylle, pterophylle, 2 v.
Félixites.
Marantoïdes, 2 variétés.
Mantellies, 2 variétés.
Bucklandées, 15 espèces ou fam.
Cyropodites.

Carpolithe.
Élétvaria.
Anomopteris.
Naïades, 5 espèces.
Liliacées.
Thuytes.

Quatrième série végétale. — Cinquième temps de la terre.

Muscites, 2 variétés.
Chara, 4 variétés.
Tæniopteris.
Potamophyllites.
Cocos, 3 variétés.
Flabellaires, 3 variétés.
Zosterites, 2 variétés.
Caulinites,
Palmantes.
Phénixies.
Smillaxites.

Antholites.
Toxites, 5 variétés.
Pinus, 9 variétés.
Juniperites, 3 variétés.
Thuya, 3 variétés.
Carpinus.
Betulacies.
Ceratonie, 2 variétés.
Acer.
Juglans, 3 variétés.
Nymphæ.

Les palmiers et autres plantes intertropicales paraissent encore dans certaines localités. Ainsi, l'on voit, par la nature des végétaux des mêmes latitudes, que les saisons y étaient très-variées ; et que dans la zône glaciale, il y avait des endroits, Melville, où au sixième temps, la température y était encore au moins tropicale ; pendant que sur certains points très-étendus de la zône tempérée, les végétaux ont leurs analogues vers les pôles. Ce qui démontre ce que nous avons dit du refroidissement de la surface du globe, pendant que d'autres points, non loin, conservaient une température tropicale. Nous voyons quelque chose d'à-peu-près semblable à la latitude de l'Atlas, où dans un rayon de quelques lieues, on rencontre des plantes des trois zônes, parce qu'il y a trois températures différentes.

Cinquième série. — Sixième temps.

Chamœrops.	Genêts.
Peupliers.	Myrthe.
Saules.	Bruyères.
Platanes.	Protées.
Ormes.	Amandiers.
Araucaria.	Malvacées.
Dracæna.	Bosaginées.
Noisetiers.	Jonc.
Agathophillum.	Graminées.

La moitié environ des végétaux qui ont paru dans la série précédente, reparaissent encore dans la série suivante avec ceux que nous trouvons dans la présente série ; ce qui démontrerait une augmentation d'espèce d'environ la moitié à chaque série, et cette augmentation du nombre des espèces porte sur les dicotylédones. Mais les monocotylédones gigantesques ne reparaissent plus, elles sont remplacées par des dicotylédones arborescentes.

D'où l'on voit d'abord des cryptogames amorphes, des cryptogames réguliers, des monocotylédones, puis des dicotylédones de plus en plus nombreux en espèces. Marche progressive vers la perfectibilité en rapport avec l'état géologique.

Cependant, les conifères sembleraient là intervertir l'ordre indiqué dans la marche de la végétation, ainsi que les cycadées ; mais comme il est extrêmement douteux que ces plantes fossiles appartiennent aux familles actuellement existantes, nous proposons de substituer au nom de conifères fossiles celui de brongniartées, et à celui de cycadées, celui de bucklandées ? et leurs places seraient au plus dans les monocotylédones.

Bien que la marche progressive de la nature vers un état plus développé, plus complexe, soit évidente chez les végétaux, il reste toujours matière aux sophistes pour argumenter contre la vérité. D'un côté, la grande difficulté de classer les végétaux fossiles dont on ne trouve souvent que des empreintes dans les minéraux, ou des débris informes; d'un autre, la nature allant progressivement d'une manière insensible, il y a des végétaux qui ne sont que des ébauches d'un ordre supérieur, et qui, par cela même, causent de l'embarras dans leur classement.

De ce que beaucoup de plantes des temps primitifs ne reparaissaient plus dans les temps suivants, on s'est demandé si les plantes des temps successifs ne seraient pas l'effet d'une modification lente des premières, de telle manière que les dernières seraient une transformation des premières? l'évidence est là pour répondre : il en est des végétaux comme des minéraux, ils forment un enchaînement dont le passage, d'un chaînon à l'autre, est insensible, et les espèces perdues avec celles qui existent tiennent leur place dans cette grande série, de telle sorte qu'aucune espèce ne tient la place de celles qui n'existent plus; dans l'ordre présent, la place des espèces perdues est marquée par une lacune dans l'enchaînement. Si les fougères gigantesques, les équisetum des temps primitifs ne paraissent plus ici; on les retrouve encore, à-peu-près les mêmes, entre les tropiques, ou au moins d'espèces très-rapprochées, de sorte que des espèces primitives perdues seraient des intermédiaires ou des dernières dans l'échelle de progression. Ce sont donc des créations successives opérées en rapport avec l'état du globe. Des conferves, des algues et d'autres cryptogames, reparaissent en nombre depuis les temps historiques, dans les localités qui leur conviennent, en même temps que des dicotylédones qui n'ont jamais paru ; les premières sont d'une organisation si simple, qu'elles ne peuvent être le résultat d'une perfection.

Les êtres végétaux sont tous les jours créés en rapport avec les milieux où ils doivent vivre, les changements dans les générations sont l'effet des changements géologiques. Or, comme ces changements géologiques s'opèrent lentement et pas d'une manière uniforme partout, il en résulte aussi des productions très-inuniformes ; il en résulte une nouvelle série végétale à chaque époque géologique, composée d'une partie, la moitié ou les deux tiers des végétaux précédents, et de ceux d'une nouvelle création ; parce que la moitié ou les deux tiers de la surface de la terre, à quelques modifications près, demeure la même qu'à l'époque précédente, pendant qu'une partie est améliorée ou changée ou au moins plus diversifiée : outre les changements qui ont dû s'opérer dans l'atmosphère en général, des soulèvements de contrées, des hautes chaînes de montagnes se sont formées, des émergements plus ou moins considérables ont paru, pendant que des terrains restaient ou devenaient plus imprégnés d'eau. De tous ces changements, il en est résulté des changements dans l'acte de la végétation ; ceux-ci même paraissent s'opérer assez brusquement, puisque nous possédons des flores locales faites il y a quelques siècles, qui offrent déjà des différences, par l'absence ou la présence de quelques plantes, des végétaux, des arbres signalés comme très-nombreux, ne plus y exister, et d'autres desquels ne parle pas la flore, exister en grand nombre.

Sixième série végétale. — Septième temps de la terre.

Cette série se compose de tous les végétaux actuellement existants, que l'on porte à quarante-quatre mille espèces ; ces espèces se rapportent à des genres ; les genres, à des familles ; les familles à des classes et enfin celles-ci à des grandes divisions. Le système sexuel de l'immortel Linnée, nous a rendu facile l'étude des plantes. Notre vénérable maître de Jussieu a rendu la science plus exacte en établissant les familles ; mais nous n'avons jamais pu comprendre pourquoi ils se sont servi du mot *genre* pour signifier les familles particulières ; car nous ne devons voir que des familles et des individus.

Nous allons essayer de tracer ici la série végétale en suivant les lois de la nature, qui a assigné à chaque climat, à chaque terrain et à chaque localité les végétaux qu'ils doivent produire. Sur les 44,000 plantes connues, on en attribue 7,000 à l'Europe, 10,000 à l'Asie, 5,000 à l'Océanie, 5,000 à l'Afrique, et 17,000 à l'Amérique.

Plantes disparues [1]. La Doradille qui cachait les rochers de Vaucluse.

La Potentille de Montpellier, envoyée à Linnée.

La Linnée boréale, } l'une et l'aut. exist. sur
L'Anémone des fleuristes } les montag. de l'Esperon.

La Scille d'Italie, } ont disparu depuis dix ans
La Pivoine coralline, } des bois aux alentours d'Orléans.
Le Genêt griot, } léans.

Le Stratiotes ovoïdes, des eaux tranquilles près de Semur.

La Lysimachie thyrsifère, des fossés d'Abbeville.

Le Pin bromoide, des champs, près de Berne.

Les Châtaigniers, disparus depuis plus d'un siècle des bois dits des Châtaigniers, près de Mareuil-le-Port.

Cette esquisse doit servir d'avertissement pour réviser les anciennes flores, et s'assurer des plantes qui ont disparu, et de celles qui les remplacent.

VÉGÉTAUX SELON LES CLIMATS.

Zône équatoriale. Les plantes particulières à la zône torride sont :

Cocotiers, leurs amandes nous donnent un lait délicieux.

---

[1] Nous empruntons à M. Thiébauit de Bermaud, ses résumés dans le Dictionnaire d'Histoire naturelle.

Arecs et Élaïs, à stipes alimentaires.

Carvotes, aux fruits brûlants.

Euphorbes ligneuses chargées d'aiguillons.

Dragonniers gigantesques à vaste panicule florale.

Galènes visqueuses.

Palmiers, qui semblent braver les déserts brûlants.

Fougères arborescentes qui rappellent le troisième temps de la terre.

Rutacées à feuilles opposées.

Podocarpus, araucaria.

Zóne tropicale qui offre les végétaux les plus précieux :

Baobab d'Adanson, qui a six mille ans.

Muscadier aromatique.

L'Arbre à Pain, l'artocarpe, dont un seul nourrit une famille plusieurs mois.

Dattier, qui nous offre son fruit allongé si agréable.

Caféier, qui nous fournit la divine liqueur si connue.

Caroubier, qui nous donne une silique charnue savoureuse.

Légumineuses, famille si nombreuse et si utile.

Graminées, noble famille qui prépare l'aliment des hommes.

Citronniers, qui donnent la boisson si utile des pays chauds.

Vittaria, ligodium, angiopteris si élégants.

Figuiers.

Zóne tempérée. Alors on rencontre d'immenses forêts, d'immenses terrains couverts de plantes alimentaires.

En commençant par le sud on rencontre :

L'olivier, qui nous fournit la meilleure huile.

La vigne, dont la liqueur, proscrite par Mahomet, fait la richesse de bien des familles, et le malheur de beaucoup d'autres.

Labiées, plantes aromatiques.

Caryophillées, si suaves et si agréables à la vue.

Cyprès, dont le bois odorant est presque incorruptible.

Liège, dont l'écorce fournit les bouchons.

Châtaignier, dont les fruits farineux nourrissent beaucoup de monde.

Charme, hêtre, érable, orme, chêne, constituent en grande partie les forêts.

Rave, pois, choux, garnissent nos potagers.

Lin, chanvre, fournissent à nos vêtements.

Néfliers, pruniers, merisiers, poiriers, pommiers constituent les arbres de nos vergers.

Ombellifères, papaveracées, conifères.

Chenopodées, rosacées, synantherées, rutacées à feuilles alternes.

Pins, sapins, genevriers, vers l'ouest de la limite nord de la zône tempérée.

Melèzes, Cembros, vers l'est de la même limite.

Zône glaciale. La patrie des lichens, des mousses.

Champignon de la neige, qui croît sur la neige.

Fougères, quatre petites espèces, dont les racines sont nutritives.

Renoncule glaciale, gentianes, saxifrages, épilobe à épis.

Bouleau, saules, de très-petites tailles.

Rosage des Lapons, à thyrse floral agréable,
Linnée boréale, fière d'un nom illustre.

Groseiller des rochers, vinettier, vaccinée.

Ronce septentrionale, à fruit aussi bon que la framboise.

Végétation des montagnes. « Les plantes de tous les sommets des montages du globe, quelle que soit leur distance les uns des autres et leur position géographique, ontentre-elles une identié parfaite, » ainsi qu'avec celles qui vivent au Spitzberg, au Groënland et sur toute la côte de l'Océan glacial arctique, mêmes familles et mêmes espèces, chétives, sous-ligneuses.

Outre les précédentes de la zône glaciale, on rencontre :

La Driade aux jolies fleurs.

La Rhodiole odorante, des androsacées, la violette biflore.

La potentille des neiges, l'absinthe des glaces, la vergerolle.

Sur les montagnes moins élevées se rencontrent les plantes aromatiques amères :

La lavande parfumée, romarin officinal, pulmonaire de Sibérie.

Végétaux des collines. Les collines se couronnent de grands arbres autour desquels s'élancent de petits arbustes ou grimpent de timides sous-arbrisseaux, tandis qu'à leurs pieds, sur une nappe d'herbes fines qui plaisent tant aux bêtes à laine, se détachent les épis ondulants de la fétuque.

La Circé des Alpes avec ses fleurs pourprées.

Les Labiées corymbifères.

Le Muscari à toupet coloré en bleu.

Le Cypripède ou Sabot de la jeune vierge, plante singulière.

Végétaux des lieux arides où pullulent les plantes à tiges raides, à saveur amère, acre ; à odeur suave ou repoussante qui se plaisent sur les rochers, les sables, les édifices en ruines, exposés au soleil.

La stellaire aux étoiles blanches. L'orge des murailles.

L'ophrys trompeur, qui simule un insecte ou un homme suspendu par le cou.

L'orpin, la mille-feuille, la grande ortie, le violier jaune, la véronique couchée, le géranium sanguin.

Végétaux souterrains. Outre les plantes qui jouissent de la lumière, il en est d'autres dont l'habitation est dans les grottes obscures, ou dans la terre sans contact immédiat avec l'air ; les premières sont :

Les bissus, qui s'étendent sous forme de duvets pulvérulents sur les parois des grottes, des caves, diversement coloré.

Les chantrelles, des pézizes se développent dans les cavités des vieux troncs d'arbres.

La vesse-loup, se servant de son volva hygrométrique, pour s'élever des profondeurs souterraines, gagner la surface du sol, s'y étaler en étoile et verser ensuite sa poussière le long du chemin qu'elle s'est tracé. Les deuxièmes sont :

La truffe, si recherchée des friands, ainsi que l'arachide ; une gesse, une vesce, de la glycine.

Le trèfle semour, dont les pédoncules s'allongent après l'acte générateur pour enfoncer les fleurs en **terre et y** développer les germes.

Végétaux des foréts. Les arbres de haute-futaie réunis sur le flanc des montagnes, couronnant les coteaux, les **chênes,** hêtres, bouleaux, châtaigniers, érables, **charmes,** saules marceaux, merisiers, ormes, etc. circonscrits dans leur étendue par les arbustes formant **buissons** tels que, noisetiers, épines blanches et noires, ronces, viormes, fusains, cornouillers, sureaux, houx, l'arbousier, le vinetier, les airelles, les bruyères, des orchidées ; et dans l'intérieur, le muguet suave de mai, l'herbe à Paris, la bétoine, la muscatelle, quelques poa maigre-comme toutes les plantes des bois et beaucoup de mousse ; mais celle-ci disparaît lorsque la futaie est coupée, pour faire place aux plantes qui depuis vingt ans ou quatre-vingts ans, n'y habitaient plus, comme la petite centaurée, la valériane, l'eupatoire, la campanule, le grand séneçon, la verge d'or, des graminées, des vesces, des gesses, les fraisiers. Parmi lesquelles se glissent quelques plantes vénéneuses, comme la crapaudine fétide, la belladone, l'acthe porte-épis. Puis les genêts, les ajoncs, surpassent et étouffent toutes ces plantes, pour être étouffés à leur tour par la futaie qui reprend sa place.

Végétaux des prés. Ici se réunissent toutes les plantes propres à la nourriture des bestiaux : les graminées vivaces en composent la moitié ; les trèfles, les lotiers, gesses, lupuline, carottes sauvages, cailles-lait jaune et blanc, sauge des prés, la branc–ursine, la melampyre, la cocrète, qui varient dans les proportions suivant les terrains.

Végétaux des lieux cultivés. Ceux qui se trouvent parmi les semis, le bleuet, la nielle, le grateron, le laiteron, la tulipe sauvage, l'ivraie, le sénevé, le coquelicot, l'avoine stérile, la scabieuse, le panais, le chrysantème blanc dans les terres légères, la jaune et la camomille puante sur les limons. Sur le bords des champs, le liseron, la bourse du pasteur, l'ortie brûlante, la germandrée, dans les vignes et les jardins, le souci, la mercurielle, l'euphorbe à ombelle trifide, les mourons, chenopodes, morelle noire, coquelourdes, chiendent, pavots; et le long des chemins, les plantains, les chicoracées, les chardons, la bardane, la jusquiame.

Végétaux maritimes qui vivent sur le sol imprégné de sels, les soudes, l'ansérine soyeuse, les ficoïdes, l'aster bleu, la giroflée de Mahon, le bacille perce-pierre, l'orseille des teinturiers, l'élyme, les salicornes.

Hydrophytes. Végétaux qui vivent dans les marais, les étangs, les rivières, et dans la mer.

Des marais. Les plantes coriaces qui forment la tourbe, que les herbivores refusent, sont :

Les joncs, les massettes, les souchets, glayeuls, filipendule, salicaire à beaux épis rouges, le butome ou jonc fleurs, la lysimachie, des épilobes, l'élégante dorine, le fluteau, qui se plaisent le long des cours d'eau; le tussilage aux larges feuilles, la ciguë aquatique, les rossolis qui lèvent leur tige droite au-dessus de l'épais gazon de la tourbette; on y rencontre encore les ményantes, phyllandre, berces, scrophulaires, gratiole drastique nuisible aux herbivores, pédiculaire, caltapalustris.

Dans l'eau, les unes flottent habituellement à la surface des eaux, les nénuphars à belles grosses fleurs jaunes ou blanches, les lenticules, les corneilles, les stratiottes, la grenouillette; d'autres se tiennent au fond des étangs, des rivières, à l'exception du temps où l'union des deux sexes vient pourvoir à la propagation de l'espèce : la volisnerié qui détache et abandonne ses fleurs femelles sur l'onde qui les conduit à la rencontre des fleurs mâles pour être fécondées, les charagnes, le cresson, le becabunga, les épis d'eau, les conferves, le minium des fontaines. D'autres enfin vivent dans les eaux thermales : la tremelle thermale, ulva labyrinthiforme, oscillatoires; samclus, l'andropogon ischæmum, le lolium perenné, la poa cerulea, —annua, etc.

Végétaux des mers. Les familles des plantes marines bien moins nombreuses que celles terrestres, ont aussi leurs habitations particulières; mais avec cette différence qu'elles changent de formes pour constituer des espèces différentes ou de nouvelles familles par des nuances insensibles en changeant de latitudes, ou en s'éloignant de localités qui renferment des familles qui sont dans toute la puissance vitale; et souvent après avoir cédé la place à d'autres dans certaines localités elles la reprennent dans une autre.

Les ulvacées filamenteuses habitent les régions polaires des deux hémisphères, en descendant rarement plus bas que le 50ᵉ degré de latitude : deux ou trois espèces seulement touchent les mers équatoriales. Les laminaires couvrent toutes les plages, tous les rochers depuis le 60ᵉ parallèle jusqu'au 48ᵉ où elles s'arrêtent brusquement. Les fucus ou varechs, s'étendent depuis le 55ᵉ parallèle jusqu'au 40ᵛ, rarement au 36ᵉ.

Les ulvacées planes ou fistuleuses au vert éclatant; les bryopsides, vivent dans des climats tempérés, ainsi que les halyménies.

A l'approche des tropiques, les hydrophites ligneuses s'annoncent par les séminerves; au milieu des prairies flottantes formées par les sargossées, les turbinaires, les érinacées, les amansies, se mêlent les padines, les acanthophores, les laurencies, les dictyodes, dont le nombre augmente à mesure que l'on avance vers l'équateur.

Sous la ligne on trouve de superbes floridées; surtout des caulerpes, dont la couleur pourpre est relevée par le vert brillant de leurs tubercules capsulifères, ont réussi dans les Antilles.

La pomme de terre, originaire des Andes à une hauteur de 2,650 mètres, qui répond à la zône tempérée, réussit en Europe.

Le froment, le seigle surtout, l'orge et l'avoine, le sarrazin, sont évidemment originaires des pays tempérés, puisqu'ils murissent passé le 60ᵉ degré de latitude nord, et qu'ils ne peuvent réussir sous la zône torride. Les légumineuses alimentaires, ont l'habitation naturelle de leurs analogues vers les tropiques.

Les pommiers, poiriers, cerisiers viennent naturellement dans les forêts septentrionales.

Le riz est originaire des marais tropicaux, aussi ne réussit-il que dans les mêmes lieux et aux mêmes températures. Il nourrit tous les habitants des lieux où il prospère, environ la moitié des habitants du globe.

L'olivier n'a pu dépasser le 44e degré. Le châtaignier, le 55e ; le noyer, le 56e ; l'arbousier, le 50e.

Concluons de tout cela, que les végétaux que l'on cultive pour les besoins des hommes et des animaux domestiques, sont originaires des latitudes où on les cultive. Partout, la Providence a pourvu aux besoins des êtres que la nature a engendrés : c'est la première condition de la vie. Ainsi, ne cherchons pas à forcer les lois de la nature, c'est peine perdue, même les serres chaudes coûtent plus qu'elles ne produisent.

La grande majorité des végétaux peuvent servir d'aliment aux hommes : des circonstances fortuites et malheureuses, des famines, nous en ont donné la preuve ; mais il existe de grandes disproportions dans les principes nutritifs des végétaux les plus en usage : l'habitude, le goût établissent les différences, plus que les analyses et les raisonnements. Les Anglais, habitant l'Indoustan, se trouveraient mal de ne vivre que de végétaux comme les indigènes.

Végétaux poisons. Les uns sont âcres et irritants : l'ellébore blanc et noir, bryone, concombre sauvage, coloquinte, gomme gutte, thymelées, graine de ricin, euphorbes, sabine, rhus radicans, — toxicodendrum, anémones, aconits, chélidoine, gratiole, staphisaigre, narcisse des près, œnanthes, scille, petite joubarbe, renoncules, apocynées, clématites, rhododendron, couronne impériale, pédiculaire, scammonée, cynanche, lobellie, crotontiglium, cyclamen, dentelaire, cevadille, colchique, asclepias, écuelle d'eau, phytolaca, arum, calta.

D'autres sont nartico-âcres : noix vomique, fève de Saint-Ignace, ticunas, tabac, belladone, digitale, rhue, aristoloche, colchique, mancenillier, mercuriale, cherophillum, upas teinté, fausse argusture, woorana, coque du Levant, ciguës stramonium, laurier-rose, ivraie, aconit, sium, coriaria, seigle ergoté, mouron rouge, champignons, surtout la fausse oronge, agaric-bulbeux, printanière, soucis, meurtrier, etc., etc.

D'autres enfin sont narcotiques ou stupéfiants : opium ou pavots, jusquiames, laitue vireuse, douce-amère, if, herbe de Saint-Christophe, — aux quatre feuille, safran, coqueret somnifère, ervum, lathyris, morelle, baie du Reboul, feuilles de nérion, laurier-cerise, sumac, jacatupi, caguiteira, oassaca.

Plantes sociales, celles qui tendent à se réunir sont : parmi les arbres, les sapins, le chêne, les saules, etc. Parmi les ligneux et herbacés : le dictame glaucus, les mousses, le polithricum, le sphagnum palustre, la bruyère, l'airelle mirtille, les rhododendrons, les genêts, l'ajonc, les potamogetons, l'élime des sables, le paturin annuel, les graminées céréales, l'agaric folliculé, la clavaire, les bambous, les crotons, la filasse du genêt, les aigrettes, la rhisophora, les prothées.

Variété phytographique. Les végétaux annuels deviennent vivaces, et le plus ordinairement ligneux dans les climats chauds.

Les végétaux du sommet des montagnes tropicales sont semblables à ceux de la zône glaciale. Ceux des régions moyennes, comme ceux des zônes tempérées parmi les douze familles de la tribu des mousses, les phescum, les andræa, les grimmia, les dicranum, se montrent partout où les rochers sont escarpés, dénudés, tandis que les fissideus se cramponnent aux pentes inclinées, les polytrics aux terrains abruptes limoneux ; mais l'hypnum cosmopolyte forme des touffes verdoyantes partout, sur les murailles les toits, les ruines, les troncs d'arbres, ou bien s'empare d'un champ et le couvre.

Dans la tribu des conifères, les pins sylvestres et l'abies, et sapins qui s'élèvent en grands arbres, sur l'un comme sur l'autre hémisphère, au-dessus du 70° parallèle boréal, existent sur toutes les plus hautes montagnes dont la température égale celle où ils existent au nord, jusqu'au 32° parallèle. Ils cèdent alors la place aux podocarpes, aux araucaria, pour reprendre possession du sol au 43° parallèle austral et le garder jusqu'au 70°, froid supérieur à celui qu'ils atteignent en Sibérie. Il en est de même de l'if et du genévrier qui sont de petits arbustes sur les montagnes arctiques, mais sous les tropiques, ils sont des arbres de moyenne taille.

Il est de même des chénopodées et des fougères. La première de ces tribus compte à peine une famille, le chénopode blanc, habitant le Finmark, et la deuxième, trois, la pteris aquilina, la physcia islandica, et la p. nivalis, recouvrant les rochers nus du Spitzberg et du Groënland ; elles sont représentées aux îles antarctiques par la pteris esculenta, dont la racine torréfiée est le seul aliment végétal des peuples de la Nouvelle-Zélande, et par l'urnea melaxantha dans la Nouvelle-Schetland. Les chénopodées s'arrêtent presque toutes aux contrées tropicales ; au contraire, plus les fougères approchent de l'équateur, plus elles augmentent en nombre, plus elles acquièrent de taille ; les unes deviennent arborescentes, les autres s'élèvent en montant le long des troncs d'arbres. La famille adianthum est répandue sous toutes les latitudes ; les familles polypodium, aspidium, asplenium, pteris, trichomanes et trymenophyllum, sont représentées sur la plus grande partie du globe par des espèces ayant entre elles la plus grande ressemblance ; pendant que les familles vittoria, ligodium et angiopteris, si élégantes, ne sortent pas hors des tropiques.

Après la tribu des conifères, il n'en est aucune qui monte plus vers les plages arctiques que la tribu des amentacées ; mais elle ne pénètre pas sous les tropiques. L'aune, le bouleau, le tremble, épars, rabougris sur les bords de la mer glaciale, grandissent et vivent en forêts lorsqu'ils ont atteint le 60° parallèle, et descendent en compagnie des peupliers, du saule marceau, de l'orme, du hêtre, du chêne et du charme, sur l'Asie-Mineure ; là, le saule-pleureur, et le chêne bellote, partis des cimes occidentales de l'Atlas, viennent à l'entrée du désert de Faristan former leur ligne de démarcation.

Les graminées, les cypéracées et les joncées sont cosmopolytes, mais plus nombreuses aux régions tempérées, qu'à celles glacées et tropicales près de l'équateur; leurs stipes annuels deviennent vivaces et persistants.

Une ligne immense est occupée dans l'Ancien Monde, le long des côtes de l'Océan atlantique, sur une largeur de plusieurs myriamètres, depuis le 60e parallèle boréal, jusqu'au 54e austral, par la jolie famille des bruyères, au port si léger et à la verdure persistante formant un tapis rouge. Elles descendent du Jutland pour fonder leur métropole au cap de Bonne-Espérance : c'est là que se trouve rassemblée la presque totalité des quatre cents espèces connues. Aucune n'a franchi la mer; on n'en voit point en Amérique; les autres éricinées vivent sur les deux continents; les andromèdes et les airelles sont en plus grand nombre près des cercles polaires; les arbousiers s'arrêtent aux zônes glaciales et tempérées; les cyrilles se plaisent sur les terres intertropicales.

Selon divers observateurs, les ombellifères, les crucifères et les papavéracées, paraissent avoir pour patrie le bassin de la Méditerranée; elles y sont concentrées, ne passent point sous les tropiques, à moins que des montagnes élevées de 2,500 mètres ne leur présentent la nature particulière des localités qu'elles ont coutume d'habiter, qu'elles n'y retrouvent les mêmes degrés de chaleur et d'humidité, et de ressources alimentaires.

C'est sous la zône tempérée, que les rosacées, les synanthérées sont plus abondantes. Elles ont quelques

familles vivant dans la mer, et celles que l'on rencontre aux contrées équatoriales s'y cachent dans les vallées ou sur les montagnes.

Les lignes d'arrêt sont très-irrégulières pour certaines familles; par exemple, pour les surelles, les
passerines, les cochléaria, les sisymbrium; tantôt les
lignes s'inclinent, se redressent, s'effacent brusquement; tantôt elles se croisent, s'enfoncent vers les
tropiques et remontent vers le nord, ou bien elles par-
tent du pôle arctique, traversent l'équateur et vont se
poser sur les derniers caps des îles de l'Océan austral.
Un petit nombre d'espèces appartenant à ces familles
font ainsi échange de patrie; ce sont particulièrement
la ficaire, la fumeterre, la moutarde noire, la carda-
mine de fontaine, l'orpin brûlant, la germandrée, la patience aquatique.

D'autres familles se tiennent dans l'ancien continent sous la zône tempérée australe, tandis qu'elles
affectent, en Amérique, la zône tempérée boréale : les
hypoxis aux grandes fleurs jaunes ou blanches au
sommet d'une hampe droite. Les espèces des familles
populage, canarine, tilleul, frêne, se trouvent dans les
contrées les plus froides des deux hémisphères. D'autres ont leurs espèces herbacées en Europe, tandis
qu'en Afrique celles qu'on y rencontre sont arbustes
ou arbres. Les liserons, les prenanthes, les laiterons,
les viperines ; les verges d'or, herbacées en France et
dans l'Amérique du nord, forment des forêts dans l'île
Sainte-Hélène ou île Napoléon. La grande et belle
tribu des composées, qui est indigène à la région

tempérée de l'Amérique septentrionale, l'est aussi à l'extrémité australe de l'Afrique.

Le noyer qui fixe la limite des bons pays ; qui prospère également sur les sols volcaniques, calcaires et schisteux ; qui monte à 1,200 mètres au-dessus du niveau de la mer, est également spontané dans l'Amérique du Nord, et non loin des rives de l'Indus, par le 24e degré ; il se montre radieux près du platane, du manguier, du figuier des pagodes, et d'acacias qui s'élèvent à des hauteurs considérables.

Il n'est point rare de trouver en Corse, dans la Calabre, des plantes que l'on croirait indigènes au cap de Bonne-Espérance ; de même il n'est point étonnant de voir Tournefort cueillir au sommet de l'Ararat les plantes de la Scandinavie ; sur les pentes médianes, celles de la France, et au pied de celles de l'Égypte : effet enfin remarquable pour toutes les hautes montagnes.

Générations spontanées. Des végétaux alternent régulièrement et spontanément dans certaines localités. Dans l'immense plaine des pampas, une forêt de chardons succède annuellement à une prairie de trèfle.

Il paraît démontré que les terrains qui, pendant un laps de temps plus ou moins long ont porté de grands végétaux d'une famille, en produisent ensuite spontanément d'autres de familles différentes, lorsque les précédents sont détruits par des accidents ou qu'ils tombent de vétusté.

En 1746, la forêt de Châteauneuf, qui était d'essence de hêtres, sans aucun chêne dans la forêt ni dans les environs, ayant été incendiée il n'y repoussa aucun hêtre, mais uniquement des chênes. Il en fut de même des bois Demenigny. Dans la forêt de Chambiers, les chênes disparurent entièrement, ils ne purent y être rétablis, ni remplacés par d'autres que par des arbres verts. Dans les départements du Doubs, du Jura, les coupes dans les forêts de hêtres sont remplacées pendant trois à quatre ans par des framboisiers, puis ceux-ci par des fraisiers, ensuite par la ronce bleue; enfin les pousses du nouveau bois mettent un terme à cette succession de rosacées. A la Guyane, quand on a abattu des forêts dites de bois vierges, le terrain se couvre d'arbres et de plantes dont les congénères n'existent nulle part dans les forêts. Dans les bois revenus, appelés viamans, croissent en grande quantité deux espèces de palmistes, l'aouara et le maripa des Caraïbes, le bois puant, l'accassou, le bois d'ortie, qu'on ne rencontre nulle part dans les grands bois.

Tous ces faits et tant d'autres d'apparitions spontanées : générations qui ont lieu selon le besoin local. En effet, pourquoi voudrait-on qu'il en fût autrement aujourd'hui, que durant les premiers temps de la terre, où il est évident qu'à chaque période il y paraît de nouveaux végétaux, et que la plupart de ceux qui ont paru ne reparaissent plus. On ne peut pas croire qu'un chêne puisse pousser là où l'on a pas placé un gland; et cependant nous voyons tous les jours les bois d'essence de bouleaux, être remplacés par des chênes, quoique l'on en ait pas semé, et qu'il n'existe pas de chênes dans les environs. Et les régions qu'habitent les conifères, qui sont séparées par un intervalle de deux mille lieues, peut-on supposer qu'ils soient le produit d'un seul, est-ce l'air ou l'eau qui aurait transporté les semences à de si grandes distances, des semences que les moindres degrés de chaleur font germer, et par conséquent décomposer?

Les observations agricoles nous prouvent tous les jours que les espèces végétales ne peuvent mourir deux fois successivement sur le même sol, mourir étant mûres, parce qu'autrement la même faculté persiste. Les plantes coupées avant leur maturité n'ôtent pas au sol la faculté de les reproduire immédiatement, si la saison le permet; mais le sol ne les reproduira pas immédiatement, ou que très-imparfaitement si elles y ont acquis une maturité complète : de là le besoin des alternances. On sait aussi qu'un verger planté d'arbres fruitiers, cesse à une certaine époque de reproduire les mêmes arbres, lorsque la même espèce y est morte de vétusté. Si les forêts et les prés se conservent, c'est que les arbres des forêts, comme l'herbe des prés, sont coupés avant leur maturité, car si on les laisse mourir sur le sol, ils ne repoussent plus, d'autres les remplacent.

Perfectibilité végétale. Ces observations sont à l'appui de notre opinion de perfectibilité de tous les êtres, après avoir parcouru les phases d'existence que leur a tracées la nature. Il est vrai que cette perfectibilité végétale est assez difficile à expliquer. Le célèbre de Candolle veut que ce soit les renonculacées qui soient les plus parfaites; Fries, prétend que ce sont les composées, etc.

Nous entendons par perfectibilité, ce que l'on entend vulgairement par effet de la culture, ou des conditions les plus favorables à tel ou tel végétal, comme l'est après un laps de temps plus ou moins long, que le sol consent à nourrir de nouveau le végétal qui y prospérait jadis, nous disons que le végétal acquiert alors un nouveau degré de perfection ; et que c'est par des successions semblables que les végétaux se perfectionnent, qu'ils se perfectionnent dans le vrai sens que nous devons le comprendre, c'est-à-dire que, suivant nous, les végétaux qui nous procurent le plus de jouissances et satisfont le mieux à nos besoins, sont ceux que nous devons considérer comme les plus parfaits : alors, il est reconnu que ce sont les graminées et les légumineuses qui, bien certainement, ne sont pas les végétaux les plus complexes en organisation.

La grande tribu des graminées fournit des familles qui nourrissent les habitants, hommes et animaux, de toutes les contrées de la terre. En Europe, dans l'Asie centrale et septentrionale, dans l'Afrique riveraine de la Méditerranée, elles offrent à l'homme et aux animaux le froment, le seigle. l'orge et l'avoine, et les meilleures herbes des prairies ; dans l'Asie méridionale exclusivement, le riz. qui alimente encore d'autres contrées, mais non exclusivement ; dans l'Afrique centrale, le millet et le sorglio ; sur le continent américain, le maïs. Ce sont encore les graminées qui fournissent la bière, le sucre et les spiritueux. Mais les graminées ne fournissent pas le bois. Les légumiers auraient cet avantage, mais leurs substances alimentaires sont très-inférieures à celles que fournissent les graminées. Alors, que dira-t-on, des artocarpées? que cette famille fournit pour la nourriture, les besoins et les jouissances des hommes ; mais qu'elle n'est pas de tous les climats et peut-être de tous les sols. Ces dernières conditions obtenues les artocarpées seront en tête des végétaux.

Physiologie végétale. Chaque végétal a ses conditions d'existence, et lorsque la demeure les rencontre, le nouvel être se développe ; mais la germination qui est subordonnée à moins de conditions que l'existence végétale peut se manifester sans produire le végétal qui exige d'autres conditions.

En général, la germination des semences s'opère à l'aide de l'eau entre le premier et le quarantième degré de chaleur. Au delà on ne connaît pas le mode de reproduction qui sans doute est spontané.

La semence se trouvant dans les conditions de la germination, elle se gonfle, se ramollit, l'embryon tend à sortir de son enveloppe, la radicule et la plumule se développent et se dirigent en sens inverse. Les cotyledons se liquéfient pour servir de premier aliment à la plantule. La radicule et la tigelle en puisant dans la terre et dans l'air leurs éléments de composition, de nutrition, prennent de l'accroissement. L'embryon est le premier bourgeon, qui donne naissance à la tige et aux processiles, à l'aide d'un appareil vasculaire qu'il développe.

L'appareil vasculaire se compose de deux ordres de vaisseaux : l'un se porte du collet de la racine aux bourgeons, élève jusqu'au bourgeon la sève brute qui s'y élabore, s'y transforme en matière organisée et travaille à l'accroissement en longueur. L'autre se porte du bourgeon à l'extrémité de la racine en lui portant une partie de la sève élaborée, et se prolongeant, dans les dicotylédones, entre l'écorce et le bois, forme les nouvelles couches ligneuses par son union avec les utricules nées de la tige, et contribue ainsi à l'accroissement en diamètre. Ainsi le bourgeon ne reçoit d'en bas rien de solide, rien d'organisé, qu'il crée de toutes pièces les vaisseaux qui entrent dans sa composition, et que ce sont ces mêmes vaisseaux, développés inférieurement, qui se représentent dans les couches ligneuses de la tige et de la racine, et constituent la partie la plus importante. Quant aux utricules des couches, elles s'organisent toutes sur place, entre l'écorce et le bois et n'ont rien de commun avec le bourgeon. Cette série de phénomènes existe dans les individus à l'état naturel ou greffés. Tout le bois de la tige et de la racine placé au-dessous de la greffe se compose de vaisseaux émanés des bourgeons de l'ente et d'utricules engendrés par le sujet. Le double appareil vasculaire et ses phénomènes subissent dans les monocotylédones des modifications que commande l'arrangement particulier des filets dont le bois est composé. (MM. Lindley et Gaudichard).

La vie végétale se manifeste partout où il y a de l'eau, elle se manifeste sous d'innombrables formes, que cependant la science est parvenue à en nomenclaturer un grand nombre. Chaque forme ou chaque

être végétal qui ne peut se métamorphoser en un autre, a la popriété de se reproduire par les semences,
qui sont le produit de l'union des sexes ou de particules différentes du végétal, ou par toute autre partie
organisée du végétal , selon ses conditions d'existence.
Lorsque les végétaux cessent de se reproduire, d'autres prennent la place. Quelques-uns sont sociétaires
et s'aident mutuellement de manière à constituer les
forêts les plus hétérogènes ; d'autres ne sont sociétaires qu'entre eux et ne peuvent souffrir les autres familles, les conifères, les bruyères, le chiendent, le
chanvre, etc. D'autres enfin, et c'est le plus grand
nombre , vivent tantôt isolées , tantôt indifféremment
en compagnie d'autres.

Electricité à l'égard des végétaux. L'électricité, cet
agent de la puissance divine, agit par rapport à l'assimilation végétale, comme pour les compositions minérales.

Là où il y a abondance d'éléments de la vie végétale, l'électricité s'y porte et détermine l'assimilation;
si nous l'y accumulons par les moyens qui sont en
notre pouvoir, l'effet est extraordinaire. En un instant
il s'opère un accroissement de plusieurs jours; et en
continuant l'action électrique on obtient en quelques
jours un accroissement de quelques mois ; ainsi de
suite si les conditions continuent d'être favorables.
C'est-à-dire que si l'action chimique est entretenue
par une composition favorable du sol, comme au mélange de silice, d'alumine et de chaux carbonatée avec
du terreau ou du fumier, continuellement humectés

de la chaleur et de la lumière, un courant électrique s'y établit et la végétation est des plus actives.

But de la vie végétale. La vie végétale tire ses principes constituants de l'eau et de l'air, elle les solidifie, en préparant l'aliment animal d'une part, elle concourt encore de l'autre à la minéragénie. Ses propriétés secondaires sont immenses; la plus essentielle est d'entretenir, ou peut-être de constituer l'air atmosphérique ou au moins l'air vital.

Ainsi, la vie végétale constitue le premier travail de la nature, pour changer les éléments fluides du globe terrestre, en éléments solides. La mort végétale rend directement à la terre, par les doubles voies, de décompositions spontanées et du feu, les principes que la vie a élaborés. Elle les rend indirectement par la voie animale, en nourrissant ceux-ci et constituant un nouveau travail élaborateur, ou en les tuant immédiatement. Ces deux propriétés opposées des végétaux s'expliquent ainsi qu'il suit :

Les deux principes opposés, antagonistes phytogènes qui, par leur union constituent les végétaux ou la vie végétale, peuvent être unis dans des proportions différentes, et causer par conséquent des propriétés différentes, l'élaboration de principes, de matières opposées, antagonistes, l'aliment ou éléments de la vie animale, le poison ou éléments de la mort : ceci arrive lorsque l'un des principes antagonistes constituants domine complétement l'autre. Lorsqu'ils sont unis dans une égale proportion leur effet mutuel se neutralise, leur élaboration n'est ni aliment, ni toxique :

comme sont beaucoup de végétaux. Mais lorsqu'il y a surabondance de produits élaborés, les deux principes opposés se retrouvent dans le dépôt, souvent mal unis ; alors on peut les séparer comme dans les racines de bryone, de manioc, etc, même dans une inégale proproportion dans les tubercules de la parmentière. Telle est notre théorie par rapport aux poisons, théorie qui découle tout naturellement de la création de la terre par l'union de deux principes antagonistes.

Néanmoins, rassurons-nous à l'égard des végétaux, l'expérience nous apprend que la culture et les autres aliments de la végétation, modifient singlièrement les produits de la surabondance. En les augmentant, la bryone, le manioc, etc, fournissent beaucoup plus de fécule que de suc toxique, par les soins de la culture ; la parmentière donne proportionnellement plus de suc âcre dans l'état sauvage, que lorsqu'on la cultive. J'ai reconnu cette modification des principes toxiques chez beaucoup de poisons végétaux soumis à la culture.

ZOOGÉNIE.

Après le règne végétal, vient le règne animal qui part du même point et marche simultanément. La substance végétale formulée, de l'eau et de l'air, la substance animale est là, de suite pour se l'assimiler ; comme celle-ci aussitôt formulée, est assimilée à une

autre substance animale plus compliquée en organisation.

Ces trois formulations qui élaborent en particulier
successivement par la vie, donnent par la mort des
éléments de vie à d'autres végétaux et animaux qui
suivent la même marche, et fournissent un résidu qui
est l'élément de composition minérale, qui à son tour
sert le végétal. De sorte que les trois règnes qui, avec
l'eau et l'air, constituent l'enveloppe de la terre,
marchent simultanément, en s'élaborant successivement les éléments de compositions de l'un à l'autre,
d'où il résulte une vie commune sans interruption.

Comme la substance végétale est uniquement essentiellement composée d'eau et d'air, élaborée par la
vie pour composer le végétal, ce travail est subordonné
aux circonstances géologiques, qui règlent les proportions de combinaison, la nature de l'élaboration, et
par conséquent les propriétés et la forme; il résulte
alors des éléments animaux différents, qui changent
la nature des animaux nouveaux, en constituent de différents selon les époques géologiques.

L'animalisation ainsi graduelle de la surface du
globe nous montre actuellement trois gradations bien
tranchées ; la première qui peuplait les premiers
temps de la terre n'était et n'est encore qu'une ébauche de l'animalité jusques et y compris les poissons et
les reptiles : êtres dont le caractère essentiel est d'a-
bandonner leur progéniture et de s'en nourrir, que
nous pourrions nommer *atelezoaires*, si nous ne crai-
gnions de surcharger encore une nomenclature déjà

assez embrouillée par le grand nombrede mots inutiles.

La deuxième série, intermédiaire , se compose des cétacés, amphibies, oiseaux, que l'on pourrait appeler mésozoaires, êtres bien supérieurs à ceux qui les précèdent, ayant un commencement d'intelligence , prenant soin de leurs petits; résumant, en deux classes, les vivipares et ovipares, dispersés dans la série précédente.

La troisème série, enfin se compose des vrais animaux, mammifères: végétivores et carnivores.

Pour la première série, elle comprendra les êtres amorphes ou hétéromorphes, les actinozoaires , les mollusques, les annelides, les articulés, les poissons et les reptiles , êtres les premiers créés et classés selon l'ordre de leur création , comme les découvertes géologiques le prouvent.

La deuxième serie, les mésozoaires, se compose des cétacés, des amphibies , des ornitodelphes et des oiseaux, qui sont arrivés après tous ceux qui composent la première série, et qui ont précédé les animaux terrestres dans leur arrivée sur la terre. Ainsi, ces êtres qui tiennent le milieu pour l'organisation , tiennent encore le milieu dans l'ordre de l'apparition des êtres sur la surface du globe.

Tel est l'ordre de succession de l'animalité que les études géologiques sont venues nous révéler aujourd'hui, en établissant un ordre invariable dans le classement de ces êtres, ordre que les naturalistes n'avaient établi qu'en partie, puisqu'ils n'avaient pas

compris que, les poissons et les reptiles, êtres à sang
froid, les premiers privés de respiration et les deuxièmes n'ayant qu'une demi-respiration et presque point
de cerveau, etc., ne devaient être considérés que
comme des êtres inférieurs, des ébauches animales,
des mollusques ou des insectes volumineux : car les
poissons sont à l'égard des cétacés, ce que sont les
grenouilles à l'égard des singes sans queue.

L'auteur de la Genèse n'a pas cru devoir qualifier
du nom d'animaux les atelezoaires, dont le nombre
est infini; comme il n'a qualifié du nom de plantes
que celles qui respiraient l'air; auparavant ce n'étaient
que des substances végétales incomplètes , des atele-
phytes, ou comme le propose M. Bory de Saint-Vincent,
le règne psychodiaire.

LISTE ZOOGÉNIQUE.

Deuxième temps de la terre. — Première série. — Atelezoaires amorphes,
hétéromorphes, actinozoaires.

Amorphes. Hétéromorphes, actinozoaires.

Zoophites. Madrépores, tragos, scyphia, manon, polypes,
stromatopores, cellepores, flustres, ceriopores, agaricia,
antophyllum, strombodes, astrées 5 esp. , calamopores,
eulopores, favosites, amplexus, millepore 16 esp., cyatho-
philles 17 esp., fungites, binolia 8 esp., catenipores 5 esp.,

tubipore, lithostrotion 3 esp., retepal, turbinolia 4 esp., tubipores.

Radiaires. Crinoïdes, pentacrinites, actinocrinites 5 esp., cyatocrinites, platicrinites 8 esp., rhodocrinites 5 esp., cupressocrinites, sphéronites, pentremites 3 esp., potesiocrinites, 4 esp.

Annelides. Serpulis 3 esp.

Mollusques. Acephales, gryphées esp. non déterminées, pecten 4 esp., plagiostome, trigonie, cardium 9 esp., cardites 3 esp., isocardies, 2 esp., posidonia, pentameres 5 esp., mytius, arca, terebratula 53 esp., spirifer 28 esp., calceola 2 esp., strophomenas 7 esp., producta 32 esp., astarte, cranies, vuizella, ostrea, hinnites, tellina, sanguinolaria, cypricardie, orthocératites 35 esp., unio, patellœs, melanopsis, melanies, natica, nerita, solarium, delphinule, cirrus, enomphalus 24 esp, trochus, turbo 5 esp, turritella, buccinum 6 esp., bellerophon 15 esp., conularie 5 esp., nautiles 17 esp., ammonites 5 esp., cyrthocératites 7 esp., planorbes, ampullarie.

Crustacés trilobites. Calymènes 12 esp., asaphus 16 esp., ogygie 4 esp., paradoxites 4 esp., mileus 2 esp, illœnus, alenus, isoletus 2 esp., agnostus.

Poissons. Ichthyodorulites, cyprinus.

On voit que ce deuxième temps de la terre, est caractérisé par la grande quantité d'actinozoaires, de mollusques, et de trilobites pour les manger, peu de poissons et absence d'autres êtres d'un rang un peu supérieur; et que les mollusques appartenaient presque tous aux acéphales. Les crabes étaient alors les dominateurs à la surface du globe.

Aux familles du temps précédent qui existent encore dans cette période, sont venues se joindre les suivantes :

Amorphes et actinozoaires. Aux nombreux millepores et madrepores sont venus se joindre:

Les éponges, alcyons, limnozée, fungie, cyclatites, clypeus.

Annelides. Lumbricaires, serpules 4 esp.

Mollusques. Aux nombreux terebratules, gryphés, pecten, trigonies, patella, ammonites, nautiles, isocardie, trochus, huîtres, nucules, nicios, spirifer, mytiles, buccinum, turritelles, natiques, plagiostomes, curus, productus, viennent se joindre les

Avicules 6 esp., mya, perne, posidonies, modioles, venericardes, lingules, saxicava, plicatule, rima, modiola, pholadomie.

Belemnites 22 esp., hamites, scaphites, scalaris, emarginales, pileolus, ancilles, bulles, hélicine, auricule, rissoa, phasianelle, acteons, terebra, cythères, donax, donstia, phlosdomie, pænopée, lithodenus, pectunculi, modiola 4 esp.

Orbicules, plicatules, lituale, gervillia, pinna.

Crustacés. Trilobite bitumineux dans la formation inférieure, astacus, pagurus, ergon, scillarus, palemon, palinure.

Poissons. Paleothrissum de Blainville 6 esp , paleoviscum, clupea, stromate, squales, ureus, sauropsis, lepidotes 4 e, ptycholepsis, semionatus, leptolepsis 3 esp., dapedium.

Reptiles. Ichthyosaures 5 esp., plesiosaures 3 esp., phytosaures 2 esp., mastodonsaures, ptérodactyles 3 esp.

Cheloniens non déterminés, crocodile, teleosaures, me galosaure, monitor.

Insectes. Libellules et quelques autres non déterminés.

Les trilobites disparaissent, ils sont remplacés par des êtres moitié poissons et moitié crocodiles, moitié serpent et moitié poisson ; des serpents crocodiles volants (ptérodactyles). Des êtres d'une taille gigantesque : quelques uns (le mégalosaure) ont 15 mètres de long, êtres effrayants s'il en fut, et bien dignes du ciel de ce temps, où une épaisse et immense vapeur couvrait la surface du globe et interceptait la lumière du soleil.

Le nombre des coquilles est plus que doublé ; mais l'augmentation porte en partie sur les gastoropodes, ce qui indique augmentation aussi des parties solides du globe. Parmi les coquilles, les products, les orthocératites, les bellorophons, les spirifer, si multipliés dans le deuxième temps, finissent par disparaître dans le troisième où les bélemnites, les avicules, les médioles et orbicules, semblent les remplacer.

Quatrième temps de la terre. — Troisième série atelezoaires.

Amorphes et actinozoaires. Leur nombre n'est pas augmenté ; on en rencontre seulement quelques nouveaux en petit nombre , comme des achillaires, des scyphies, des hamelites crétacées, des éponges rameuses, des alrezons globuleux, des cériopores étoilés, des orbitulites lenticulaires.

Radiaires. Apiocrinites, cidaris, 2 esp. , galerites, ananchytes, spatongus 2 esp., cidaris 2 esp., asterias.

Annelides. Serpules 20 esp.

Mollusques. Le nombre des familles est d'environ un cent ; celles qui offrent le plus d'espèces sont : terebratules 50 esp., ammonites 64 esp., peignes 34 esp., huîtres 30 esp., avicula et inocéramus 20 esp., gryphea 20 esp. dont la virgule est la plus commune, plagiostome 20 esp., sphenelites 12 esp., hamites 24 esp., trigonies 15 esp., unio 7 esp., nautiles 12 esp., belemnites 7 esp., la mucronée est caractéristique, lutraries, baculites, gervilie, mya, mandibule, venus, cardium, pinna, paludines, 12 esp., potamides, melanies, cyclos, celtine, bucardes, buines, natiques, fissurelles, bulles, cyprès, numuculites, calices.

Crustacés. Avec les précédents on trouve, l'eryon, l'arcanie, l'étyæa, le coryster, le cancer leachu, cyprès faba.

Poissons. Très-nombreux ; paléonrhynque, enchode, ananchelum, osmeroïde, berix, acanus, lamie, pycnode, macropome, chimère, galeus, ptiehodes, requins, murette, raies.

Reptiles. Les êtres effrayants de la période précédente sont augmentés du mosasaure, de l'iguanodon, des trionix, emydes, tortues ; geosaure, teléosaure, hyléosaure, lepidote, leptovinclius, stencosaure, pleurosaures.

On voit que l'uniformité des êtres cesse durant cette période de la terre ; les amorphes et actinozoaires sont moins nombreux et se rapprochent de ceux actuellement existants. Les éponges, alcyons, sont communs et diffèrent un peu pour la forme du temps précédent.

Comme pour les innombrables coquilles, dont on a fait une si grande quantité d'espèces dans les mêmes familles, à cause des variétés de formes rapportées au mêmes types, variétés dues aux circonstances locales, puisque celles trouvées en abandance dans un étage ne se retrouvent plus dans l'étage supérieur ou dans une formation voisine, ou sous la même forme , mais modifiée, dans un étage de même nature et de même époque ; des coquilles marines , fluviatiles et terrestres d'espèces variées, n'ayant plus, la plupart, leurs analogues entre les tropiques, mais dessous ou au-delà des tropiques. Ensuite le nombre des céphalées l'emporte beaucoup sur celui des acéphales. Tout cela indique un changement dans l'état géologique de la surface de la terre, un changement dans la température et une température variée. Ce qui est encore démontré par le grand nombre d'espèces de la même famille des annelides.

Les crustacés ne sont plus mêmes , et les familles n'offrent plus les rapprochements qu'elles avaient entre elles dans les temps précédents.

Les premières formes de reptiles ne paraissent plus , c'en est d'autres, peut-être plus volumineux, mais de formes plus complètes, appartenant à la terre, aux fleuves ou à la mer ; plusieurs ont de l'analogie avec les familles actuellement existantes dans les pays tropicaux ; les espèces sont plus nombreuses.

Les poissons deviennent nombreux et appartiennent à presque toutes les familles. Mais pas encore de cétacés ni d'amphibies.

Le monstrueux iguanodon , reptile trouvé récemment en Angleterre, dont la longueur, suivant M. Mantell, dépasse 25 mètres, et le corps de la grosseur d'un éléphant.

Cinquième temps de la terre. — Série mésozoaire.

MOLLUSQUES. Les ammonites , belemnites, hamites, orthocératites, productus, spirifères si abondants et si volumineux dans le temps précédent, des ammonites d'un
mètre de diamètre et même plus, sont disparus. En place,
on trouve beaucoup de coquilles fluviatiles et terrestres:
lymnées, bulimes, planorbes, potamides, paludines, cyclades , helices, cyclostomes, gyrogonites, peignes, bucar
des, grandes huîtres, terébratules, cardium, nummuli-
thes, rastellaries, cerites, echinites, cidaris, clypester,
venus, astarte, panopea, pectuncules, lucine, turritelles,
murex, mitra, voluta, lenticulites; le cérite gigantesque,
les huîtres virginiques et les putuncules sont caractéristiques, les natica, carcarias.

INSECTES. Phryganes, des lépidoptères, diptères, hymenop-
tères, orthoptères, jules.

CRUSTACÉS. Quelques précédents, le balanus.

POISSONS. Aux nombreuses familles précédentes, s'ajoutent
les clénoïdes, cycloïdes.

REPTILES. Les êtres effrayants gigantesques des temps précédents ont disparu, excepté les crocodiles, gavials ; les
tortues, emydes; mais on trouve des ophidiens, des batraciens, la salamandre gigantesque ; basilosaure, lepto-
rhynque.

CÉTACÉS. Lamentins, dinotherions, dugongs, dauphins, nar-
vales, xyphius, norquals, baleines ; metaxytherion, chr.
des phoques, trichecus, sirène. ornitodelphes.

OISEAUX. Des échassiers, palmipes, rapaces, gallinacées et
beaucoup d'autres débris que l'on n'a encore pu déterminer, mais que l'on a cru reconnaître pour l'alouette de

mer, l'ibis, cormoran, buzard, balbuzard, chouette, caille, ananas.

Polypiers. Des fungites, orbulithes, cyclolithes, carryophyl-lées, oursins.

Les coquilles, dont on porte le nombre à 1200 for-mes ou espèces appartenant à 50 familles sont, pour plus de la moitié, nouvelles pour le cinquième temps. On voit que s'il en disparaît, il en paraît encore da-vantage.

Le nombre des familles et des espèces des autres êtres est aussi considérablement augmenté, surtout des poissons, dont toutes les familles des temps précédents continuent d'exister; l'augmentation porte principa-lement sur les espèces; parce que les milieux dans lesquels elles vivent changent peu.

Mais les monstrueux reptiles, dominateurs de la surface de la terre durant deux périodes, durant le troisième et quatrième temps, sont disparus, leur place est tenue par des reptiles de même tribus, les crocodiles, gavials, dont les analogues existent tou-jours.

Enfin apparaissent les cétacés et amphibies, aux-quels nous avons conservé le nom κῆτος qui signifie gros poisson, et nous avons nommé poisson, d'après les Latins, ce que les Grecs nommaient ἰχθύς. Ainsi, il est probable que l'erreur vient des traducteurs de l'hébreu ou du grec; et que l'expression de la Genèse veut dire des cétacés et non ce que nous appelons poissons. Et, comme nous l'avons observé, il n'y a de ressemblance entre ce que nous nommons poissons et cétacés, que celle qui existe entre une grenouille et un singe. Les premiers n'ont que l'action de nutrition et de propagation comme les végétaux, plus la liberté de chercher leur nourriture; les autres ont le sentiment affectif qui les élève bien au-dessus.

Les oiseaux paraissent après les cétacés; mais soit que leurs restes se soient difficilement conservés, ou qu'ils étaient en petit nombre, on en rencontre peu, et encore on les classe difficilement, tant leurs restes sont altérés.

Ainsi, il est évident que les cétacés ou vrais poissons, et les oiseaux, sont d'un ordre bien supérieur aux êtres des temps précédents, et que c'est au cinquième temps de la terre qu'ils paraissent, et qu'alors qu'aucun mammifère terrestre n'avait encore paru.

Pour nous, nul doute que les Didelphes trouvés dans la formation oolitique de Stonesfield, n'y étaient arrivés que fortuitement, qu'ils appartenaient au terrain supercrétacé; et que ces Didelphes étaient des animaux intermédiaires, mésozoaires, dont les analogues sont les ornithorhyuques de l'Australasie, objet de tant de discussions parmi les savants.

On voit donc que les cétacés, les amphibies et les oiseaux, premiers êtres au-dessus des atclezoaires, et au-dessous, au moins pour la forme, des mammifères terrestres, des vrais animaux, ont paru dans les formations du cinquième temps de la terre; et que d'après la conformation de ces êtres, essentiellement aquatiques, mais respirant l'air, et des oiseaux, échassiers et palmipèdes, le cinquième temps offrait une

surface terrestre incomplétement émergée. En outre,
le mélange des coquilles marines , fluviatiles et terrestres, gisant presque sur les mêmes points, sont
une autre preuve de ce que nous venons de dire : que
seulement l'émergement n'avait lieu que sur des points
multipliés formant des quantités d'îles comme nous
en offrent l'exemple les milliers d'îles situées entre
l'Asie orientale et l'Austrasie.

Sixième temps de la terre. — Première série des animaux terrestres.

Chaque temps de la terre offre plusieurs formations
de terrains. Chacune des formations est nécessairement l'effet d'une époque géologique. L'étude des formations nous fait connaître les restes organiques
qu'elle contient, ceux qui lui sont particuliers ,qui
la caractérisent ; les restes des êtres vivants durant l'époque de la formation, et surtout ceux qui ont
surgi pendant cette époque. Mais ces études extrêmement pénibles, sont encore trop peu avancées pour établir, même approximativement, les êtres survenus à
chaque époque. Nous sommes donc obligés de nous limiter à ce que nous voyons de plus apparent, jusqu'à
ce que d'autres recherches plus généralement suivies
aient donné un nouveau jour sur les créations successives.

En attendant, nous limiterons à quatre formations
superposées, ou quatre grandes époques, le sixième
temps de la terre, établies d'après les quatre séries
progressives d'êtres bien distincts ; la quatrième époque offrant l'homme.

Paleotherions (Cuvier) 7 esp. , p. grand, p. moyen, p. épais, p largc, p. court, p. petit, p. très-petit.

Anoplotherion, C. 3 esp., A. commun, a. second, a. à grande machoire, et une quatrième espèce de deux m. de hauteur.

Dicobane, C. 3 esp., d. lièvre, d. rongeur, d. oblique.

Xiphodon, c.

Lophiodon, c., 7 à 8 esp.

Anthracoterion, c., six esp., a. grand, a. petit, a. très-petit, a. d'Alsace, a. du Velay, a. silistueuse de pentland.

Chéropotame, e.

Adapis, c.

Tapir.

Porcs.

Sarigue.

Musc, geoffroi.

Loirs.

Castors

Rhinocéros.

Hippopotames.

Les mastodontes 8 esp., m. grand, m. à dents aiguës, m. moyen m. Humboldi, m. petit, m. tapiroïde, en Amérique, Europe et Asie.

Megatherion. Dans l'Amérique du Sud, quatre mètres de haut.

Megalonix. Dans l'amérique du Nord , deux mètres de haut.

Syvatherion. Dans l'Asie, 3 mètres de hauteur, quatre cornes.

Tapir géant, en Europe.

Coati, C., hycenodon, du jardin.

Genette des plâtrières ou mangouste.

Civettes.

Sarigue.

Gloutons.

Musc, Geoffroi.

Porcs.

Renards.

Cerfs.

Cheval.

Tigres.

Rhinoceros 2 esp.

Hippopotames.

Eridomys, Jourdan ; voisin du porc-épic.

Echyuris, Delzair, rapproché du castor.

Arctomis, Croizet, espèce de rongeur.

Acérotherion, Kamp, analogue aux damans.

Hipparion, Cristol.

Troisième série des animaux terrestres.

Éléphants 2 esp., e., primigéni ou mamouth, e, commun.

Elasmotherion 1 esp., tenant de l'éléphant, du cheval et du rhinocéros. Perdue.

Dinotherions 2 esp., d. géant, d. secondaire, cétacé de M. de Blainville.

Méricatherion, ressemblant au chameau, **Perdu,**
En Asie, 3 mètres de hauteur.

Sivatherion, animal à quatre cornes de l'Hymalaya.

Pangolin géant. En Europe, espèce perdue, 3 mètres de hauteur.

Rhinocéros 3 esp.

Hippopotame, 4 esp.

Tapir, 2 esp.

Cochon 3 esp. , c. cordinière , c. sanglier, **c. s. petit,** Lartet.

Cheval, une esp.

Aurochs. Une espèce, perdue, Europe, Silésie.

Bœufs 6 esp., une espèce de plus de **deux mètres de** hauteur.

Cerf géant ou élan.

Cerfs 20 esp.

Antilopes.

Moutons.

Porcs-épics.

Rats, souris, campagnols, loirs.

Lièvres, lapins, plusieurs esp.

Lagomys.

Castors.

Hyènes 2 esp.

Ours 8 esp.

Tigres 11 esp., dont un ayant près de deux mètres de hauteur.

Chiens 8 esp.

L'halmature.

Renne, même espèce que celle actuelle.

Raton gigantesque, Lartet.

Genettes.

Toxodon, darwin, ou cochon d'eau d'Amérique.
Hipparion. Cristol, âne primitif.
Putois. Belette.

Il est probable que tous les animaux de l'ancien monde ne se sont pas conservés à l'état fossile ; et lorsqu'ils se seraient tous conservés, on est loin encore d'avoir exploré partout. Tous les jours on en découvre de nouveaux ; et on voit qu'il en est à peu près des animaux comme des coquillages. Si, comme on le voit dans la formation suivante, la moitié ne reparaissent plus, le nombre des nouveaux qui paraissent est plus du double de ceux qui n'ont pas reparu. Nous parlons des familles, car l'identité des espèces ne paraît pas exister d'une époque à l'autre. Mais la troisième série ou première série diluvienne offre tout au plus un tiers des familles qui n'existent plus, toutes les autres sont identiques avec celles actuellement existantes, seulement les espèces ne paraissent pas être les mêmes, et les familles qui n'existent plus sur les lieux où on les trouve fossiles sont encore existantes sur d'autres points de la surface du globe, principalement vers les tropiques : même la plupart des familles les plus anciennes, parmi les atelezoaires, comme parmi les mesozoaires, et les animaux, se retrouvent dans l'une ou l'autre partie du monde. Il n'est même pas évidemment démontré que toutes les familles les plus anciennes n'existent plus actuellement.

Ainsi, ne jugeons que d'après ce que nous voyons, et n'établissons point d'hypothèses plus ou moins hasardées. Nous voyons paraître de nouveaux êtres dans chaque formation de terrain, et souvent en compagnie de ceux des formations précédentes en commençant par les plus inférieures : voilà ce qui est évident.

Quatrième série du sixième temps de la terre.

Tous les animaux de la série précédente, peut-être quelques-uns exceptés, et presque tous les animaux actuellement existants, même les atelezoaires des premiers temps, surtout les mésozoaires dont il ne paraît pas en manquer, composent cette série qui est la présente.

L'homme enfin termine jusqu'ici l'œuvre de la création.

Comme on le voit, tous les animaux terrestres, les mammifères, ont été successivement créés durant le sixième temps de la terre, et paraissent l'avoir été à quatre époques successives, avec un développement d'organisation tel, que les animaux des séries les plus rapprochées de l'époque actuelle ont plus de ressemblance avec ceux actuellement existants. Cependant les mêmes familles reparaissent, et reparaissent plus nombreuses en espèces pour quelques-unes, moins pour celles qui en avaient beaucoup dans les précédentes ; mais toujours reparaît-il des membres de la famille qui s'était montrée dans la série précédente, en tenant une place dans l'échelle de gradation de la famille, ou un intermédiaire à une autre famille.

Tous les pachydermes nous semblent former une grande famille, dont le caractère principal est d'aimer beaucoup les lieux aquatiques, ombragés; aussi, est-ce cette grande tribu qui a été créée la première après les cétacés, les amphibies, lorsque les continents n'étaient encore qu'un amas d'îles, de lieux marécageux avec une puissante végétation. Ces animaux, appropriés aux localités et aux genres de végétaux qui y croissaient, ont, pendant des milliers de siècles, été les habitants principaux de la surface de la terre; ils n'avaient pour destructeurs que les crocodiles, les mammifères carnassiers n'existant pas encore, parce que les localités trop humides, trop entrecoupées de cours d'eau, de lacs, ne convenaient pas à leur nature d'être. Des petits rongeurs carnassiers, adapis, rats, peut être les cheropotames cochons suffisaient pour ronger les cadavres des autres pachydermes.

Ce n'est que beaucoup plus tard, lorsque les continents se sont formés, ainsi que des montagnes, que des pachydermes moins aquatiques, et des animaux non aquatiques, ont été créés, se sont multipliés, et que plus tard encore les carnassiers surgirent, les ours, les hyènes, la famille des felix, d'abord précédés des petits carnassiers civettes, genettes, mangoustes; leur nombre, leur taille devint considérable, et ils étaient en rapport avec les autres animaux qui devaient leur servir de nourriture.

Les animaux ont donc été créés selon les conditions locales; ils l'ont été aussi selon les conditions climatériques, puisque la plupart des fossiles des pays tempérés ne s'y retrouvent plus vivants, pendant qu'on les voit presque tous entre les tropiques; mais dans des lieux conformes à leur nature, des lieux conformes à ceux où on trouve leurs fossiles. Et les animaux, comme les végétaux fossiles, entre les tropiques, sont les mêmes que ceux qui y vivent actuellement.

Les mêmes espèces animales, à plus forte raison les mêmes familles, ont demeuré sur les lieux, tant que les conditions locales et climatériques leur ont convenu, et sont demeurées en compagnie de ceux créés postérieurement avec des conditions différentes, et ont fini par disparaître avec les changements de conditions et de climats; et comme les conditions et climats étaient les mêmes par toute la surface de la terre, les animaux étaient aussi partout les mêmes; ils ont continué d'exister entre les tropiques, mais ils ont été remplacés dans les zônes tempérées et glaciales, par d'autres espèces ou d'autres familles : de sorte que les créations ont dû s'y faire successivement à de longs intervalles, selon que les conditions locales et climatériques changeaient; mais sous la zône torride, le climat étant resté à peu-près le même, les animaux des temps primitifs sont aussi restés à peu-près les mêmes, comme tous les autres êtres.

Ainsi, les amorphes, les actinozoaires, les insectes, les reptiles, les poissons, les cétacés et les amphibies, les oiseaux, les mammifères terrestres, sont les mêmes entre les tropiques, qu'ils étaient dans les temps primitifs de la terre. Ceux qu'on ne trouve plus vivants, tiennent leur place dans la chaîne qui unit tous les êtres. Les crocodiles et les gavials du Nil et du Gange ont une organisation différente, plus complexe que les chthyosaures, les plésiosaures du troisième temps de la terre, et ils n'ont pas la taille des mégalosaures, mososaures et iguanadon du quatrième temps, mais ils ne diffèrent en rien des crocodiles et gavials du cinquième temps, parce que leurs conditions d'existence sont à-peu-près les mêmes. Ainsi, peut-être depuis deux cent mille ans ces reptiles sont restés les mêmes.

On peut se faire une idée de la végétation et de l'animalité des temps primitifs en examinant les bas-fonds des mers intertropicales, où, selon leurs profondeurs, on reconnaît les analogues parmi les végétaux et les atelezoaires des troisième et quatrième temps de la terre.

Créations. Tout cela nous prouve enfin, que tous les êtres ont été et sont toujours créés selon leurs conditions d'existence et persistent tels, tant que ces conditions existent ; que la chaîne qui unit tous les êtres de la même famille, dont les chaînons représentent les espèces, montre des espèces actuellement existantes, occupant indifféremment le commencement, le milieu ou la fin, et que les espèces fossiles qui n'existent plus remplissent les lacunes ou tiennent même le premier rang, comme chez les sauriens, les ammonites, etc., et même chez la plupart des mammifères, les éléphants, rhinocéros, hippopotames, tapirs, etc., etc., n'ont actuellement que moitié de la taille de leurs analogues fossiles. On ne voit plus de loups, ni de tigres de la taille des chevaux de près de deux mètres de hauteur ; leur organisation ne différait pas de celle actuelle ; et leur intellect qui pouvait les différencier dans l'échelle graduelle, n'est certainement pas manifeste; nous ne disons pas chez les crocodiles qui n'ont que l'instinct d'alimentation, mais chez les rhinocéros et hippopotames qui sont des êtres essentiellement brutes, qui ne pouvaient pas l'être moins, comme également les tigres; mais les éléphants qui sont les animaux les plus intelligents, on ne sait pas si les éléphants primitifs avaient moins d'intelligence.

L'idée des transformations d'êtres avec le temps, par des développements ou des métamorphoses graduelles, est donc bien opposée à ce que nous fait voir l'étude de la géologie. On voit des créations nouvelles d'êtres plus parfaits en intelligence ou plus complexes en organisation. mais les anciennes familles persistent toujours, quelques-unes continuent de s'accroître en nombre et en espèces; d'autres diminuent en l'un et en l'autre, parce que leurs éléments de nutrition diminuent aussi pour ces dernières, tandis qu'ils augmentent pour les autres.

On ne voit pas une seule famille, atelezoaire, mésozoaire ou animale, qui se soit éteinte depuis les temps les plus primitifs; on ne peut pas même établir qu'il y ait eu développement successif et graduel dans les espèces de la même famille. Le trilobite, vu vivant par M. d'Orbigny sur les côtes de l'Amérique du Sud, diffère-t-il du dominateur du deuxième temps de la terre? Les alligators monstrueux des Amazones, diffèrent-ils des mégalosaures du troisième temps? les crocodiles du quatrième temps de ceux des fleuves d'Afrique? Le lamantin trouvé sous le sol de la France au cinquième temps, ne diffère pas de ceux des côtes et des îles de l'Amérique. Le tapir, vu dans les Cordillères par M. Roulin, n'est guère différent du paleotherion moyen. Enfin, les hippopotames, rhinocéros, éléphants, etc., etc. fossiles, sont peu différents de ceux existants actuellement. Quant aux autres fossiles dont on n'a pas encore trouvé les analogues vivants, peut-on dire qu'ils n'existent pas, puisqu'il reste encore à explorer l'intérieur de l'Afrique, de l'Australie, les vastes forêts de l'Amérique, les gorges de l'Hymalaya et de quelques autres grandes îles.

Les êtres créés dans les premiers temps de la terre, il y a deux ou trois cent mille ans, ne diffèrent donc pas de leurs analogues vivants actuellement ; les crocodiles du Nil ne diffèrent pas de leurs aïeux du troisième et du quatrième temps.

Puisque tous les êtres primitifs se retrouvent actuellement existants à la surface de la terre, et qu'ils se retrouvaient également dans chaque formation qui offrait de nouvelles créations d'êtres différents, il n'y a donc pas eu transformation, métamorphose des êtres antérieurs en ceux postérieurs ; ceux-ci sont évidemment des nouvelles créations qui viennent augmenter le nombre des êtres et non les remplacer.

Mais ce qu'il y a de positif, d'incontestable, c'est que chaque formation de la croûte terrestre offre des êtres nouveaux, d'une organisation plus compliquée. Que si le premier temps n'offre pas de restes organiques, les éléments qui en composent les roches sont évidemment de formation végéto-animale, ou au moins de psychodiaires. Que le deuxième temps n'offre que des amorphes, des actinozoaires, des mollusques et des crustacés.. Le troisième offre, de plus, des reptiles et des poissons; le quatrième, avec ces derniers, des reptiles plus compliqués en organisation et beaucoup de familles de poissons; le cinquième nous fait voir, avec tous les précédents, des cétacés, des amphibies et des oiseaux. Enfin, le sixième nous montre tous les animaux terrestres; puis, en dernier lieu, l'homme. Voilà sur quoi tous les géologistes s'accordent. Mais quelques-uns trouvent plus convenable de supposer des métamorphoses, que de croire à de nouvelles créations, que de croire à ce que l'on voit tous les jours.

Les êtres surgissent partout où il y a des éléments de composition, de nutrition convenables. Les mammifères terrestres n'auraient pas pu vivre au cinquième temps de la terre, parce qu'il n'y avait pas assez de terrains complétement émergés, ou que la marée les couvrait tous les jours. L'homme n'aurait pu exister au commencement du sixième temps, attendu que ses éléments de nutrition n'étaient pas assez abondants, et que les autres conditions d'existence ne lui étaient pas favorables.

On trouve peu d'hommes fossiles anté-diluviens en Europe, parce que c'est entre les tropiques qu'on doit les trouver : c'est là que le soleil a dû commencer à manifester son effet sur la terre; toutes les autres contrées ayant dû rester plongées pendant bien plus long-temps sous l'épaisse vapeur qui enveloppait le globe pendant les premiers temps.

Chaque jour, de nouvelles découvertes viennent augmenter le nombre des fossiles ; comme aussi chaque jour de nouvelles explorations dans les pays peu connus nous montrent des animaux inconnus. De cette augmentation résultent des complications dans l'appréciation et dans la classification des êtres ; mais partout le grand système de la nature se montre uniforme et régulier : c'est toujours la science de l'homme qui est en défaut lorsqu'il s'écarte des lois mères par l'effet de quelque incident qui semble déroger à l'ordre de la nature.

Pénétrons-nous bien d'une chose, c'est que le terrain crétacé forme la séparation entre les êtres inférieurs et ceux d'un ordre intermédiaire ou supérieur. Si dans quelques localités, la craie manque, les grès et sables verts ne manquent pas, et suffiront toujours pour faire reconnaître le quatrième temps de la terre. Ainsi, au-dessous on ne trouve que des atelezoaires, dont les plus rapprochés sont les sauriens ; les plus rapprochés au-dessus sont les mésozoaires ; puis ensuite les mammifères terrestres. Après cela, les bouleversements qui s'opèrent souvent dans la croûte terrestre, peuvent changer l'ordre naturel des superpositions de terrains, et en imposer à ceux qui jugent trop promptement ; ensuite, quant à l'homme, dont il semble qu'à l'envi tous les géologistes aient refusé de croire à l'existence avant le déluge, parce que les restes sont peu nombreux par rapport à ceux des animaux, il suffit de réfléchir que ses conditions d'existence, sont le soleil et l'air pur, et que c'est entre les tropiques que ces effets ont dû d'abord se manifester.

Et puis, les hommes morts avant le grand cataclysme, ont été enterrés, comme cela s'est toujours pratiqué chez les nations les plus sauvages. De ceux-là, bien certainement, il ne doit rien en rester ; ceux qui auraient été surpris par le cataclysme, auront flotté à la surface des eaux, et leur décomposition aura eu également lieu assez promptement. Mais enfin, on en a trouvé en Saxe, en Autriche, dans le pays de Bade, etc. On ne peut plus contester l'existence de l'homme anté-diluvien.

ZOOLOGIE PHILOSOPHIQUE.

L'animalité compte peut-être autant de formes ou espèces différentes que la végétation. Les collections du Muséum de Paris peuvent exercer la vie d'un homme a en parcourir la description ; et cependant le nombre des espèces animales qui peuplent notre globe est encore loin d'être connu.

Les atelezoaires sont incalculables. Le cabinet de Paris compte neuf cents espèces de reptiles, et celui des poissons est presque le double.

Les mésozoaires sont peu nombreux en espèces de cétacés et d'amphibies, en comparaison des oiseaux dont on compte plus de quinze cents espèces.

Les animaux terrestres ou mammifères offrent jusqu'à présent douze mille espèces.

Tous ces êtres animaux répandus sur la surface du

globe, dans l'eau, sur la terre ou dans les airs, sont comme les végétaux, particuliers à chaque contrée. Mais en général, les animaux domestiques des régions tempérées sont plus ou moins cosmopolites. Ceux de la zône glaciale ne peuvent vivre ailleurs, et les intertropicaux vivent, mais en les garantissant des effets de l'hiver.

Les animaux domestiques d'Europe suivent l'homme partout où il va, et s'y multiplient, même abandonnés à eux-mêmes, et font aussi comme les hommes, ils en chassent les indigènes; les chevaux, les bœufs, les cochons, les chiens, que les Espagnols ont abandonnés dans les savanes de l'Amérique s'y sont multipliés à tel point qu'ils en ont chassé les animaux indigènes, et que leur chasse est une branche considérable de spéculation, surtout pour les habitants indigènes qui excellent dans l'art de prendre ces animaux devenus sauvages et redoutables.

Géographie zoologique. Les mêmes latitudes n'offrent pas toujours non-seulement les mêmes familles animales, mais même les mêmes nations animales.

Europe. Les animaux de l'Europe sont tous particuliers à l'Asie.

Asie. Le règne animal est plus riche en Asie que dans les autres parties du monde : là, existent les êtres de toutes les latitudes. Les côtes méridionales offrent les zoophytes les plus brillants; des coralligènes variés couvrent les bas-fonds et bordent en murailles élevées les abords des îles. Les nombreux mollusques offrent des familles et des espèces remarquables ; la tridacne

giganlesque, dont deux valves servent de bénitiers
dans l'église de Saint-Sulpice, à Paris; l'huître rayon-
née, de 25 centimètres de diamètre; le grand triton
émaillé, de 50 centimètres de long; la pintadine qui
forme la nacre et les plus belles perles; la placune
vitrée, que les Chinois emploient comme vitre. La
sèche tuberculeuse qui secrète une matière colorante
avec laquelle les Chinois fabriquent l'encre. Parmi les
crustacés, se font remarquer les squilles ou mantes de
mer aux longues épines, dont la chair sert de nourriture; les grandes langoustes mouchetées de blanc sur
un fond bleu; le maya pipa qui porte ses œufs sur son
dos. Les poissons pullulent dans les mers d'Asie; les
plus éclatants, dont la chair est la plus recherchée,
sont les scombres, les muges, etc. Ceux de formes
bizarres, sont les chétodons, les coffres.

Dans le Midi, les reptiles y sont volumineux et puissants; la tortue de la côte de Coromandel est la plus
grosse des tortues terrestres, sa carapace à un mètre
de largeur. Le Gange, le Brahmapour sont peuplés de
gavials. C'est dans la presqu'île en deçà du Gange
qu'est le redoutable serpent à lunettes, dont la morsure donne la mort en quelques instants, et qui représente, chez les Brahmes, le génie du mal.

L'Asie est la patrie des paons, des faisans, des
argus, des élégants oiseaux de paradis, et à ce qu'il
paraît de notre coq, que l'on a trouvé à l'état sauvage
dans les montagnes de Gathes.

Les mammifères de l'Asie sont aussi les plus grands
et les plus puissants, en commençant par les éléphants

des Indes, les rhinocéros à une corne. La presqu'île de Malacca est la patrie d'un tapir différent de ceux d'Amérique; des deux espèces de chameaux; des bœufs sauvages, tels que le zèbu dans les contrées chaudes; l'arni, dans les hautes montagnes; le gour, qui habite les forêts; le yack, qui aime à se vautrer dans la fange, et dont la queue touffue sert d'étendard aux Asiatiques. Plusieurs espèces d'antilopes de grande taille; le mouton argali à énormes cornes roulées; la chèvre du Thibet, à poil soyeux qui sert à fabriquer les beaux châles de cachemire. Le surmulot ou gros rat gris, est indigène de l'Asie; c'est vers le dix-huitième siècle qu'à la faveur de quelques navires, il parvint en Europe, où il détruisit les rats noirs. Le Thibet recèle encore le musc.

Les plages asiatiques sont peuplées de lamantins, de dugongs, de dauphins; le dauphin du Gange est le plataniste de Pline.

Les singes d'Asie sont aussi les plus grands : tels que les orangs, les macaques, les gemnopithèques et les quatre espèces de gibbon; les loris et les makis y vivent aussi.

Les carnassiers y sont dans la proportion des mammifères végétivores, et les plus puissants de la terre, le lion, le tigre royal, le léopard et la panthère; le manoul, qui est particulier à la Sibérie, et d'autres carnassiers inférieurs dans le nord, sont recherchés pour leur fourrure, tels que les martres, les hermines, les renards argentés et les petits-gris.

Enfin on trouve dans la partie occidentale et

móyenne, le cheval et l'âne à l'état sauvage; indépendamment de deux autres espèces de la même famille
qui habitent les plaines de la Mongolie, l'hémione et
l'âne khur.

Afrique. Les animaux communs à l'Asie sont plus
petits en Afrique, tels que l'éléphant, le rhinocéros,
le bicorne, le lion, le chameau et le dromadaire. La
girafe est particulière à l'Afrique, ainsi que l'hippopotame. Le buffle, le zèbre, le couagga et l'onagra,
communs vers le cap de Bonne-Espérance. Plusieurs
espèces d'antilopes parcourent aussi l'Afrique.

Les espèces d'oiseaux y sont nombreuses et particulières à l'Afrique, telles que l'autruche, le plus gros
des oiseaux, mais qui ne peut voler; les cormorans, les
pélicans, les pétrels, l'aigrette, la pintade, les perroquets, la perruche à collier.

Les carnassiers; panthère, chacal, hyène, serval,
caracal; mais ce qu'il y a de plus redoutable dans cette
contrée brûlante, ce sont les reptiles, serpents et crocodiles qui infestent les plaines et les fleuves; le boa
effrayant, et beaucoup d'autres reptiles.

Une foule d'insectes incommodes, comme cachias,
moustiques, moucherons, nuisent au repos des hommes;
des nuées de sauterelles ravagent parfois les récoltes,
mais en revanche, des essaims d'abeilles leur livrent
du miel.

Amérique. Les animaux particuliers à l'Amérique
sont tout différents de ceux de l'ancien continent;
seulement, quelques familles sont les mêmes, ou ont
de l'analogie; les ours blancs, les renards, etc. des

glacés sont les mêmes ; les reptiles paraissent offrir les mêmes familles ; les sauriens, chéloniens, ophidiens et batraciens, ne diffèrent que dans les espèces.

Parmi les oiseaux, on rencontre de nombreuses troupes de perroquets d'espèces extrêmement variées ; des dindons et beaucoup d'autres gallinacées, des jacomars-émeraudes, des jacamerops, des martins-pêcheurs, des todiers, des momots, des nombreux oiseaux-mouches, des buttants colibris-rubis.

Parmi les poissons curieux, nous citerons seulement le gymnote des eaux douces de la Colombie et du Brésil, ou poisson électrique qui produit une commotion électrique très-violente à qui le touche.

Les lamas, les vigognes, les alpacas, sont de la famille des chameaux, et habitent les Cordillères méridionales. Les autres quadrupèdes ont un caractère propre, tels que les bisons ou bœufs sauvages, des antilopes, des kinkajous, des rats musqués, des petits ours noirs, les loutres, des tapirs, des paresseux.

Mais ce qu'il y a de plus remarquable, c'est cette race nombreuse de singes à queue prenante qui peuplent toutes les forêts ; les atèles aux longs bras, les lagotriches, les sapajous, les sagoins, les sakis, les ouistitis, les singes de nuit.

Les couguars, les jaguars, remplacent les lions et les tigres, en Amérique, ainsi que d'autres de la race des chats, comme le chati, le chat jagouaroundi, le chat élégant, l'ocelot, l'ouloïde, le colocalla, le chat-roi.

Océanie. Les côtes fourmillent de crustacés, parmi

lesquels on distingue les ermites ou pagures, les phyl-
losomes transparents comme du cristal, avec des yeux
bleus de ciel.

Dans l'île de Java, on voit des buffles, des chevaux,
des sangliers, des tapirs, des rhinocéros unicornes de
petite taille ; plusieurs espèces de chats inconnus ailleurs, des écureils bicolores, des écureuils volants et
plusieurs espèces de singes ; un boa constrictor qui
avale des bœufs et des chevaux, des tigres, etc., des
chèvres sauvages et des chevreuils.

Les îles de Bornéo et de Sumatra renferment de
plus, des éléphants, des bœufs sauvages, le cerf d'eau,
des panthères, le chevrotin napu long de quelques
centimètres ; plusieurs familles de singes, les orangs-
outans qui vivent en tribus, les gibbons, les doucs.
Les rivières sont peuplées de crocodiles, de caïmans.

Les autres îles de la Malaisie renferment l'antilope
noire, plusieurs espèces de chevrotins, le pongo, le
babiroussa, des variétés de dugongs, etc., et une quantité considérable de serpents d'espèces variées.

Les Moluques offrent des didelphes, le phalanger,
le tarsier, le musc pygmée, le draco-volant, le caméléon
bicorne, l'agame hérissé, les hydrophys, les pélamides, etc., des oiseaux des plus belles couleurs variées, l'oiseau de paradis, des perruches, le kakatoës.

L'île des Célèbes n'a pas de gros carnassiers, mais
elle a des nombreux serpents, redoutables à la grande
quantité de bétail qu'elle nourrit, dont les dominants
sont les cerfs, les sangliers, les lièvres, et aussi beaucoup de singes.

Dans la Nouvelle-Hollande, les animaux diffèrent de ceux des autres contrées par une double poche dont ils sont tous pourvus, très-peu exceptés. On y voit des kangourous, des pétauristes, des potoroos, des haunatures, des phascogales, des dasiures, des thylacines de la taille et de la forme du loup, les précédents étant gros comme des rats; des ornithorhynques, des échidnés, des scinques qui rappellent les icthyosaures; des phyllures et d'autres reptiles de diverses espèces.

L'Océanie offre une grande variété d'oiseaux, des frégates, des sternes, des calaos, des tourterelles muscadivores, des perroquets différents, des troupes de loris rouges et tricolores, des moucherolles à la queue en éventail, des oiseaux de paradis, des martins-pécheurs, des hérons noirs et blancs, des pluviers dorés, des chevaliers, des poules d'eau, des pigeons, des coucous, des manchots, des merles, des phaétons, des kakatoës, des casoars, des ménures, des passereaux, loriots, des moucherolles crépitants, etc.

Les côtes de l'Océanie sont très-poissonneuses, comme des bonites, des dorades, des thons, des surmulets, muges, raies; des cétacés, le dugong, le dauphin tacheté, le dauphin malais, l'albigène, le marsoin à tête blanche, la baleinoptère mouchetée, le tétrodon, des badschus, des harpurus, des balistopodes, des anguilles, des sparus venimeux comme le tétrodon, beaucoup d'huîtres et d'écrevisses. Tout indique le sixième temps de la terre dans l'Océanie.

VIE ANIMALE.

Atelezoaires. Les atelezoaires ont été les seuls habitants de la terre durant les quatre premiers temps.

Les polypiers ont commencé le noyau solide du globe terrestre, et continuent toujours, dans les mers tropicales, à transformer l'eau en pierres calcaires, à augmenter chaque jour la masse solide de la terre et à diminuer d'autant la masse fluide. Les nombreuses îles madréporiques de la Polynésie et de l'Océanie, qui bientôt se réuniront pour former des continents, sont le travail des premiers êtres, zoophytes, actinozoaires de Blainville, psychodiaires, B. de S. V. Ces polypes à polypiers travaillent dans les plus grandes profondeurs de la mer jusqu'à sa surface. Les polypiers semblent être la réunion et l'origine des trois règnes; sans distinction de sexe comme de genre d'alimentation, ils vivent comme les végétaux et se reproduisent par boutures.

Les mollusques et les crustacés, pour les manger, sont les habitants du deuxième temps. Les mollusques élaborent l'eau et les zoophytes en matière calcaire et en mucilage pour la nourriture des crustacés : la vie animale se décèle alors.

Les poissons et les reptiles inférieurs apparaissent au troisième temps. C'est alors que la vie animale commence à montrer ce qu'elle a de plus hideux, des êtres qui se nourrissaient de leurs semblables qui dévorent leur progéniture (Buckland et autres), ces êtres voraces, intermédiaires aux poissons et aux reptiles, produits d'une création prolixe, en rapport avec les besoins et les conditions du temps.

Les polypes commencent donc la vie animale ; les mollusques viennent pour être leurs antagonistes, ils couvrent les polypiers pour les dévorer ; viennent, après, les crustacés pour dévorer les mollusques Ceux-là à leur tour sont dévorés par les êtres hideux demi-reptiles.

Les polypiers ont préparé l'appui de la végétation.

Reptiles. Aux êtres précédents viennent s'adjoindre les chéloniens de toute dimensions ; puis, leurs antagonistes les sauriens monstrueux, les antagonistes de tout ce qui a vie. Les ophidiens, qui viennent les aider, les nourrir, ou les empoisonner avec leur venin. Avec eux finit la série *incalculable* des atélezoaires, dont le caractère distinctif principal est d'abandonner, de dévorer leur progéniture.

Antagonistes du règne vivant, les sauriens et aphidiens semblent avoir été créés pour restreindre la multiplication des formes de la vie. Destructeurs de tous les êtres vivants, ou empoisonneurs lorsque la force leur manque ; telle est leur vie : aussi sont-ils l'emblème du génie du mal auquel rien ne résiste. L'homme même, avec toute son intelligence, est obligé de leur céder la place.

Si tous les reptiles sont effrayants par leur forme, non-seulement deux classes. chéloniens et batraciens, sont ou végétivores ou insectivores. Quelques unes des espèces sont utiles à l'homme ; les tortues, les grenouilles. Parmi les sauriens, qui, tous vivent d'êtres vivants, les hommes et les grands animaux n'ont à craindre que les crocodiles, les gavials et les caïmans, qui mangent tout ce qui a vie, même leurs petits. Les autres reptiles leur servent, en grande partie, de nourriture.

Les autres lézards, plus petits, n'attaquent pas les hommes ; ils se nourrissent de reptiles plus petits qu'eux, d'œufs, de petits animaux, de larves, tels que les monitors, les dragonnes, les sauvegardes qui dévorent les œufs et les petits des crocodiles, pour ensuite être dévorés par ces derniers. Le nom de sauvegarde a été donné à quelques uns de ces grands lézards, parce que, par leur cri d'épouvante ils préviennent de l'approche des crocodiles.

Les petits lézards ne vivent que d'insectes, mais ils se battent avec acharnement lorsqu'ils sont attaqués par les gros animaux.

La race des iguaniens a les mêmes mœurs que les lézards ; elle renferme les stellions détestés des Mahométans, les agames, avec des écailles allongées en pointe à la gorge, les galeotes à crête dorsale, les lophyses, les basilics à crêtes tranchantes sur la queue et souvent sur le dos, les dragons ou lézards volants, par l'extension de leurs flancs, les marbrés et les anolis.

Les geckos, êtres hideux, dactyles, qui produisent une éruption inflammatoire à la peau en la touchant avec leurs pattes, et qui couvent sur les murailles et les plafonds le ventre en l'air.

Les caméléons à capuchon, célèbres par leur changement de couleur ; les scinques en réputation comme aphrodisiaques ; les seps, tous lézards vivant de destruction.

Les chéloniens ou tortues, reptiles cuirassés ; les tortues de terre, et celles d'eau douce ou émydes, vivent de végétaux et sont bonnes à manger. Les tortues de mer sont volumineuses ; la tortue-franche pèse sept à huit cents livres ; elles vivent en troupes à l'embouchure des grands fleuves ou sur les bas-fonds des plages des pays chauds ; elles sortent de l'eau à de certaines époques pour déposer leurs œufs dans des trous qu'elles pratiquent dans le sable ; ces œufs, ainsi que leur chair, constituent un bon manger. Le caret fournit l'écaille. La caouane, commune dans toutes les mers, n'est bonne que pour l'huile qu'elle fournit.

Les tortues à gueule, les tortues molles ou trionix ont les doigts palmés ; elles sont carnassières ; la trionix est féroce, elle se rapproche des sauriens et est l'antagoniste des crocodiles dont elle dévore les petits, ainsi que les serpents aquatiques.

Les batraciens, grenouilles, rainettes et crapauds ; les premières se mangent ; les deuxièmes servent de baromètre, à cause de leur faculté de grimper sur les arbres, on les place dans un bocal moitié rempli d'eau et de vase et une petite échelle : elles montent lorsqu'il fait beau et descendent dans la vase quand il pleut ou fait froid. Le crapaud est de tous les reptiles le seul susceptible d'être apprivoisé et doué d'une certaine intelligence ; le crapaud commun recherche la compagnie de l'homme ou des animaux inoffensifs. Le crapaud accoucheur place les œufs de la femelle sur ses cuisses en les fécondant. D'autres crapauds, notamment les aquatiques, les abandonnent dans l'eau.

Les salamandres, qui ont les mœurs des lézards, ont pour défense, une liqueur onctueuse, âcre, qui éteint les charbons ardents lorsqu'on la met dans le feu, et qui est nuisible aux animaux qui les saisissent avec leur gueule. Les tritons, dont les membres repoussent assez promptement lorsqu'on les coupe. Les protées, espèces de salamandres souterraines ; les sirènes forment le passage des reptiles aux cétacés, elles se nourrissent de vers et d'insectes.

Les OPHIDIENS ou serpents, forment une race de reptiles qui n'est par la moins effrayante. Les orvets, fragiles, se nourrissent de vers et d'insectes et ne sont nullement dangereux.

Les couleuvres comprennent tous les serpents dont les plaques de dessous le ventre sont divisées en deux. On en connaît beaucoup d'espèces, quelques-unes dans le midi de la France, la quatre raies, atteint jusqu'à deux mètres de long. Les couleuvres ne sont pas venimeuses ; elles mordent même rarement ; elles se nourrissent de petits animaux.

Les vipères diffèrent peu des couleuvres communes; les plaques sont entières sous le ventre et divisées en deux sous la queue, et puis elles ont des crochets venimeux. La commune porte une tache en forme de V sur la tête. On en connaît six espèces sans compter les trigonocéphales, les platures, les élaps qui sont de la tribu des vipères, ainsi que le terrible naja ou serpent à lunettes. La morsure des vipères des pays tempérés n'est pas mortelle; mais elle produit des accidents presque instantanés, comme le gonflement et l'engourdissement de la partie mordue, et surtout le gonflement de la langue; ces accidents durent plusieurs heures et ensuite se dissipent spontanément. Les vipères sont ovovivipares, et comme tous les êtres dangereux elles dévorent leurs petits.

Les serpents, sur le compte desquels on a débité mille contes, sont la terreur des hommes et de presque tous les animaux; mais les cochons les recherchent pour les manger. Il n'y a guère qu'un sixième des serpents qui soient venimeux, et ils sont tous tropicaux. Le moindre froid les engourdit, et ils restent ainsi toute la mauvaise saison; mais de bonne heure au printemps, ils se raniment et leur épiderme se détache. Quelques serpents sont doux et susceptibles de s'apprivoiser.

Tous les serpents vivent de matières animales, digèrent lentement et mangent rarement, et ne boivent pas. Ils avalent les animaux entiers, ils se roulent autour des gros pour leur broyer les os et leur donner la capacité de pouvoir les avaler : c'est pendant cette opération qui est assez longue qu'on peut les tuer facilement.

Les serpents les plus venimeux, qui peuvent donner la mort en quelques minutes, sont pourvus d'une seule dent aiguë rétractile fixée à la mâchoire supérieure qui est mobile; derrière cette dent il y a le germe d'autres pour la remplacer en cas qu'elle se brise. Ces reptiles atroces sont :

Les crotales ou serpents à sonnettes, se reconnaissent au bruit que cause le choc de plusieurs cornets écailleux emboîtés lâchement les uns dans les autres au bout de la queue. Ils habitent les contrées chaudes de l'Amérique, et atteignent cinq à six pieds de longueur.

Les scytales des Indes; les acanthophis à aiguillon au bout de la queue; les langahas à grande plaque sur la tête et la base de la queue.

Les serpents dont la morsure est plus ou moins funeste, qui sont pourvus de deux dents, creuses en dedans, à la mâchoire supérieure, et plus longues que les autres, par lesquelles le venin se distille dans la plaie. Ces serpents sont :

Les bougares, les trimérésures, les hydres ou serpents d'eau qui offrent trois petites familles très-venimeuses qui vivent dans les mers des Indes; les hydrophis, les chersydres et les pélamides de la Polynésie, et que l'on mange à Otaïti, quoiqu'elles soient très-venimeuses.

Les serpents non venimeux qui ont les dents à peu près égales, sont : les rouleaux qui ressemblent aux orvets.

Les boas qui ont un crochet de chaque côté de l'anus et la queue prenante, sont les plus grands de tous les serpents; on en voit qui ont dix à quinze mètres de longueur; ils ne vous mordent pas, mais ils vous avalent tout vivants. Les érix, les erpetons sont des espèces de boas.

Les amphisbènes, qui vont en arrière comme en

avant; les typhlofs, très petits. Ces deux familles ne vivent que d'insectes. Les acrocordes, de Java, grands serpents non venimeux.

Les poissons poursuivent la série atelezoaire habitant l'eau, et la terminent; comme les reptiles, la poursuivent vers les habitants de la terre et la terminent aussi. Création contemporaine, ces deux classes d'êtres sont au même degré de perfection. Dévorer tout ce qui tombe sous leurs sens obtus, se reproduire, abandonner leur progéniture, la manger même si elle n'est pas assez leste pour leur échapper : tel est le caractère général de cette classe, comme tous les autres de la même série.

Les poissons, que nous nommons ainsi, mais qui ne sont pas les poissons dont parle la Genèse, offrent deux mille formes différentes, deux mille organisations incomplètes pour arriver à celle des cétacés ou poissons supérieurs. Organisation telle depuis le premier temps de la création, et qui existera tant que le milieu dans dans lequel ils vivent et pour lequel ils sont constitués, existera. Les poissons des premiers temps étaient constitués comme ceux des mêmes familles qui vivent toujours, parce que leurs conditions d'existence existe toujours.

Ces êtres inférieurs sont organisés pour vivre et se mouvoir avec agilité dans l'eau; les nageoires remplacent les membres des reptiles, et leur peau est enduite d'un mucilage qui favorise leur glissement dans l'eau ; les branchies remplacent les organes de la respiration. L'eau avalée par le poisson, passe par les lames branchiques, où elle cède l'oxigène qu'elle contient, et ressort par les ouïes. Beaucoup de poissons ont une vessie pleine d'air située sous l'épine dorsale.

Chaque poisson, pour sa création, reçoit de la nature un instinct particulier de conservation qui lui fait naître une conformation pour se défendre, attaquer et pour vaincre, de sorte que tous sont destinés à vivre, à se nourrir au dépens les uns des autres en se livrant des combats à mort. Tous, également voraces, les plus faibles se nourrissent de polypes, de rayonnés, de mollusques, de vers, pour servir ensuite de nourriture à de plus forts qu'eux, et ceux-ci, à leur tour, être dévorés par de plus forts encore, lesquels plus forts finissent par être tués par leurs semblables, ou par des inférieurs devenus plus forts par l'effet de l'âge qui rend les inférieurs plus forts que les supérieurs affaiblis. Travail de la vie et de la mort qui se représente dans toutes les classes d'êtres. D'un autre côté encore, les poissons servent de nourriture à tous les autres êtres carnassiers ichthivores.

Les poissons offrent trente-et-une races distinctes, formant près de trois cents familles.

Les premières, cartilagineuses, se rapprochant des vers ou annélides, sont les plus voraces.

Les lamproies qui s'attachent aux autres poissons morts ou vifs pour les sucer.

Les requins ou squales, famille nombreuse, redoutable par leur voracité et leur force, susceptibles d'acquérir une longueur, quelques-uns, de 8 à 10 mètres; ils sont dans les mers ce que sont les crocodiles dans les fleuves, et les tigres dans les pays chauds ; les scies à bec allongé en forme de double scie pour attaquer et vaincre les baleines ; les anges, à tête ronde ; les raies, rhinobates, rhinas, pastenagues, céphaloptères, mourines ou aigles de mer ; les torpilles, à forme plus circulaire que les précédentes, pourvues d'un appareil composé de nombreux tuyaux verticaux anguleux, situé entre les pectorales, la tête et les branchies, dont la propriété électrique est tellement forte qu'elle donne à ceux qui touchent le poisson une commotion capable d'engourdir : c'est là leur arme défensive et offensive.

Les esturgeons, aussi gros que les requins, n'ont qu'une petite bouche privée de dents ; aussi sont ils d'un instinct complétement opposé aux voraces requins.

Les balistes, à corps comprimé, recouvertes d'écailles ; les baudroyes ou diables de mer, à tête qui fait plus des deux tiers du corps, et yeux rapprochés ; ils se cachent sous la vase en laissant dépasser leurs rayons, qui sont pris pour des vers par les autres poissons, qui deviennent ainsi la proie des baudroyes, ce qui les fait appeler raie pêcheresse ; les chironectes qui peuvent se gonfler le ventre comme un ballon ; les malthées, sans rayons sur la tête.

Les chimères, à museau sans dents, ont un fort aiguillon à la première dorsale sur les pectorales ; les callorinques, les diodons, hérissons de mer, tétrodons, les coffres, les moles sans épines.

Les pégases au corps couvert d'écussons osseux, les polyodons à long museau.

Les syngnathes, ou aiguilles de mer, à museau tubuleux, les hippocampes, ou chevaux marins.

Les anguilles, qui peuvent ramper quelque temps sur la terre sans eau pour en chercher. Les congres, ou anguilles de mer, les myres, les ophisures, ou serpents de mer, les murènes des friants, les sphago-branches, les apterichtes dumerilie, les monoptères, les synbranches, alabes, les sarcopharins, gymnotes, aptéronotes, gymnarchus, lepthocéphale, donselle, équille, les symnotes qui abattent un homme, même un cheval par une commotion électrique.

Les porte-écuelles, à disques concaves sous le ventre, les gobiésoces, les cycloptères, les lumps, les liparis.

Les pleuronectes, non symétriques aux deux yeux du même côté, forment une grande famille recherchée pour la bonté de leur chair, les plies, les flétans, les turbots, les soles, les monochires, les achires, les plagusies, garnissent les marchés.

Les gades encore plus recherchés et plus importants pour la pêche que les précédents; les morues, les merlans, les merluches, les lottes, les mustèles, les bromes, les phycis et les raniceps. Ces poissons, qui nourrissent et enrichissent des nations, multiplient prodigieusement: on a calculé qu'une seule morue pouvait pondre 3,444,000 œufs.

Les harengs, que tout le monde connaît, pullulent tous les ans d'une manière surprenante, et arrivent en troupes innombrables, en été et en automne, vers les côtes occidentales de l'Europe. Le célan ou pilchard un peu plus précoce; la sardine, au midi de l'Europe, l'alose. un mètre de long, remonte les fleuves au printemps, lorsqu'elle est bonne à manger; les magolopes, de 3 à 4 mètres de long, dans les pays chauds, les anchois qui sont l'extrême pour la petitesse, les mystes, les odontognates de Cayenne, les notoptères des Indes, les ménès, les argentines, les serpes.

Les saumons voraces, la truite saumonée, les truites qui remontent les fleuves, les rivières et les ruisseaux, les éperlans, les ombres, les characins, curimates, anostomes, serra salmes, plabuques, les tetragonoptères, les milètes, les hydrocynus, les citharines, les saurus, les scopeles et les aulopes.

Les silures à épine dangereuses, le mâl, saluth, ou glanis, est le plus grand poisson d'eau douce de l'Europe, à épine peu sensible en Hongrie ; les schilbés du Nil à forte épine dentelée, les machoirans, les pimélodes, les shals, les bagres, les agéniores; les doras à dents en velours, les hétérobranches, les clarias, les plotoses, les callichtes, les malapterures, les asprèdes, les loricaires, les hypostomes.

Les brochets voraces de nos rivières, les galaxies, les microstomes, les stomias noires boas, les chauliodes, les salans, les belones, les scombrésoces, les demi-becs, les mormires, les sternoptix à bouche dirigée en haut.

Les cyprins, qui sont dévorés par les précédents, végétivores, les carpes, les carpeaux, la dorade, les barbeaux, les goujons, les tanches, les cirrhines, les brêmes, les labéons, les ables, ou poissons blancs, le meunier, la rosse, la vaudoise, l'ablette, le véron des rivières.

Les fistulaires à long filament à la queue, les aulostomes, les solénostomes, les loches, dormilles, ou cobites, les anableps vivipares de la Guyane, les pœcilies et les cyprinodons, qui font leurs petits vivants.

Les labres à double lèvre et colorés, les girelles violettes, les crenilabres, les sablets, les spares, les picarels à mâchoires protractile, les bogues à couleurs variées, l'oblade, les sargues, les daurades, les mulles, les pomatomes, tous attrayants par leurs belles couleurs.

Les gobies, ou goujons de mer, les gobioïdes, les ténioïdes, les périophtalmes qui rampent sur le sable pour échapper à leurs ennemis, sléotris, les échénéides qui, à l'aide d'un appareil sur la tête, composé de plusieurs lames dentelées, s'attachent aux corps volumineux.

Les muges, ou mulets sans dents, les exocets, ou poissons volants, à cause de leurs grandes pectosoles qui leur permet de voler un instant pour échapper à leurs ennemis.

Les anabas qui voyagent sur terre et grimpent aux arbres (Daldorf), passent aux Indes pour les plus précieux stimulants des organes de la génération. Les osphronèmes à épine articulée, si recherchés des friands, les trichopodes sans épines, les archers qui lancent de l'eau aux insectes dont ils se nourrissent, les vomers, plus hauts que longs, les sélènes, les gals, les argyreioses, les macropodes, les hélostomes, les poles achanthés, les spirobranches, les ophicéphales.

Les sidjans à aiguillons ventrals, les dorées, les capros, le sanglier, les poulains, qui servent d'aliments.

Les rubans, le ruban rouge, les gymnètres, bandes longues d'un mètre, les regalecs, roi des harengs, long de six mètres, les lophotes Lacépède, les sabres, les vogmares d'Islande que l'on ne mange pas, les ceintures, les jarretières argentées, les styléphores.

Les scombres un peu arrondi en fuseau, les maquereaux que l'on préfère aux harengs, les thons qui ne le cèdent pas aux maquereaux, que l'on pêche dans la Méditerranée, cinq a six espèces, les germons, les caranx, les citules, les sérioles, les pasteurs, les épinoches, l'épinoche piquante, le plus petit de nos poissons, les gastrées, les centronotes, les liches, les trachinotes, les ciliaires, les cæsions, les pilotes, petits poissons qui accompagnent les requins.

Les chétodons à longues dents fines, les chelmons qui lancent de l'eau après les insectes pour les avoir, les platax, les hénioches à longue épine dorsale, les échippus, les chœtodiptères, les achantropodes à dents en velours, les leptosomes à corps mince, qui vivent tous parmi les rochers.

Les spares à dents molaires, les sargues, les dorades, les pagres, les bogues, l'oblade, les mendoles à mâchoires protractiles, les picarels, les cæsios, les gerres, tous objets des pêche de la Méditerranée.

Les scènes à museau écailleux, les cingles, les ombrines à dents en velours, les lonchures, le corbeau, l'aigle maigre, ou fécaro, commun dans la Méditerranée.

Les perches à dentelures ou épines à la tête, les

loups ou perches de mer, les varioles, les centropo-
mes, les saudres, les hurons, les élelis, les niphars,
les énoploses, les amboses, les apogans, les pomatomes, les diplosions, les grammistes, les aprons, les
trachinoïdes, les mullès, les gremilles, les stellifères,
la plupart de nos rivières.

Les trigles à joues cuirassées et dents en velours sont
aussi appelés poissons volants, le rouget coucou à cause
du bruit qu'il fait entendre lorsqu'on le prend, le per-
lon, le gronau, les malarmats, les pirabères volans, les
cephalacanthes, les lépisachanthes japonais, les cory-
phènes à tête tranchante, les leptopodes, les centro-
lophes, les oligopodes, les ptéroïs élégants, les tœnia-
notes, les chevaliers, les chabots, les aspidopho-
res, les platycéphales, les rascasses, les synancées,
les scares ou perroquets, les lutjans, les diaco-
pes, les bodians, les serrans, le merou, le barbier
rouge, les canthères, les pristipomes, les diagrammes,
les chelodactyles, les microptères, les grammistes, les
priacanthes, les polyprions, les soldats ou holocentres,
les épinoches, petits poissons de nos ruisseaux qui redressent leurs épines dorsales lorsqu'on les saisit.

Tels sont les habitants des eaux, de caractères
extrêmement variés, tenant aux vers, aux reptiles et
aux cétacés.

Les CRUSTACÉS et les ARACHNIDES forment un même
ordre d'êtres. Même instinct, même mœurs, tous êtres
carnassiers; les premiers vivant dans l'eau, et les
deuxièmes sur la terre, à quelques exceptions près:
ils sont chacun composés d'une vingtaine de familles.

Les CRUSTACÉS se rapportent à six classes d'êtres : les crabes, les écrevisses, les squilles, ou mantes de mer, les gammanes, les cloportes, les sans-tête ou monocles.

Les crabes, à la carapace large, à yeux pédiculés, à grosses pattes antérieures, produisant à chaque portée quatre à six cents individus (Risso), carnassiers craintifs, composant beaucoup d'espèces.

Les écrevisses à six pieds, antennes terminées par une pince à deux doigts, antennes multiples, mâchoires découpées, carapace allongée, que l'écrevisse renouvelle tous les ans ; êtres carnassiers qui se mangent lorsqu'ils peuvent s'entamer ; ils sont pour les rivières ce que sont les crabes pour la mer. Le homard, qui habite les côtes maritimes, est la plus grosse écrevisse.

Les squilles, unipeltés (Latreille), à corps étroit, allongé, les chevrettes à quatre antennes dont deux plus longues, les cloportes à nombreuses familles, dont plusieurs sont terrestres dans les caves.

Les sans-tête, ou monocles, à pieds garnis de nageoires, de feuillets, dans les eaux dormantes.

Les ARACHNIDES, plus sanguinaires, se partagent aussi en six classes :

Les araignées à huit yeux, forment plusieurs familles qui habitent et filent dans les maisons, les caves, les jardins, le voisinage des eaux, ou vagabondes, se font toujours la guerre.

Les faucheurs ont seulement deux yeux, à grandes pattes, peu résistantes.

Les hydrachnés à corps globuleux, qui nagent toujours.

Les pinces, dont les antennules, sont en pinces.

Les mites, ou cirons, qui s'attachent aux animaux et aux hommes, qui sont presque imperceptibles, et causent la gale; elles sont aussi dans le fromage et les matières en putréfaction.

Les scorpions à queue longue et noueuse, dont le dernier anneau renferme un aiguillon venimeux, mortel seulement pour les insectes.

Les tarentules des pays chauds, araignées vigoureuses, à mendibules, ou crochets terribles pour les mouches, sur le compte desquelles on débite mille contes.

Tous ces petits êtres se font une guerre à mort et se dévorent mutuellement.

Les insectes, au nombre de sept cents familles connues, que le savant Latreille a eu la patience de classer, semblent représenter toute l'animalité en miniature. Ils semblent être les repaires de la vie animale et végétale, dont ils prennent les produits, même avant que la vie ne les ait quittés : tel est l'office que le créateur leur a donné, pour ensuite servir de nourriture à quantité d'autres êtres, où leurs résidus donnent de l'activité à la nutrition végétale (le terreau est composé d'une grande quantité de détritus d'insectes).

Chaque famille d'insecte a ses particularités de vie et de formes, qu'il ne nous est pas possible de décrire ici, mais que nous tâcherons d'esquisser.

Nous observerons seulement que le principal caractère différentiel des insectes avec les autres êtres,
c'est que les phases de la génération s'opèrent en
grande partie au dehors au lieu de s'opérer en dedans,
soit dans l'utérus, les vivipares, ou dans l'œuf, les
ovipares, que le petit être sort de l'œuf à l'état d'embryon plus ou moins avancé, et qu'il parcourt les
phases de la vie fœtale dehors.

Suivant un ordre qui varie selon les familles, que
l'on a nommé larves, nymphes, et qualifié métamorphose leur passage à l'état d'insecte parfait, et qu'aussi
les phases de la vie d'accroissement se passent à l'état
de larves, de nymphes, de sorte que l'être arrive
parfait à l'état d'insecte, qu'il n'a plus qu'à procréer
et à mourir; la dernière partie ou l'état parfait d'insecte étant ordinairement éphémère, il y a quelques
exceptions à cette règle générale, les lépismes, les
podurelles.

Plusieurs familles d'insectes dérogent à la vie atelezoaire, en prenant soin de leurs progénitures; les
abeilles, les guêpes, outre le soin de déposer l'œuf et
de nourrir la larve dans des demeures spéciales, font
encore preuve d'un instinct raisonné; la taupe-gril-
lon construit une loge pour déposer ses œufs; les
ichneumons introduisent leurs œufs dans le corps
des chenilles : beaucoup d'autres les déposent dans
les éléments de nutrition qui conviennent aux larves.

Beaucoup de larves, par elles-mêmes, ont un instinct de conservation; les chenilles se construisent,
un nid en commun; mais les larves carabiques s'y

introduisent et les mangent; les cicindélètes creusent en terre des tuyaux cylindriques où elles se tiennent, leur tête arrasant le sol, attendant le passage d'un insecte pour le saisir, lorsqu'elles ne sont pas saisies elles mêmes. Les clairons vivent dans les nids d'abeilles; les cocinelles vivent parmi les pucerons qu'elles dévorent; les processionnaires se font un nid au pied d'un arbre qu'elles ne quittent que pour aller chercher leur nourriture.

Les insectes sont, herbivores. liquivores, florivores, excrémentivores, ou carnassiers; ces derniers vivent au dépens de tous les êtres animés, et, bien qu'ils nous sucent le sang, ils nous sont moins nuisibles que les végétivores qui peuvent causer la famine et détruire les plantations, ruiner les récoltes des fruits, etc., etc.; mais la plupart des insectes végétivores ne sont nuisibles que par leurs larves.

Les APTÈRES, les LÉPISMÈNES, qui vivent dans les maisons, entre les vieilles planches, les SUCRIERS, les podurelles, sous les écorces d'arbres, les pierres, les parasites ou les poux, les ricius des gens mal propres ou malades, les puces, les chiques, qui dans les pays chauds d'Amérique, s'introduisent sous la peau de la plante des pieds et y font naître des pustules.

Les COLÉOPTÈRES à nombreuses familles, les carnassiers terrestres, très-agiles, qui chassent continuellement pour attraper les autres insectes, et dont les larves sont également carnassières; on voit les cicindèles de couleur jaune verdâtre parcourir les allées des jardins, attaquer tous les insectes, dévorer les

hannetons en vie ; les carnassiers carabiques qui chassent aux fourmis, aux vers, aux jeunes limaces et
escargots parmi eux; les brachines, remarquables
par l'explosion suivie d'une fumée, qu'ils font et ré-
pètent plusieurs fois avec l'anus quand on les inquiète;
les carnassiers aquatiques sortent des mares, des
étangs la nuit, pour courir ou voler en cherchant
leurs proies; leurs larves sont également carnassières
et très-voraces, s'occupant sans cesse à poursuivre les
insectes aquatiques; les staphylins vivent dans les
fumiers et matières putrides; tous sont agiles et voraces; les serricornes, comprenant les richards à belles
couleurs des forêts, les élatérides taupins qui sautent
en l'air lorsqu'ils sont sur le dos, et contrefont le
mort quand on les touche, une espèce de l'Amérique
méridionale est si phosphorescente qu'on peut lire à
la lumière qu'elle produit; les mélyrides des fleurs,
les ptines, vrillettes, très-petits insectes dont les
larves rongent les draps, les pelleteries, les menui-
series en les perçant; à l'état d'insecte, le mâle, pour
appeler sa femelle, frappe plusieurs fois de suite sur
la boiserie où il se trouve, la femelle lui répond de la
même manière, et tous deux, en se rapprochant, ne
cessent de battre ainsi alternativement jusqu'à ce
qu'ils se soient rejoints; les limes-bois qui percent les
bois de construction en tous sens; les clairons pénètrent dans les ruches d'abeilles pour en dévorer les
larves; les escarbots qui rongent les cadavres, les
excréments; les boucliers sont à peu près de même,
mais quelques espèces sont sur les feuilles; ces

insectes réunis au nombre de cinq enterrent jusqu'à 20 centimètres les cadavres de taupes ou de rats pour y déposer leurs œufs; mais l'insecte vit de proie vivante, chenilles, etc.; les dermestes rongent les pelleteries; les hydrophiles dévorent le frai dans les étangs; les sphérides vivent dans les excréments des ruminants; les scarabélides comprenant les bousiers, les scarabées qui vivent dans les excréments animaux, les hannetons, dont les larves, pendant trois ans dans la terre, rongent les racines potagères, et l'insecte mange les feuilles des arbres; les goliaths, les lucanes, etc., sont de même pour les forêts; les melasomes qui marchent lentement, se nourrissent de matières végétales et animales décomposées; les taxicornes, qu'on trouve sous les vieilles écorces et dans les champignons, comme aussi les sténélytres, les trachélides vivent sur les plantes dont ils mangent les feuilles et sucent les fleurs; lorsqu'on les saisit, s'ils ne peuvent s'échapper, ils font le mort; plusieurs sont vésicants comme les méloës, les cantharides, d'un usage si répandu; les rinchophores, dont les larves vivent dans les fruits, les graines de céréales; les attelabes, les charançons, les calandes, etc., sont de cette famille; les xilophages, dont les larves vivent dans les bois de pins, de sapins, d'oliviers, etc., qu'ils font souvent périr : il en est de même des platysomes; les longicornes, au moins aussi nuisibles aux arbres par leurs larves que les xilophages; les eupodes à couleurs brillantes ravagent aussi quelques plantes par leurs larves, qui ordinairement se trouvent dans un fourreau fermé avec leurs excréments; les cycliques ont les mêmes mœurs; les clavipalpes vivent sous les vieilles écorces et dans les bolets; les coccinelles ou bête à Dieu, vivent dans nos maisons; lorsqu'on les saisit, elles font sortir de leurs cuisses une liqueur d'une odeur désagréable; elles se nourrissent de pucerons; les fungicoles rongent les champignons; les chennies vivent dans les détritus des végétaux.

Les ORTHOPTÈRES sont presque tous végétivores, ils comprennent les coursiers qui renferment les forficules, les blattes, les mantes, etc., insectes destructeurs, les sauteurs, courtilières, grillons, sauterelles, criquet, etc., plus ou moins nuisibles à l'agriculture et à l'horticulture.

Les HÉMIPTÈRES comprennent les geocorises ou punaises terrestres à odeur désagréable, qui sucent la sève des végétaux, et quelques-unes le sang des animaux et des hommes; les hydrocorises ou punaises aquatiques, aussi très-carnassières, tâchant de saisir tous les insectes qu'elles rencontrent; les cicadaires qui renferment les cigales, dont La Fontaine nous a si bien peint les mœurs; le fulgore porte-lanterne répand dans l'obscurité une lueur plus forte qu'aucun autre insecte phosphorique; ils vivent du suc des végétaux; la femelle porte une tarière dentelée pour en tailler les végétaux et y déposer ses œufs; les pucerons, qui pullulent extraordinairement, servent de nourriture à beaucoup d'insectes; les gallinsectes, la cochenille, le kermès et la dorthesie s'appliquent contre les végétaux dont ils sucent la sève ; les co-chenilles femelles, au printemps, ressemblent à une gale, elle s'accouplent et pondent bientôt après un grand nombre d'œufs, qui passent entre la peau du ventre et un espèce de duvet qui revêt la place qu'elles occupent ; leur corps se dessèche ensuite et devient une coque solide qui couvre les œufs ; d'autres les enveloppent seulement d'une matière cotonneuse : tout le monde connaît la couleur rouge que plusieurs cochenilles fournissent.

Les NÉVROPTÈRES comprennent les libellules ou demoiselles qui voltigent sur l'eau ; les éphémères qui ne vivent qu'un jour à l'état d'insecte, et dont les larves vivent dans l'eau ; les fourmillons, carnassiers, qui suppléent à la lenteur de leur marche, ordinairement à reculons, par la ruse, ils construisent des trous, des fossés dans lesquels ils se tiennent, pour saisir et sucer les insectes qui y tombent ; les termes ou fourmis blanches constituent de nombreuses familles qui vivent ensemble, en se construisant une forteresse dans laquelle on reconnaît le mâle, la femelle, les ouvriers et les soldats ; les constructions sont admirables : on les voit émigrer pour aller fonder d'autres constructions, et souvent elles font des courses dévastatrices dans les environs, marchant toujours avec ordre et obéissant aux commandements des chefs que l'on distingue aisément à leur forme et à leur allure ; les friganes couverts de poils, dont les larves enveloppées d'un fourreau, vivent dans l'eau.

Les HYMÉNOPTÈRES, dont les femelles portent à

l'extrémité de l'abdomen une tarière ou un aiguillon dont la piqûre est douloureuse ; le plus grand nombre construit un nid, et d'autres vivent en société ; plusieurs sont carnassiers, mais le plus grand nombre vivent du pollen des végétaux ; les porte-scies, dont les femelles pratiquent des trous dans les végétaux pour y déposer leurs œufs ; les ichneumonides qui placent leurs œufs dans le corps des chenilles pour servir de logement et de nourriture aux larves, de sorte que leur peau desséchée sert d'enveloppe aux nymphes ; les gallicoles, qui forment la noix de galles en introduisant leurs œufs dans la feuille du chêne, et les bédéguars, par le même effet, sur les rosiers ; les cheyletes dont les larves sont très carnassières ; les fourmis qui offrent plusieurs espèces, sont connues par leur vie laborieuse dont le principal but paraît être d'augmenter leur colonie, en pillant les fourmilières voisines, prenant les œufs, les larves et les mères fécondées qu'elles transportent à leur colonie : il n'est pas certain qu'elles fassent de grandes provisions pour l'hiver, passant la majeure partie de cette saison dans un état d'engourdissement ; les mâles et les femelles seuls naissent avec des ailes, les neutres n'en ayant pas, mais les femelles s'en dépouillent aussitôt qu'elles sont fécondées ; alors elles rentrent dans la société mère, où elles vont fonder une nouvelle colonie, à moins qu'elles ne soient prises par des neutres d'une autre colonie qui les entraînent avec eux, lors même qu'elles seraient d'une autre espèce.

Les FOUISSEURS creusent une petite habitation dans

la terre ou dans le bois pour déposer leurs œufs, à côté desquels ils entassent des provisions consistant en insectes, larves et araignées morts; mais dans l'état parfait l'insecte vit sur les fleurs; les guêpes, de beaucoup d'espèces, chez lesquelles les femelles et les neutres sont armés d'un fort aiguillon venimeux; les mellifères, familles très-nombreuses en espèces différentes, tous, soit à l'état parfait ou de larves, ne se nourrissent que du miel qu'ils savent extraire des fleurs; quelques espèces vivent solitaires; les unes font un trou dans la terre en lui donnant une forme ingénieuse, et y déposent leurs œufs et du miel pour nourrir les larves; les autres construisent un nid avec du mortier et l'appliquent contre un mur, une pièce de bois, etc.: il en est qui donnent à leur nid la forme d'un dé à coudre, et qui le tapissent avec des morceaux de feuilles ou de fleurs; quelques espèces vivent en société; mais il n'y en a pas dont les sociétés soit aussi nombreuses et aussi intéressantes que celles de l'abeille domestique, qui a mérité des traités spéciaux.

Les PAPILLONS, êtres très-innocents, qui se nourrissent du nectar des fleurs, qui pompent avec leur longue trompe, feraient l'ornement des jardins et des champs, s'ils ne déposaient sur les végétaux leurs œufs qui deviennent les chenilles si nuisibles aux espèces végétales auxquelles elles donnent la préférence. Les papillons partagent le temps en trois: il y en a de diurnes qui ne volent que le jour, tels sont: les nymphales, les céthosies, les danaïdes, les héli-

coniens et les uranies. Les crépusculaires qui ne volent que le soir et le matin en faisant du bruit, les
sphinx. Les nocturnes, qui ne volent que la nuit, sont
les plus nombreux ; ils comprennent les bombys, leurs
chenilles se filent ordinairement une coque de soie ;
les faux bombix, les arpenteuses ou phalènes, les
botys, les noctuelles, les pyrales qui sont petits et
colorés, leurs larves sont nuisibles aux raisins : des
petits feux, çà et là, dans les vignes, la nuit, suffiraient
promptement pour les détruire ; les teignes et fausses
teignes sont les produits de très-petits papillons agréa-
blement colorés.

Les RIPIPTÈRES sont deux familles de très-petits
insectes, stylops et xénos qui vivent en parasites entre
les écailles de l'abdomen de quelques espèces de guêpes et d'andrênes.

Les DIPTÈRES ou mouches qui ne cessent de harceler
les animaux et les hommes pour leur sucer le sang ;
et en état de larves, ils infectent les viandes, les fro-
mages, etc.. Ils comprennent les némocères qui sont
les plus petites mouches, les cousins, les moustiques,
si importuns ; les tanystomes composés de trente
familles, les notacanthes, les athéricères offrant quarante familles, les pupipores, parasites des mammifères et des oiseaux.

Comme on le voit, il est difficile d'établir si la
classe des insectes appartient à la série atelezoaire ou
si elle doit faire partie de la série mézosoaire, la vie
atelezoaire se bornant uniquement à la reproduction
et à la destruction, sans instinct de conservation mani-

feste, et surtout privée de sentiment de conservation de leur progéniture, n'est pas la condition de la plupart des insectes, puisque beaucoup, ont même, de plus, le sentiment de la vie, de conservation sociale.

MÉSOZOAIRES.

Comme les atelezoaires sont l'ébauche du règne animé sous des millions de formes, les mésozoaires, sous des formes beaucoup moins multipliées, viennent tester d'un commencement d'intelligence dans les objets de la création : c'est ce qui, indépendamment des formes intérieures beaucoup plus complexes, constitue leur immense différence avec les atelezoaires, en exceptant toutefois plusieurs classes d'insectes dont l'instinct naturel de conservation approche d'une intelligence raisonnée; mais les mésozoaires surtout par leur organisation extérieure ne sont pas encore les animaux véritables, terrestres, les conditions de vie, à l'époque de leur création ne permettant pas encore d'autres créations.

Les mésozoaires comprennent donc : les cétacés, les amphibies et les oiseaux, êtres qui respirent l'air pur, créés au cinquième temps de la terre, lorsque l'atmosphère offrait l'air pur, étant débarrassé des particules aqueuses qui auparavant en constituait une vapeur, un brouillard épais.

Les CÉTACÉS, que les Grecs, comme les Hébreux, et probablement les Égyptiens, nommaient poissons ou gros poissons, appelant petits poissons ou vers aquatiques, ce que nous nommons poissons ; ce qui est parfaitement en rapport avec la Genèse, qui dit : que Dieu créa les poissons le cinquième jour, puisque les études géologiques démontrent qu'avant le cinquième temps, on a pas rencontré de cétacés, que ce n'est qu'à cette période de la terre que l'on commence à en trouver les restes.

Les cétacés engendrent un petit et l'allaitent comme les mammifères, bien différents des poissons qui pullulent des milliers d'œufs livrés au hasard au milieu de l'onde, et dont les êtres qui en éclosent, leur servent d'aliments.

Les cétacés offrent trois ordres d'êtres confondus pendant longtemps avec les poissons.

Les cétacés herbivores, ichthivores et herbiichtivores.

Les premiers sont les LAMANTINS de 3 à 5 mètres de long, habitant les embouchures des grandes rivières de l'Amérique, que l'on a trouvé à l'état fossile en France ; souvent ils sortent de l'eau, en se traînant avec leurs seules pattes de devant pour aller paître l'herbe.

Les DUGONGS de la mer des Indes, les stellaires de la mer Pacifique.

Les DAUPHINS sont voraces et agiles ; on les rencontre sous plusieurs espèces dans toutes les mers.

Les BELUGAS habitent la mer Glaciale.

L'ÉPAULARD, qui a 8 mètres de longueur, se réunit en troupes pour attaquer la baleine ; à force de la harceler, elle ouvre la gueule, et alors ils lui dévorent la langue.

Les MARSOUINS, qui n'ont pas plus de 2 mètres de longueur, sont très communs.

Les HYPEROODONS, aussi grands que les épaulards, habitent les mers du Nord.

Les NARVALS ou licornes, sans dents, mais pourvus d'une longue défense, ressemblent aux marsouins, seulement ils sont quatre fois aussi grands.

Les DELPHINORHINQUES (Blainv.), dont la grande espèce de 10 à 12 mètres de longueur, accompagne souvent les navires.

Les SOUFFLEURS dont l'évent est placé au-dessus des yeux; ils font plus de bruit que les autres.

Les SOUSOU du Gange, l'inia (D'orb.)

Les HÉTÉRODONS (Blainv.), dont les mœurs sont peu connues; tous les jours on reconnaît de nouvelles familles et de nouvelles espèces de dauphins.

Les BALEINES sont les plus gros habitants des mers, 25 mètres sont leur longueur ordinaire; elles vivent de fucus, des mollusques et des petits poissons qui se trouvent parmi ces plantes: elles constituent plusieurs familles.

La baleine franche, recherchée des pêcheurs à cause de la grande quantité d'huile qu'elle fournit; la baleine des glaces, nord-capes, plus agile et plus difficile à prendre.

Les BALEINOPTÈRES à nageoire dorsale, offrent deux familles : les gibbars ou phisales à ventre lisse, que les pêcheurs n'attaquent jamais à cause de sa férocité et de la violence de ses mouvements; les rosquals ou jubartes des basques à peau du cou plissée, un peu plus petite, mais aussi dangereuse.

Les CACHALOTS à énorme tête sont les baleines des mers équatoriales, qui joignent la force à la férocité, se trouvant ordinairement en troupes et se nourrissant plus de poissons que les baleines, dont ils diffèrent peu pour la taille; la pêche du cachalot est la plus lucrative; outre l'huile que donne sa graisse, on obtient une vingtaine de barils d'adipocire ou blanc de baleine; on trouve encore souvent l'ambre gris dans le canal alimentaire : sa pêche procure même beaucoup d'autres avantages.

Les PHYSÉTÈRES à nageoire dorsale, ressemblent, hors cela, aux précédents.

Les SIRÈNES à deux pattes thoraciques, se nourrissent de vers et de mollusques; la mudignance ou lacertine, d'un mètre de longueur, habite les marais de la Caroline; le lépidosirène naturel, être peu connu.

Les PHOQUES à deux pattes de devant, celles de derrière formant une queue de poisson, sont communs sur nos côtes; ils vivent de poissons, sont doux, dociles et très-susceptibles de s'apprivoiser et de s'attacher comme les chiens.

Les phoques à trompe, lion marin, loup marin, éléphant marin, long de 8 à 10 mètres, habitent les côtes de la mer Pacifique.

Les OTARIES ou phoques à oreilles, se trouvent dans la mer Pacifique.

Les MORSES ressemblent aux phoques, mais ils ont

deux espèces de défenses dirigées en bas ; ils habitent la mère Glaciale, et ils atteignent 7 mètres de largeur. Le DINOTHÉRION est le morse du cinquième temps de la terre.

Ornithodelphes (Blainv.), monotrêmes.

Les ORNITHORINQUES, êtres hétéroclites de la Nouvelle-Hollande, quadrupèdes à poil, ayant un bec comme les canards, et, dit-on, subovipares (Graut), mais que M. Bennet, qui a étudié les ornithorinques sur les lieux n'a jamais remarqué : ces êtres habitent le long des rivières, où ils se creusent des terriers et vivent comme les canards.

L'ÉCHIDNÉ (Cuvier) est semblable à un hérisson qui aurait un bec d'oiseau ; il est particulier à l'Australie ; ses mœurs sont peu connues.

Les DIDELPHES comprennent plusieurs familles, toutes particulières à l'Australie et à l'Amérique ; ils se reconnaissent à une poche formée sur la peau du ventre autour des mamelles, dans laquelle ils logent leurs petits qui sont à peine formés lorsqu'ils naissent ; dans cette poche ils têtent et y demeurent, et s'échappant de temps en temps pour courir jusqu'à ce qu'ils puissent se passer de leur mère ; les diverses familles sont :

Les SARIGUES à queue prenante, de la grosseur des chats, mettant bas quinze petits de la grosseur d'une mouche, qui demeurent dans la poche attachés aux mamelles pendant cinquante jours ; alors ils commencent à ouvrir les yeux, et sont gros comme des souris, et ils n'en sortent que quand ils sont gros comme des rats.

Les **dasyures**, voraces, non grimpeurs, de l'Australie.

Les **péramèles** qui habitent les eaux.

Les **phalangers** sont frugivores et grimpeurs.

Les **phalangers** volants, à l'aide d'un pli de la peau du ventre attaché aux pattes, qu'ils étendent pour sauter d'un arbre à l'autre.

Les **kanguroos**, rats rongeurs, de l'Australie.

Les kanguroos marchent difficilement à quatre pattes, à cause de la grande disproportion des pattes de derrière, deux fois plus longues que celles de devant. Ils sont très doux, vivent en troupes et se nourrissent d'herbes.

Les **koola** portent leurs petits sur le dos avec lesquels ils grimpent sur les arbres; ils habitent des terriers.

Les **phascolomes** sont aussi herbivores et se creusent des terriers.

OISEAUX.

Au cinquième temps de la terre, mais dans les formations supérieures, c'est-à-dire vers la fin du cinquième temps, on commence à rencontrer des restes d'oiseaux; on y rencontre des restes de palmipèdes, d'échassiers, de rapaces, de gallinacés, de passereaux ou grimpeurs : on trouve enfin les six ordres d'oiseaux dans les mêmes formations du cinquième temps (Croizet). Ainsi se démontre encore la création des oiseaux selon la Genèse.

Tous les ordres d'oiseaux ont été créés au cinquième temps, mais il s'en faut de beaucoup qu'il soit démontré que toutes les familles l'aient été; car, soit que les restes n'aient pas été conservés, ou que les oiseaux étaient alors en petit nombre, leurs restes sont rares comparablement à ceux des autres êtres, et comparablement au nombre des oiseaux actuellement existants.

La création des oiseaux était en rapport avec les conditions d'existence du temps; la terre sèche ne se montrait encore que par places multiples, que par des quantités d'îlots, dont chacun ne pouvait suffire à l'existence d'une famille, laquelle se trouvait dans la nécessité de se transporter sur un autre, d'éviter les ennemis qu'elle rencontrait par la natation, de voler enfin pour gagner d'autres rivages, et puis peut-être aussi pour s'élever au-dessus des brumes épaisses qui souvent couvraient encore la terre; ensuite les arbres se multipliant, il fallut des antagonistes aux insectes qui les dévoraient à la trop grande multiplication par les semences, de là de nouveaux ordres d'oiseaux.

DES PALMIPÈDES.

Les CANARDS, à nombreuses familles distinctes, nagent avec grâce et plongent avec beaucoup d'adresse; presque tous exécutent de longs voyages, passent l'hiver dans les contrées tempérées, et retournent dès le printemps vers le nord où ils construisent leurs nids; la plupart se couchent le jour dans les herbes pour n'en sortir que la nuit, afin d'aller chercher la nourriture le long des rivages ou sur l'onde, consistant en quelques plantes aquatiques, et en toute autre substance animale à défaut de poissons, de mollusques et de petits reptiles, les macreuses, les hydrobates, les ganats, les michons, les arlequins, les eiders des mers glaciales, dont le duvet constitue l'édredon ; c'est en dénichant les nids situés sar les bords escarpés de la mer que s'obtient l'édredon qui les garnit ; les millouins, le garrot, les millouinans, les morillons noirs, les souchets au long bec, les tadornes à élégant plumage, les canards musqués, dit de Barbarie, quoiqu'ils proviennent de l'Amérique, les ridennes, les siffleurs, les canards de la Caroline, qui, dit-on, nichent sur les arbres, les canards oies ; les sarcelles qui nichent dans notre pays, où elles sont communes, sont de petits canards ; les sarcelles de la Chine, au joli plumage, passent pour le symbole de la fidelité conjugale.

Les oies sont moins aquatiques que les canards et presque essentiellement herbivores ; leurs bandes sont plus nombreuses et vont plus au nord ; contraires aux canards, elles vont pâturer dans les champs durant le jour, et reviennent sur les eaux pendant la nuit : la gelée les chasse du nord et le dégel les rappelle ; elles sont d'un guet qui désespère les chasseurs ; les oies premières ou cendrées sont le type de nos oies domestiques, l'oie de neige qui descend rarement dans nos contrées, oie rieuse, oie à cou roux, oie à cravate, oie d'Égypte, oie de montagne, la plus grande espèce d'oie, oie à tubercule ou jabotière, est domestique dans le nord de l'Europe, oie bronzée, oie armée ou d'Afrique, ou variée, de le Nouvelle-Hollande ; l'oie sauvage vit, dit-on, quatre-vingts ans ; le céréople de la Nouvelle-Hollande.

Les CYGNES, ces beaux palmides à long cou, qui font l'ornement de nos bassins, sont les plus grands de nos oiseaux aquatiques ; ils se nourrissent comme les oies et vivent par troupes, excepté au moment de la ponte qu'ils se séparent ; et contrairement aux oies et aux canards, il sont monogames, et on pense qu'ils vivent encore plus longtemps que les oies. Les cygnes à bec rouge, ou domestiques, sont aussi à l'état sauvage en Europe ; les cygnes à bec noir, du Nord, se jettent avec fureur sur les oies et les canards pour les chasser des lieux où ils se trouvent ; les cygnes à tête noire de l'Amérique du Sud ; les cygnes noirs de l'Australie ; enfin il est des familles qui appartiennent autant aux oies qu'aux cygnes.

Les MANCHOTS, qui tiennent le milieu entre les poissons et les oiseaux, sont probablement les premiers oiseaux créés ; ils habitent les mers du sud, ne peuvent voler ni presque marcher, cependant ils viennent pondre à terre ; leurs pieds courts et très-en arrière, et leurs ailes qui ressemblent à des nageoires, les obligent de demeurer constamment sur l'eau. Le grand manchot se tient debout et a plus d'un mètre de haut ; il peut ainsi marcher doucement, et s'il veut courir, se traîne sur le ventre ; les gorfores, les sphéniques, sont des variétés de manchots

Les PINGOINS ressemblent beaucoup aux manchots ;

ils habitent les mers arctiques des deux pôles, et ne vont aussi à terre que pour la ponte, qu'ils effectuent en société nombreuse et très-bruyante ; ils ne pondent qu'un œuf très-gros : en hiver, ils viennent visiter les côtes d'Angleterre et de France ; le grand pingouin ne quitte guère les plus hautes latitudes ; quelques familles de pingouins volent, mais rase terre ; d'autres ne peuvent voler.

Les PLONGEONS marchent aussi difficilement que les manchots, mais ils peuvent voler, quoique rarement ; leur habitation est le long des rivières et des lacs des pays froid ; ils se nourrissent comme les précédents et comme les canards, d'insectes aquatiques et de quelques plantes aquatiques. Ils se rassemblent aussi pour faire la ponte, mais ils pondent deux œufs. Les plongeons offrent plusieurs familles ; les plus connus habitent aussi les pays glacés, mais les jeunes viennent par bandes sur nos étangs en hiver ; les cat-martins, qu' habitent aussi la mer du nord, descendent en hiver sur les côtes d'Angleterre et de France, où ils détruisent les frais de poissons qui composent leur nourriture habituelle, ainsi que les petits merlans, les crevettes etc. Les lummes, les imbrims, autres familles de plongeons habitent les régions arctiques ; ainsi que les grèbes, les grébcifoulques, les guillemots et les œphus, qui tous ont les mêmes mœurs.

Les PÉLICANS, nageurs habiles et bons voiliers font matin et soir la chasse aux poissons dont ils font provision pour leurs petits, dans une poche située sous la gorge ; et malgré la conformité de leurs pattes, ils peuvent percher sur les arbres. Les pélicans atteignent la taille de deux mètres, et vivent assez longtemps. Le pélican des contrées orientales de l'Europe ; le pélican brun des Antilles ; le pélican à lunettes des terres australes.

Les CORMORANS, aussi à gorge dilatable, et grands pêcheurs, poursuivent le poisson jusqu'à ce qu'ils l'atteignent ; ces palmipèdes sont d'un naturel doux et tranquille, ils se tiennent par troupes nombreuses sur les rochers qui bordent la mer et le long des fleuves, ayant la faculté de bien courir et de se percher facilement. Les espèces sont assez nombreuses et répandues sur tous les points du globe ; leur couleur est partout brune ou noire. Le grand cormoran presqu'aussi gros qu'un cygne, se rencontre en France ; le nigaud des régions arctiques et antarctiques ; largup du Groënland ; le desmaret des rivages de l'île de Corse ; le pygmée ; le guimard de Callao ; le cormoran ventre blanc, du Bengale. En Chine on apprivoise les cormorans et on s'en sert pour attraper du poisson.

Le PAILLE-EN-QUEUE à brins rouges de la mer des Indes ; le paille en queue à brins blancs ; le paille à bec noir a les pattes courtes et de grandes ailes, aussi voltigent-ils constamment sur la surface de la mer, en se reposant rarement sur les pointes de rochers où ils nichent. Ils habitent la zône torride.

Les FOUS sont une autre famille de pêcheurs qui paraissent ne pas avoir l'intelligence des frégates avec lesquelles ils sont souvent de compagnie ; du reste, ils ont les mêmes mœurs que tous les autres palmipèdes marins. La bonbic des côtes d'Europe ; le fou du Brésil ; fou de Cayenne ; grand fou ; petit fou.

Les FRÉGATES sont les milans de la mer ; comme les fous elles s'écartent peu des côtes, planant sans cesse sur les baies des régions tropicales, où elles pêchent en s'élançant, sur le poisson qui se montre, avec une énergie remarquable, et ne montrent jamais plus d'activité que dans les tempêtes, lorsque les vagues déchaînées amènent à la surface des eaux les mollusques qui, avec les poissons , composent leur nourriture ; elles se reposent sur les arbres.

Les ANNINGAS, à long cou et à longue queue, habitent le long des fleuves et des lacs des déserts, vivent de poissons et nichent sur les grands arbres des pays chauds.

Les ALBATROS, les plus grands voiliers de la surface de l'océan austral et de toutes les mers, ayant trois à quatre mètres d'envergure. Vers le mois de juin, ils se transportent par troupes nombreuses jusqu'aux parages glacés du détroit de Béhring, où leur arrivée précède immédiatement celle de nombreuses troupes de poissons. Là. il se tiennent à l'embouchure des fleuves, où la nourriture leur abonde, et ne tardent pas à devenir aussi gras qu'ils étaient maigres à leur arrivée. Hors ces temps-là, ils planent continuellement à une grande hauteur de la surface de la mer ; les airs semblent être leur séjour habituel ; ils saisissent les poissons qui se trouvent à la surface de l'eau , surtout les poissons volants, mais les mollusques, les œufs et le frai des poissons sont aussi dévorés par eux. Lorsque ils se reposent sur l'eau , ils reprennent difficilement leur vol, ce qui, joint à leur naturel peu sauvage, fait qu'on peut les assommer avec des crocs, et qu'ils deviennent à leur tour la proie des requins ; les albatros sont monogames et nichent vers la fin d'octobre, en se construisant des nids avec de l'argile sur les côtes escarpées ; l'albatros brun ; l'albatros à bec jaune et noir ; l'albatros commun des mers d'Afrique ; l'albatros à sourcils noirs.

Les MOUETTES ou mauves criardes et voraces, dévorent indistinctement les poissons morts ou vifs, comme les oiseaux et quadrupèdes qu'elles peuvent atteindre ou qu'elles rencontrent. C'est lorsque la terre est couverte de neige qu'elles s'avancent dans les campagnes, et qu'elles y font l'office d'oiseaux de proie, s'attachant surtout aux charognes : c'est là un service qu'elles rendent, en mangeant tous les animaux et poissons morts le long des côtes ; aussi, leur chair n'est-elle pas meilleure que celle des rapaces. La mauve à trois doigts, est la plus commune en Europe ; la mouette ou mauve rieuse est la plus petite ; la mauve aux pieds bleus ; la mauve à iris blanc ; la mauve à tête cendrée ; mauve à queue blanche et noire.

Les GOELANDS, rapaces marins, voisins des mauves, s'attachent aux grands poissons morts, et dévorent aussi les jeunes palmipèdes. Le burguemeister est le plus grand ; il habite le nord ; le goëland, manteau noir, commun sur les côtes de France, vivant de poissons, et se rabattant sur les voiries comme sur les mollusques ; goëlands à manteau bleu ; goëlands aux pieds jaunes de la Baltique.

Les hirondelles de mer, qui ne nagent pas, mais se reposent sur l'eau, vivent d'insectes marins, offrent dix espèces répandues sur toutes les mers.

Les harles, du nord, qui viennent passer l'hiver dans les pays tempérés, se nourrissent de poissons qu'ils attrappent en plongeant, diffèrent des canards par leur bec cylindrique; le grand harle; harle huppé; harle piette; harle couronné.

Les cercopses, bec en fourreau, bec en ciseau de l'Australie et des Antilles, se rapprochent des hirondelles.

ÉCHASSIERS (Gralles).

Les échassiers, aussi aquatiques, se distinguent par leurs longues pattes, propres à parcourir les rivages, les marécages, et vivant de poissons et d'autres insectes aquatiques; ils offrent aussi de nombreuses familles différentes pour les formes, mais peu différentes pour les mœurs.

Les échasses, aux longs tarses, oiseaux voyageurs de tous les pays, qui parcourent les terrains en partie couverts d'eau, où ils ramassent les insectes aquatiques et autres.

Les hérons, aux longues jambes, emmanchés d'un long cou, sont tristes, patients, se tenant longtemps debout sur une patte; ils vivent sur le bord des lacs, des rivières et dans les marais; ils se nourrissent de poissons, de grenouilles, de mollusques, d'insectes et de petits quadrupèdes; ils nichent et voyagent en troupes ; le héron cendré ou commun ; le héron pourpré ; les aigrettes qui portent ces longues plumes dont on fait des panaches et des aigrettes ; les garsettes ou petites aigrettes ; les butors ou biberaux ; le grand butor d'Europe ; les crabiers ; les blongios ; le héron de Coromandel.

Les CIGOGNES habitent les marais et les plaines périodiquement submergées ; elles se nourrissent de poissons, de reptiles, de petits mammifères et de jeunes oiseaux. Dans les pays ou elles sont communes, on les respecte, parce qu'on les croit utiles. Ces oiseaux voyageurs se familiarisent aisément ; elles nichent sur les églises, en Espagne. La cigogne blanche va passer l'hiver en Afrique ; la cigogne noire niche sur les arbres dans les forêts ; la cigogne magari ; la cigogne à sac, des côtes d'Afrique.

Les FLAMANTS vivent sur les bords de la mer, où ils se nourrissent de coquillages, d'insectes et de frai de poisson ; ils se réunissent en bandes et nichent en société, en se construisant un nid élevé dans les marais. Le flamant rouge, haut d'un mètre et demi, habite le sud de l'Europe.

Les AVOCETTES, que l'on trouve le long des eaux salées dans les lieux vaseux, où ils se nourrissent de petits insectes ; ils voyagent et vivent par couples.

Les SAVACOUS se perchent sur les arbres le long des rivages, et de là se précipitent sur les poissons qu'ils aperçoivent dans les ondes, et qui font leur nourriture ordinaire ; ils ont l'attitude triste et le port des hérons ; de la grosseur d'une poule. Ils habitent l'Amérique.

Les spatules vivent en société dans les marais et au bord des fleuves ; elles se nourrissent de petits coquillages, d'insectes aquatiques, de frai, de petits poissons et de reptiles ; elles nichent sur les arbres ou dans les joncs.

Les tantales à long bec. La tantale d'Amérique, grosse comme une cigogne, habite les eaux vaseuses, où elle fait la chasse aux anguilles. La tantale de Ceylan est la plus grande.

Les ibis ; l'ibis falcinelle, ou courlis vert, paraît rarement dans le midi de la France ; les Égyptiens lui rendaient un culte, parce qu'il annonçait, par son arrivée, le prochain débordement du Nil ; il est de la grandeur d'une poule. L'ibis rouge, de l'Amérique méridionale, vit sédentaire près de l'embouchure des fleuves et se familiarise aisément. Les ibis vivent de reptiles.

Les courlis, à long bec, vivent dans les champs arides et sablonneux, mais à proximité des eaux, sur le bord desquelles ils se rendent chaque soir ; ils se nourrissent de vers, d'insectes, de limaçons et autres mollusques ; ils volent bien et se réunissent en troupes pour voyager. Le courlis d'Europe ; le petit courlis ou courlieu ; le courlis de terre, ou criard qui habite les eaux.

Les bécasseaux vivent et nichent en troupes, et habitent les marais, où ils se nourrissent d'insectes aquatiques ; quelquefois ils remontent les fleuves, ou voyagent le long des bords de la mer ; le bécasseau cocorli, ou alouette de mer ; le bécasseau brunette, ou alouette de mer à collier ; le bécasseau platyrhinque ; le bécasseau violet ; le bécasseau temmia ; le bécasseau échasse ; la maubêche ou canut. Les combattants, dont les mâles prennent un ornement à la tête dans le temps des amours.

Les CHEVALIERS, voyagent en troupes et vivent sur les grèves des lacs et des rivières ; se nourrissant d'insectes, de vers, de coquillages, et quelquefois de petits poissons ; le chevalier semi-palmé ; le chevalier arlequin de Courlande ; le chevalier gambette ; le chevalier stagnatile ; le chevalier à longue queue ; le chevalier cul-blanc ; chevalier sylvain ; chevalier perlé ou grive d'eau ; chevalier guignette, petite alouette de mer ; chevalier aboyeur.

Les BARGES sont grands et habitent les marais et les bords fangeux des rivières ; ils fouillent la boue et les sables mouvants pour trouver les larves dont ils se nourrissent ; la barge à queue noire ; la barge rousse, aboyeuse.

Les BÉCASSES vivent solitaires et se nourrissent de vers, d'insectes et de colimaçons ; les unes habitent les bois, et d'autres les marais ; elles ont un air stupide ; les bécassines, la grande des savanes ; la bécasse sourde ou petite bécassine ; les bécasses chevaliers ; la bécasse ponctuée.

Les RHYNCHÉES, de mêmes mœurs que les bécasses, habitent les Indes et l'Afrique ; les curales d'Amérique.

Les RALES, à corps comprimé latéralement, de manière à pouvoir courir très-rapidement à travers les herbes épaisses des marais qu'ils habitent et où ils se nourrissent d'insectes, de limaçons et de vers ; ils ont le vol très-lourd ; le râle d'eau, qui nage assez bien.

Les **poules d'eau** ont le corps comprimé aussi et vivent comme les râles dans les marais, mais elles nagent beaucoup mieux et plongent très-bien ; le râle de genêts, ou roi des cailles, qui habite les prairies marécageuses et quelquefois les bois-taillis ; il nage peu ; la marouette, ou petit râle, commune sur le bord des étangs où elle construit avec des joncs un nid flottant qu'elle attache à quelques roseaux ; la poule d'eau, où râle poussin ; la poule d'eau baillon.

Les **jacanas**, des contrées chaudes sont criards et querelleurs, habitent les marais, et courent aisément sur les herbes flottantes ; le jacana commun d'Amérique ; le jacana à longue queue des Indes.

Les **talèves** vivent comme les poules d'eau, mais fréquentent plus la terre, et se nourrissent préférablement des graines des céréales ; elles se servent de leurs pieds pour porter leurs aliments à leur bec ; le talève porphyrion de Sicile, ou poule sultane.

Les **sanderlingues** habitent les bords de la mer, et se nourrissent d'insectes marins et de larves.

Les **falcinelles**, à bec arqué et mou, d'Afrique.

Les **huîtriers**, à long bec, habitent les rivages de la mer, et suivent la lame pour s'emparer des insectes que les flots abandonnent sur le rivage ; ils nichent dans les marais et voyagent en troupes. L'huîtrier-pie.

Les **pluviers** fréquentent les marais, les bords des rivières et des fleuves, rarement les bords de la mer.

La plupart vivent et voyagent en troupes; ils vivent de vers qu'ils font sortir de terre en frappant du pied. On les mange à leur tour avec plaisir; le pluvier doré, commun autour des mares fangeuses où il cherche des vers et des larves; le guignard; le grand pluvier à collier, qui se plaît sur les bords sablonneux de la mer; le petit pluvier à collier; le pluvier à collier interrompu.

Les VANNEAUX vivent de vers, voyagent en troupes, et habitent les bords des eaux douces ou les prairies humides; le vanneau-pluvier; le vanneau huppé.

Le TOURNEPIERRE vit sur nos côtes maritimes, quelquefois sur les bords des fleuves où il se nourrit de coquillages et d'insectes aquatiques.

Les GRUES, à bec comprimé, sont des oiseaux voyageurs; volent en troupes, et se nourrissent d'herbes, de graines, d'insectes et de grenouilles; la grue cendrée d'Europe; l'oiseau royal, ou grue couronnée d'Afrique; sa voix a le son éclatant de la trompette; la demoiselle de Numidie, qui fait des gestes bizarres quand elle vit en esclavage.

Les COURLANS, ou courliri, ou héron d'Amérique.

Les FOULQUES vivent sur l'eau, qu'elles ne quittent que rarement pour venir à terre; elles ont d'ailleurs les mêmes mœurs que les poules d'eau; les grues-foulques habitent les contrées chaudes de l'Afrique et de l'Amérique.

Les PHALAROPES sont petits, et nagent avec agilité; ils préfèrent les eaux saumâtres aux eaux douces; le phalarope hyperboré; le phalarope platyrhinque.

Les grèbes, sans queue, vivent sur les lacs et les étangs, où ils se nourrissent de poissons, d'insectes et de végétaux ; ils nagent aussi entre deux eaux, et peuvent rester fort longtemps sous l'eau ; ils voyagent sur les eaux et émigrent ainsi sans voler. Ces oiseaux nichent dans les joncs, et, dans certaines circonstances portent leur petits sous leurs ailes ; le grèbe huppé ; le grèbe à joues grises, ou jougris ; le grèbe cornu ; le grèbe oreillard ; le castagneux, ou petit grèbe.

COUREURS.

Les coureurs habitent les lieux découverts, les déserts, se nourrissent d'herbes, de graines et d'insectes, ils sont polygames ; ils volent peu ou point, mais ils courent très-vite, et sont farouches et rusés.

Les court-vite, habitent les contrées chaudes de l'Afrique et de l'Asie, rarement ils se montrent en Europe.

Les outardes volent peu, et se servent de leurs ailes pour s'aider dans leur course rapide ; elles se nourrissent de grains, d'herbes, de vers et d'insectes ; sont farouches, se tiennent dans les plaines, dans les blés et les broussailles ; le mâle abandonne la femelle lorsqu'il l'a fécondée, et celle-ci vit isolée. L'outarde barbue, de plus d'un mètre de longueur. La petite outarde ou cannepetière. Le houbara. On les rencontre souvent en Espagne, mais ils sont communs en Barbarie.

Les **casoars**, qui ne peuvent voler, leurs ailes ne les aident même pas à la course, elles ressemblent à du crin; il habite les Indes Orientales; c'est le plus grand de tous les oiseaux après l'autruche, il se nourrit de fruits et jamais de graines; comme l'autruche, il abandonne l'incubation de ses œufs à la chaleur du soleil.

Les **rhéas**, d'Amérique et de la Nouvelle-Hollande, sont moitié moins grands que les autruches, du reste les mœurs sont les mêmes, mais ils sont plus susceptibles de s'apprivoiser et ils couvent leurs œufs. Le casoar de la Nouvelle-Hollande est très-voisin du rhéas.

Les **autruches**, les plus grands de tous les oiseaux qui habitent les déserts de l'Afrique, se nourrissant d'herbages et de graines, atteignent jusqu'à trois mètres de hauteur; elles sont tellement légères à la course qu'aucun animal ne peut les atteindre, c'est là leur seule défense; elles vivent par troupes nombreuses, et pondent des œufs d'une grosseur énorme dont elles abandonnent l'incubation à la chaleur du soleil, qui est extrême dans les pays qu'elles habitent; mais si elles se trouvent au-delà des tropiques, elles couvent leurs œufs. Dans l'un et l'autre cas elles montrent beaucoup de tendresse pour leurs petits.

Ainsi, l'autruche en Afrique, le casoar en Asie, le rhéa en Amérique, et le rhéa-cassoars en Australie. Il n'y a que l'Europe qui n'a pas son oiseau géant.

Les **chavarias**, ou chaïa du Paraguay, sont forts et capables de se défendre contre les vautours, bien qu'ils se nourrissent de graines.

Le kamichi cornu, ayant une corne sur la tête, a une forte voix; il habite les lieux inondés de l'Amérique, se nourrit de graines et d'herbes aquatiques et fait, dit-on, la chasse aux reptiles; ils sont monogames très-fidèles.

Les glareoles, volent en troupes et en criant aux bords des eaux douces, ils courent aussi très-vite, et vivent de vers et d'insectes aquatiques; la perdrix de mer ou glareole à collier est la seule famille d'Europe.

Les cariamas ou cazimas, qui habitent les lisières des forêts du Brésil, plus grand que le héron huppé. il chasse sans cesse aux reptiles dont il se nourrit, et sa chair est très estimée: aussi en a-t-on fait un animal domestique.

Les agamis, à queue courte, oiseau trompette, de l'Amérique méridionale, de la grandeur d'un jeune dindon, volant mal, mais courant très-vite; susceptible d'attachement pour son maître, et faisant même l'office de chien à l'égard des étrangers du logis; on lui confie la garde des autres volailles de basse-cour, il les rassemble et les ramène au logis; il combat les reptiles, et se défend avec avantage contre les oiseaux de proie. Cet oiseau précieux est à l'égard des oiseaux ce qu'est le chien à l'égard des mammifères; il peut même, dit-on, remplacer les chiens de bergers, pour la garde des troupeaux; et dans toute autre circonstance il est d'un meilleur guet que les chiens, il combat ceux-ci avec avantage, et veut enfin se rendre maître de tous les animaux: fort de la supériorité de son intelligence, il se croit le maître de la maison après son maître, qu'il sait distinguer de tous ceux qui lui obéissent. L'agami du Paraguai est le plus précieux de tous les oiseaux, dans les pays où il est domestique. Comment n'essaye-t-on pas de le propager en Europe, puisqu'il est certain que deux ont vécu plusieurs années au Jardin des Plantes, à Paris.

ALCYONS.

Les ALCYONS ne peuvent marcher ou marchent difficilement, mais leur vol est des plus rapides et leurs mouvements prompts ; ils saisissent au vol les petits poissons et les insectes dont ils se nourrissent.

Les ENGOULEVENTS ne sortent de leurs retraites que pendant le crépuscule du soir et du matin pour chasser aux phalènes et autres insectes qui font leur nourriture. Ils volent le bec ouvert, et les insectes restent collés à leur gosier. Ils nichent dans les bruyères, au pied des arbres ou dans leur trous. L'engoulevent ordinaire, commun en France, de la grandeur d'une grive, vergeté de toute couleur, Le grand engoulevent d'Amérique. Longipennes d'Afrique. Ces oiseaux portent encore le nom de crapaud volant.

Les HIRONDELLES se plaisent dans les lieux où il y a beaucoup d'insectes ailés ; leur apparition cause de la joie aux vieillards, comme leur éloignement leur fait peine. L'hirondelle de cheminée à gorge rousse ; l'hirondelle de fenêtre à croupion blanc, qui emprisonne le moineau qui s'est emparé de son nid en bouchant l'ouverture avec sa maçonnerie ; l'hirondelle de rivage, brune au-dessus ; l'hirondelle de rocher à tache ovale sur les pennes de la queue ; l'hirondelle salangane de l'Asie orientale, qui fait son nid avec une substance gélatineuse ramassée sur la mer lequel constitue un mets délicat ; il s'en fait un commerce important.

Les MARTINETS, plus gros et plus noirs que les hirondelles, et qui volent encore mieux, se nourrissent comme elles ; ils font leurs nids dans les trous des rochers ou dans les crevasses des vieux bâtiments. Le martinet à ventre blanc ; le martinet noir à gorge blanche.

Les MARTINS-CHASSEURS habitent les bois, et se nourrissent d'insectes. L'alcyon géant de la Nouvelle-Hollande.

Les MARTINS-PÊCHEURS, à bec carré, et d'un beau plumage vert ondé, se postent à l'affût sur une branche morte ou sur une pointe de rocher dominant les eaux : delà ils se précipitent dans l'eau pour saisir les petits poissons ou les insectes aquatiques qu'ils aperçoivent. Après la digestion ils dégorgent les os et les arêtes qu'ils ont avalés. Ils sont défiants et nichent dans des trous creusés à terre.

Le GUÊPIER, qui se nourrit de guêpes et d'abeilles qu'il saisit au vol ; il construit son nid contre les rives escarpées des fleuves, où il creuse à une assez grande profondeur pour le placer au fond.

LES GALLINACÉS.

Aiment à gratter la terre et à se vautrer dans la poussière ; ils se nourrissent généralement de graines, quelquefois d'insectes, de baies et d'herbes tendres et construisent leurs nids à terre, sans art ; aussitôt que les petits sont sortis de la coquille, ils marchent, mangent seuls, et abandonnent le nid pour suivre leur mère qui leur procure des larves ; ils restent en famille jusqu'au printemps suivant, époque à laquelle l'amour les sépare.

Les PAONS, remarquables par les couleurs brillantes et les yeux dont les plumes sont parées, l'aigrette sur la tête et la roue que le mâle fait en relevant sa queue ; sont originaires de l'Inde.

Les COQS et POULES domestiques sont multipliés ; on en connaît aujourd'hui plusieurs espèces sauvages toutes de l'Inde : le coq de sonnerat ; le coq de Java ; le coq varié.

Les FAISANS, jolis et friands volatiles, sont polygames comme les précédents ; ils vivent d'insectes, de larves et de souris. Ils sont très-recherchés pour les tables splendides ; on en élève beaucoup. Le faisan argenté, le faisan doré ou phénix des anciens, est le plus bel oiseau que l'on connaisse.

Les LOPHOPHORES des Indes, de la grandeur des dindons, joliment emplumés.

Les ÉPERONNIERS, variété de paon des Indes.

Les **dindons**, qui proviennent d'Amérique, que l'on rencontre sauvages dans la Virginie, nous préparent un beau manger, et abondant.

Les **argus**, qui peuvent le disputer aux paons, sont de Malacca.

Les **pintades** d'Afrique, que l'on élève quelquefois dans nos basses-cours pour la bonté de leur chair; leur naturel criard les rend insupportables.

Les **pauxis** d'Amérique; le pierré.

Les **hoccos** habitent les bords de l'Amérique, nichent sur les arbres, se nourrissent de fruits et de bourgeons, et sont très-enclins à la domesticité. Le hocco alector, le hocco à cire globuleuse.

Les **pénélopes**, aussi de l'Amérique du Sud et de l'Inde.

Les **tetras**, à nombreuses familles distinctes, habitent les grandes forêts montagneuses, se nourrissent de bourgeons, de feuilles et de baies. Les mâles abandonnent les femelles lorsqu'ils les ont fécondées. Le tetras auerhan ou grand coq de bruyères, est le plus grand des gallinacés ayant près d'un mètre de longueur. Le tetras rakkelhan, le petit tetras ou coq de bruyère, la gelinotte, de la grosseur d'une perdrix, la poule des marais rouge, le lagopède ou perdrix blanche des Pyrénées, le tetras des saules, lagopède de la baie d'Hudson.

Les **gangas**, des contrées chaudes, voyagent en bandes nombreuses, ou en famille seulement. Ils vivent de semences et d'insectes. Le ganga unibande, le ganga cata ou gelinotte des Pyrénées.

Les **hétéroclites**, à pattes recouvertes de plumes laineuses, queue conique, habitent les déserts de l'Asie c'est le tetras paradoxal.

Les **perdrix**, que tout le monde connaît et aime à manger, peuplent nos campagnes. La bartavelle à bec rouge et cou blanc, la perdrix rouge, la perdrix gambra, la perdrix grise, la caille ordinaire, qui tous les ans traverse deux fois la Méditerranée pour aller passer l'hiver en Afrique, le francolin, qui perche sur les arbres et habite les lieux humides sur la lisière des forêts ; ils se nourrissent d'ognons de liliacées.

Les **turnix**, les plus petits des gallinacés, vivent solitaires et sont polygames. Le turnix tachydrome, le turnix à croissants ; l'un et l'autre habitent l'Espagne.

GALLINACÉS-COLOMBES

Ils vivent constamment en monogamie, et ne pondent que deux œufs, dans un nid mal soigné, sur les arbres, dans leur tronc ou dans les rochers, que le mâle couve à son tour, et nourrissent leurs petits en leur dégorgeant dans le bec les graines qu'ils ramassent. Ils font plusieurs portées par an.

Les **pigeons** de pied ou gallines, vivent en troupes et ne perchent pas. Le pigeon à caroncule, le pigeon couronné ; le pigeon de Nicombar.

Les **colombes** ou pigeons ordinaires, habitent les

forêts et nichent sur les arbres. Le ramier, le petit ramier.

Les **bisets** ou pigeons de roches, à nombreuses variétés.

Les **tourterelles**, qui habitent les bois, blondes, au lieu de gris ardoise comme les pigeons. La tourterelle à collier.

Les **colombars**, à gros bec, qui habitent la zône torride.

GALLINACÉS GRANIVORES.

Leur principale nourriture consiste en graines, mais ils élèvent leurs petits avec des larves. Ils vivent par couples , et quelques familles qui voyagent se réunissent en bandes nombreuses.

Les **alouettes**, qui habitent les plaines, dont le chant est assez agréable, et qui se plaisent à se faire entendre au printemps, en s'élevant perpendiculairement en l'air. Leur chair est estimée. Les oiseleurs de Paris les nomment mauviettes. L'alouette des champs, l'alouette lulu , l'alouette huppé , l'alouette nègre , toute noire, la calandre, le cochevis à la belle huppe qu'il relève à volonté, l'alouette à hausse-col noir, la calandrelle à doigts courts, le sirli d'Afrique.

Les **gros-becs** sont communs dans toutes les parties du globe. Ils se nourrissent de graines , rarement d'insectes ; se réunissent et voyagent en troupes nombreuses. Le gros-bec commun à énorme bec jaune, la soulcie grisâtre cendrée.

Le VERDIER, à bord externe de la queue jaune.

Le MOINEAU, qui est l'oiseau le mieux connu, qui vit de graines de céréales, mais qui nous débarrasse d'une quantité considérable de chenilles pour nourrir ses petits : ainsi, il y a à peu-près compensation entre le dégât et l'utile. Le friquet des montagnes à calotte rousse, le cicci, est olivâtre dessus, et jaunâtre dessous, le cisalpin d'Espagne.

Les PINSONS : le pinson d'Ardennes, le niverake.

La LINOTTE bien connue par son chant agréable et la facilité de l'élever, mais elle ne vit pas en cage. Le gros bec de montagne, le sizerin, p. linot.

Le CHARDONNERET, qui est le plus joli oiseau que nous ayons, qui s'élève facilement, et dont le chant est agréable, le venturac, les tarins à queue noire et blancs ou serins ; ils se nourrissent des semences des cardonnées.

Les BOUVREUILS, à bec robuste pour briser les graines les plus dures, dont les amandes leur servent de nourriture. Ils nichent pendant le mois de février. Le bouvreuil ordinaire à calotte noire, qui coupe, au printemps, les bourgeons des pruniers, pour en manger l'intérieur ; on l'apprend à chanter et à parler, Le dur bec, le bouvreuil pailleze, le bouvreuil cramoisi, le bouvreuil à longue queue.

Le PSITASIN de l'Australie.

Le BEC-CROISÉ, dont la conformation de leur bec leur sert pour arracher de dessous leurs écailles les semences de pin dont ils se nourrissent ; ils nichent pendant la saison la plus rigoureuse de l'hiver, et cela dans les pays septentrionaux de l'Europe.

Les TISSERINS, qui font leur nid avec beaucoup d'art, ils lui donnent la forme d'une boule qu'ils suspendent à une branche d'arbre, en-dessus est un trou vertical qui communique par le côté dans la cavité où se trouvent les petits. Les républicains se réunissent plusieurs couples ensemble et font un nid commun ne formant qu'une seule masse, mais où chaque paire a son appartement séparé. Le toucnam-courvi.

Les TANGARAS d'Amérique, qui ont l'habitude de nos moineaux , se nourrissant principalement de grains; mais ils mangent aussi des baies et des insectes et sont parés des plus belles couleurs.

Les BRUANTS, habitent les bosquets, se laissant facilement prendre aux piéges. Les bruants ordinaires vivent dans les bois. Le bruant crocote à tête noire, le bruant jaunet, le proyer , le bruant des roseaux, le bruant fou ou des prés, le bruant mitilène, le bruant de neige, du nord, qui voyage en bandes ; le bruant montain.

Les ORTOLANS, célèbres par la délicatesse de leur chair, ont un cercle autour des yeux et une bande jaune partant de l'angle du bec. Le zizi ou bruant des haies.

Les MÉSANGES, petits oiseaux très-vifs, voltigeant sans cesse de branche en branche, grimpant et se suspendant en tous sens, nichant dans des troncs d'arbres, ou dans les trous des vieux murs, où ils se construisent artistement un nid entrelacé contenant beaucoup d'œufs. Elles se nourrissent d'insectes, de graines et de fruits et sont voraces au point d'attaquer les oiseaux maladifs et de leur manger la cervelle ; leur bec est assez fort pour trouer les noix et les amandes, et en manger la substance contenue. La mésange charbonnière, la petite charbonnière, la mésange bleue, la mésange huppée, la mésange nonette, la mésange lugubre, la mésange à ceinture blanche, la mésange azurée ; la mésange à longue queue ou sylvain des bois, la mésange moustache qui vit dans les roseaux.

Les zémis ou pendulives, dont le nid est tissu de de duvet fourni par les graines de saules et de peupliers, il a la forme d'une bourse suspendue aux rameaux des arbres qui croissent sur le bord des eaux. La mésange du cap, fait le sien en coton, et lui donne la forme d'une bouteille, il porte sur le goulot une espèce d'auget pour poser le mâle.

GALLINACÉS INSECTIVORES.

Les pipits ou farlouses, vivent dans les lieux découverts, se nourrissent d'insectes dans les terres arables; pipit Richard, pipit spioncelle, la rousseline, la furlouse, pipit des buissons.

Bergeronnettes ou hochequeues, lavandières parce qu'elles se plaisent à chercher les insectes au bord des ruisseaux, des mares; elles suivent les laboureurs pour s'emparer des vers que la charrue met à découvert; elles se posent auprès du bétail, surtout des moutons pour s'emparer des taons et autres mouches qui les harcèlent. La bergeronnette grise, la bergeronnette jaune, la citrine, la printanière, la lugubre.

Les ACCENTEURS habitent les hautes montagnes, ils ne descendent dans la plaine que l'hiver. L'accenteur des Alpes, l'accenteur mouchet ou traine-buisson, fauvette d'hiver, c'est la seule fauvette qui nous reste l'hiver.

Les TRAQUETS sont vifs, méfiants, nichent dans des trous, et ne se plaisent que dans des lieux rocailleux et découverts; ils courent avec rapidité et se nourrissent d'insectes. Le traquet rieur, très-noir, le traquet moteux, le traquet oreillard, le traquet lencomèle, le traquet tarier, le traquet pâtre, le T. stapazin.

Les TRYGLODYTES, une seule espèce en Europe voisine des becs-fins, dont elle a les mœurs.

Les BECS-FINS, à nombreuses familles distinctes sont de très-petits oiseaux, chantant en cadence. Ils vivent solitaires, habitent les roseaux, les buissons, les haies et les jardins. Comme ils se nourrissent d'insectes, ils sont obligés d'abandonner les pays septentrionaux l'hiver. Le bec-fin aquatique, le bec-fin rubigineux, le bec-fin trapu, le bec-fin phragmite, le bec-fin bouscarle, le riverain, la locustelle, l'éfarvate, la verderolle des marais.

Les ROSSIGNOLS ou sylvains, à voix mélodieuse. Le rossignol ordinaire, vanté de tout temps pour son chant admirable, qu'il fait entendre la nuit pour distraire sa femelle des ennuis de l'incubation, et qu'il cesse dès que ses petits sont éclos. Le philomèle, est un peu plus gros à gorge blanche. Le soyeux, l'orphée à tête noirâtre, le sylvain rayé, le sylvain à tête noire, le sylvain mélanocépale, le sylvain sarde, le sylvain à lunettes, le sylvain subalpin.

Les FAUVETTES de jardins, qui imitent le chant du rossignol, la grisette, la fauvette babillarde, le pittechou ; la passerinette, le rossignol de muraille.

Les ROUGE-GORGES, qui sautillent dans nos haies. La gorge bleue, la rouge queue.

Les MUSCIVORES, à longues ailes, se nourrissant de mouches qu'ils attrappent au vol. Le muscivore à poitrine jaune ou gorge jaune ; le siffleur à tête verte, que l'on admire pour sa beauté, et qui est commun en France ; le papillot, qui a la tête d'un vert olivâtre ; véloce, le natterer, le cisticole.

Les ROITELETS qui sont les plus petits oiseaux de l'Europe, qui sont carrés au lieu d'être allongés comme les précédents ; le roitelet ordinaire, à plumes jaunes du dessus de la tête, le roitelet à triple bandeau.

Les GOBE-MOUCHES, que l'on rencontre partout, sont voyageurs, ils nichent sur les arbres dans les forêts. Le gobe-mouche gris, le gobe mouche à collier ; le bec-figue ; le gobe mouche rougeâtre est le plus petit.

Les MÉRIONS de l'Afrique et de l'Océanique.

Les MOUCHEROLLES, sont des petits oiseaux parés

d'un beau plumage, souvent à longues queues, ou joliment huppés.

Les PLATYRHINQUES, de l'Amérique du Sud.

Les TODIERS verts de l'Amérique du Nord.

Les TARDULATES, à joli plumage.

Les MOUAKINS[1], encore plus jolis, à ailes et queue courtes, vivent en petites troupes dans les forêts humides de l'Amérique du Sud.

Les TAMANACKS du Brésil à queue longue et grêle.

Les COCS de roches ou rupicoles, de l'Amérique du Sud, grattent la terre comme les poules, ils nichent dans les fentes des rochers et sont d'un jaune orangé.

Les PROCUÉS (temm.), de l'Amérique du Sud à plumage blanc pendant le temps des amours, verdâtre dans les autres saisons.

Les AVEROLLES du même pays diffèrent des précédents par une longue caroncule à la base du bec, leur plumage subit le même changement.

Les COTINGAS, sont de jolis oiseaux aussi de l'Amérique du Sud; le cordon bleu, le pompadour, qui ne jouissent de leurs belles couleurs que durant le temps des amours.

Les CORACINES, des mêmes pays, la coracine ornée, Geoff. Grosse comme un geai, à panache ; le piauhan, Guel, la catinga rouge, vaill.

Les ÉCHENILLEURS, à plumes du croupion piquantes, vivent de chenilles qu'ils vont chercher sur les arbres les plus hauts de l'Afrique et des Indes.

Les DRONGOS, noirâtres, à nombreuses espèces dans

les pays qui bordent la mer des Indes, ont la voix mélodieuse du rossignol.

Les CRINONS, de Temminck, ayant un bouquet de crins à la nuque, habitent l'occident de l'Afrique.

Les LANGRAYENS ou pies grièches hirondelles, — voraces et méchants, du Pérou et des îles de la mer du Sud.

Les BECS-DE-FER, de Vaillant, dont la patrie est inconnue.

Les BÉCARDES de l'Amérique du Sud.

Les VAUGAS exotiques.

Les BATAVOS de l'Amérique.

Les FOURMILIERS, à bec en cône allongé, sont de l'Amérique du Sud ; le roi des fourmiliers ; ils habitent les bois, volent peu, et se tiennent toujours à côté des fourmilières, desquelles ils tirent leur nourriture ; leur voix est très sonore.

Les BRÈVES exotiques, le merle des Moluques, de Buffon.

Les LYRES de l'Australie, sont de grands oiseaux à bec plat, à queue en lyre.

Les CINGLES habitent les bords des ruisseaux, et se nourrissent d'insectes aquatiques ; ils ne nagent pas, mais ils marchent au fond de l'eau et s'y maintiennent assez longtemps ;

Le MERLE d'eau.

Les MERLES, dont la chair est estimée, vivent dans les haies et les bois, où ils se nourrissent de baies et d'insectes ; mais ils nourrissent leurs petits avec des larves. Le merle noir, le merle bleu, le merle de roche, le merle à plastron, le merle à gorge noire, le merle naumann, le merle d'eau.

Les **grives**, sont des voyageurs qui ont à cela près les mêmes mœurs que les merles ; la grive ordinaire, rousseâtre, la draine, la litorne, le sansonnet, le moqueur qui est exotique, remarquable à cause de son étonnante facilité à imiter sur-le-champ le ramage des autres oiseaux, et même toutes les voix qu'il entend : il est d'un gris cendré.

GALLINACÉS RAPACES

OU OMNIVORES.

Sont monogames ; vivent en bandes ou isolés.

Les **pies-grièches** sont méchantes et luttent avec courage contre les rapaces et comme eux, vivent de rapine, se nourrissent d'insectes et surtout de petits oiseaux, habitent les bois et les buissons ; la pie-grièche grise, la pie-grièche rousse, la pie-grièche à poitrine, la pie-grièche méridionale, la pie-grièche écorcheur.

Les **étournes**, de la Nouvelle-Guinée, à beau plumage. Merles de la Nouvelle-Guinée.

Les **oiseaux de paradis**, des mêmes pays, sont les oiseaux à plus brillant plumage, de la grandeur des merles. L'oiseau de paradis émeraude, le paradis rouge, le paradis douze filets, le paradis manucode, Vaill, de la grosseur d'un moineau, le paradis magnifique, Vaill.

Les **martins**, se nourrissent d'insectes et de graines, et se posent souvent sur le dos du bétail. Le martin roselin, d'un noir brillant ; les autres sont exotiques.

Les **étourneaux**, vivent d'insectes, nichent dans les trous des arbres, et voyagent en troupes nombreuses, un peu plus gros que des merles ; l'étourneau commun, à plumes noires tachetées de blanc, et l'étourneau micolore, noir lustré.

Les **troupiales**, à queue de formes variées.

La **pie** de la Jamaïque, d'un noir brillant.

Les **loriots** de couleur jaune et noire ; ils vivent par paire dans les bois et ne se réunissent en troupes que pour voyager. Ils suspendent aux branches d'arbres un nid artistement fait, et se nourrissent de fruits et d'insectes ; le loriot d'Espagne est d'un jaune doré, avec quelques parties noires.

Les **rolliers**, bleuâtres, habitent les grandes forêts et se nourrissent d'insectes.

Les **rolles** à bec court sont exotiques.

Les **pirolls** de l'Océanie.

Les **jaseurs**, à bec court, et plumes d'un rouge pâle ; le jaseur de Bohême, de la grosseur d'un merle, ne paraît que par intervalle.

Les **pique-boeufs**, d'Afrique, de la taille d'une grive, se posent sur le dos des bœufs , leur compriment la peau avec leur bec, et en font sortir les larves d'œstre, dont ils se nourrissent.

Les **mainates** de Java, parlent facilement, ils vivent de fruits et de viande, ils sont noirs à bec jaune et de la grosseur des merles.

Les **glaucopes** de la Nouvelle-Hollande.

Les **cassicans** criards de l'Océanie, chassent continuellement aux petits oiseaux, dont ils se nourrissent.

Les **pyrrhocorax**, habitent les hautes montagnes, et vivent en grandes troupes ; le choquard, à bec jaune ; le caracias, à bec jaune ; le caracias à bec rouge.

Les **casse-noix**, habitent les forêts montagneuses de l'Europe, grimpent aux arbres, se nourrissent de fruits, d'insectes et de petits oiseaux.

Les **corbeaux** se nourrissent de toute espèce d'aliments, s'accouplent au printemps, nichent dans les bois, se réunissent en grandes bandes l'hiver ; ils sont rusés et très-intelligents, quoi qu'en dise la fable de La Fontaine : le Corbeau est l'agami d'Europe. Corbeau noir, corneille noire, corneille mantelée, freux, choucas.

Les **pies**. Chaque partie du monde paraît posséder son espèce de pie ; la pie d'Europe, si commune dans les contrées tempérées, est connue de tout le monde comme un oiseau malfaisant et dont la rencontre est de mauvais présage, ce qu'il n'est pas possible de prouver. Mais ce qu'il y a de vrai à l'égard de la pie, c'est qu'elle dévore les petits oiseaux qu'elle peut atteindre et qu'elle gobe les œufs des merles, grives, perdrix, cailles, etc., etc.; qu'elle mange les pois, les fèves, etc. ; mais d'un autre côté, elle mange les souris, les mulots, les larves et les insectes nuisibles. Y a-t-il compensation ? Quoi qu'il en soit, les chasseurs ne s'amusent guère à les détruire parce qu'ils n'y trouvent pas un bénéfice immédiat, ne voulant pas dépenser la charge d'un fusil pour un bénéfice futur, duquel d'autres pourraient également profiter. Les pies nichent en apparence hors la portée de l'homme et leurs nids sont couverts de petits morceaux de bois pour les défendre des oiseaux de proie; la pie à bec rouge de la Chine, le pie bleue de l'intérieur de l'Asie, la pie commandeur du Mexique, la pie chauve de l'Afrique, la pie bleue de ciel de l'Océanie, la pie rousse, la pie à coiffe blanche, la pie du Pérou; les pies font provision pour l'hiver, et elles se volent réciproquement au printemps.

Les GEAIS, beaux oiseaux, criards, pétulants et curieux, vivent principalement de baies et de glands; les jeunes sont nourris avec des larves, rarement les vieux mangent les petits oiseaux. Le geai ordinaire, à iris bleu, est répandu par toute l'Europe. Comme les corbeaux et les pies, il est facile à élever parce qu'il mange de tout, et peut aussi imiter la parole humaine. En les nourrissant avec du chenevis, ils deviennent noirs. Le geai imitateur ou boréal, le geai à joues blanches de la Chine, le geai à collier blanc de Java, le geai bleu de l'Amérique du Nord, le geai brun.

Les MARMOTS de l'Amérique, à joli plumage, ressemblent aux geais et aux pies pour les mœurs et la manière dont ils se nourrissent,

Les CALLAOS, de l'Inde et de l'Afrique; à bec énorme arqué, chassent aux souris, aux petits oiseaux, aux reptiles, et se jettent même sur les cadavres.

Les SASOS, à crête.

RAPACES NOCTURNES.

Les **chouettes** peuvent chasser le jour, par les temps sombres, et approchent peu des habitations; la chouette lapone, l'hasfang ; la chouette de l'oural, la chouette caparacole.

Les **chats-huants**, ne chassent que la nuit; la hulotte ou chouette des bois, l'effraie ou chouette des clochers.

Les **chevêches**, ou petites chouettes, habitent les masures, et voient encore mieux le jour que les grosses et autres; la chevêche passerine, la chevêche à pieds emplumés, la chevechette.

Les **hibous**, à aigrettes doubles sur le front, qu'ils redressent à volonté. Ils ne voient que la nuit, c'est alors qu'ils parcourent les champs pour prendre les petits oiseaux. Hibou brachiote, grand duc, moyen duc, petit duc ou scops. Tous ces rapaces restent cachés le jour dans des endroits obscurs, la lumière du soleil les éblouit complétement; ils dévorent considérablement de petits oiseaux et de souris.

RAPACES DIURNES.

Les BUSARDS ont le corps svelte, à longue queue; ce sont de grands destructeurs de poissons , de reptiles, de poules d'eau, de plongeons, de canards, de perdrix, de cailles , de lapins, levrraults, ils sont sédentaires, mais rares; l'harpaye ou busard des marais, busard Saint Martin, busard montagu.

Les BUSES, stupides; attendent patiemment le passage à leur portée des levrraults, lapins, perdrix, cailles et autres oiseaux, même des rats, des taupes, à défaut de mieux; la buse ordinaire; la buse pattue, la boudrée , qui se tient sur les arbres en plaines pour épier sa proie; elle prend les mulots, les grenouilles, les lézards, couleuvres et les insectes.

Les MILANS, à queue fourchue, vol aisé et air ignoble, qui recule devant l'épervier et même le corbeau; toujours en l'air, s'il s'abaisse c'est pour fondre sur les lièvres, les perdrix, et autres animaux que son œil a vus du haut des nues; le milan royal, le milan noir.

Les AUTOURS, sanguinaires, habitent les montagnes et grandes forêts du Nord; il attaque tous les oiseaux les plus gros; sa vie n'est qu'un combat continu; mais il paraît préférer pour sa nourriture, les mulots et les rats qu'il avale tout vivants.

L'ÉPERVIER, petit, rapace, mais intrépide, que l'on nomme aussi tiercelet, émouchet; tous les oiseaux lui sont bons; il est le fléau, l'hiver, des bandes de pigeons, de pinsons ; mais il est susceptible d'être apprivoisé et de servir à la chasse.

Les **faucons** à contenance fière et assurée ; se tiennent sur les plus hautes montagnes, attrapent leur proie au vol, et la prennent souvent des griffes des milans ; les chasseurs ou les vendeurs, tirent parti de ces rapaces en les dressant à la chasse pour eux. Les gerfauts du nord , redoutables à tous les plus gros oiseaux hors l'aigle ; les laniers voraces ; le hobereau, plus petit que les précédents , vit principalement d'allouettes, ne s'effraie pas des chasseurs, que souvent il accompagne : la cresserelle , qui poursuit les petits oiseaux jusque dans les maisons, elle se contente aussi de souris ; l'émérillon, est le plus petit des oiseaux de proie et n'est que passager chez nous, il mange les perdrix, les pigeons, etc. ; la pèlerin, aussi de passage ; la cresserellette, le kobes à pieds rouges.

Les **aigles**, rois des oiseaux, sont aux oiseaux ce que les lions sont aux quadrupèdes. Une chose remarquable c'est que chez tous les carnassiers, les femelles sont plus grosses que les mâles. Les aigles habitent les montagnes, et s'élèvent dans les airs plus haut que tous les autres oiseaux ; l'aigle impérial, l'aigle royal, l'aigle moyen , l'aigle criard , l'aigle botté , le geai blanc, le balbuzard habite les bords des rivières et se nourrit de poisson ; la pygargue ou aigle du nord, est l'ennemi des daims , des chevreuils ; l'aigle à tête blanche.

Les **messagers** qui habitent l'Afrique.

Les **vautours**, voraces, à tête nue et yeux à fleur de

tête, n'attaquent les animaux vivants que lorsqu'ils ne peuvent s'assouvir sur les morts ; ils sont plus grands que les aigles et habitent les mêmes lieux ; le vautour arian, le vautour fauve.

Les PERCNOPTÈRES ou cathartes, dégoûtant et toujours cherchant les cadavres en criant ; le perçnoptère ou catharte alimoche d'Europe, à tête et cou nus.

Les CONDORS, griffons ou gypaëtes, sont les plus grands des oiseaux qui volent, ils sont rares et habitent les hautes montagnes ; leur courage et leur force sont dans la proportion de leur grandeur, ils ont trois à quatre mètres d'envergure. Ils enlèvent, dit-on, une chèvre, un veau, même les enfants, se jettent sur les bœufs qu'ils attaquent à deux et parviennent à le manger ; le condor habite les andes de l'Amérique, un cercle rouge entoure ses yeux. Le griffon ou gypaëte, est d'Europe ; il ne le cède au condor, ni pour la grandeur, ni pour le courage, la force et la férocité. Rapaces sans égaux dans l'âge de la force, deviennent la proie d'autres rapaces lorsque l'âge a diminué ces forces à moins que leur sang n'ait été sucé par les belettes pendant leur jeunesse : bien gorgés de chair puante ou autre, ils s'endorment profondément sur la pointe d'un rocher escarpé, où, alléchées par l'odeur puante, des belettes viennent s'attacher sur leur dos, et leur sucent le sang jusqu'à la mort.

LES GRIMPEURS.

Les **philédons**, oiseaux singuliers de l'Océanie.

Les **hérotaires**, rouge écarlate, de l'Océanie.

Les **promérops**, à long bec, de l'Asie.

Les **huppes**, d'un rouge vineux, de nos contrées, courent sur la terre pour ramasser les vers et les larves, et nichent dans les creux des arbres ou les fentes des rochers.

Les **tichodromes** ou grimberaux des murailles, qui se cramponnent le long des murailles et des rochers, nichent dans leurs fentes, et se nourrissent de larves et d'insectes.

Les **échelets** de l'Océanie.

Les **sucriers** ou sovimangas, de la zône torride.

Les **colibris**, vantés pour leur beauté, leur petitesse et la douceur de leurs mœurs. A long bec pour sucer le nectar des fleurs, à l'instar des mouches auxquelles ils ressemblent par leur mouvement et bourdonnement, vivent isolés, et se battent souvent entre eux. Le colibri topaze, l'oiseau mouche à huppe; le petit oiseau mouche est gros comme une abeille.

Les **guitscuits**, de l'Amérique du Nord, à belles couleurs.

Les **grimperaux**, qui grimpent après les arbres, et nichent dans leur tronc. Ils sont de la grosseur du roitelet.

Les **ophies** ou fournier, de l'Amérique, dont le nid situé sur un arbre, a la forme d'un four.

Les **grimparts** de l'Amérique du Sud, à espèces nombreuses.

Les sittines, aussi de l'Amérique.

Les picucules de l'Océanie; le talapiot de l'Amérique.

Les sitelles ou torchepots, habitent les hautes futaies, grimpent avec agilité, en tous sens, et vivent d'insectes.

Les torcols, qui se tordent le cou quand on les prend; ils vivent de fourmis.

Les jacamards, de l'Amérique du Sud, jolis solitaires.

Les pics, oiseaux grimpeurs par excellence, qui frappent sans cesse contre l'écorce, pour en faire sortir les larves et les insectes dont ils se nourrissent; le pic vert, de la grosseur d'une tourterelle; le pic noir, beaucoup plus grand, le mâle a une calotte rouge; le pic cendré à moustache, le grand pic ou épeiche, le pic leuconote du nord, le pic mar, à plaques ou taches rouges à la tête; le pic epeichette, gros comme un moineau; le pic tridactyle ou picoïde.

Les perroquets à nombreuses espèces de tous les pays chauds; les perroquets ordinaires, d'un vert varié; le perroquet gris ou jacot d'Afrique, à queue rouge, apprend le plus facilement à parler.

Les aras, à longue queue, viennent d'Amérique, se familiarisent aisément et vivent bien en France.

Les perruches, familles extrêmement nombreuses de l'Amérique du Sud; perruches aras, perruches à queue en flèche, perruches à queue élargie, perruches ordinaires.

Les kakatoes, à queue courte, et à huppe, de l'Océanie.

Les amazones d'Amérique.

Les **perroquets** à trompe, à huppe, des Indes

Les **perruches** ingambes de l'Australasie.

Ils se nourrissent tous de fruits.

Les **barbicans**, essentiellement frugivores, sont d'Afrique.

Les **barbus**, de la zône torride de l'ancien continent vivent en petites troupes et se séparent dans le temps des amours; aussi frugivores.

Les **tamatias**, à grosse tête et air stupide, qui vivent d'insectes, sont de l'Amérique du Sud.

Les **couroucous**, solitaires et immobiles le jour, ne ne volent que le soir et le matin pour faire la chasse aux papillons nocturnes; ils habitent les marais de la zône torride.

Les **anis** d'Amérique, vivent en troupes, nichent plusieurs paires dans le même nid, se nourrissent de graines et d'insectes; Ils se familiarisent et apprennent facilement à parler.

Les **toucans** ou coucous d'Amérique, à langue barbue, vivent en troupes dans les contrées chaudes, vivent de fruits et d'insectes, et, comme les coucous gobent les œufs et mangent les petits nouvellement éclos des autres nids, pour y déposer leurs œufs.

Les **aracaris** de l'Amérique du Sud.

Les **scyttrops**, de l'Australasie.

Les **courols** vouroudrions ou coucou d'Afrique, habitent les bois, nichent dans les troncs d'arbres, et se nourrissent de fruits.

Les **malcorras**. habitent l'Inde et se nourrissent de fruits.

Les coucous, vivent solitaires ; chaque mâle habite un canton ; les femelles vont successivement les trouver pour se livrer à l'amour, puis elles cherchent un nid, dans lequel elles pondent un œuf, après avoir gobé ceux qui y étaient ; elles surveillent quelques temps pour s'assurer que la propriétaire du nid en prend soin : alors elle va retrouver un autre mâle pour agir de même, pendant six semaines, ils vivent de chenilles velues, et vomissent la peau quand la digestion en est faite.

Les couas, des pays chauds, se construisent un nid et élèvent leurs petits.

Les coucals, qui ont aussi un peu les mœurs des coucous, mais ils nichent dans les troncs d'arbres.

Les indicateurs, de l'Afrique, ressemblent aux coucous ; ils vivent de miel, qu'ils vont dérober aux abeilles à leur risque et péril ; mais il paraît que leur peau résiste à l'aiguillon, qu'il n'y a que leurs yeux qui soient vulnérables, et de ces piqûres leur mort s'ensuit ; ces oiseaux indiquent par leurs cris, les nids d'abeilles.

Les touracos, de la zône torride, jolis oiseaux qui vivent de fruits, et nichent dans les trous d'arbres ; le touraco commun ; le touraco musophage ; le touraco violet, de la Guinée.

Les colious, aussi de l'Afrique, vivent en troupes, se nourrissent de fruits, rapprochent leurs nids sur le même buisson ; pour dormir ils se pressent les uns contre les autres en se suspendant la tête en bas à une branche d'arbre.

CONSIDÉRATIONS. Quelle quantité de familles d'êtres emplumés, sans compter celles que nous avons oubliées, ou qui ne sont pas connues, nous offrent, avec autant de formes et de nuances, autant de mœurs instinctives, de moyens de conservation. Chaque espèce a une organisation particulière qui lui dicte son mode de vie, sans pouvoir s'en écarter. Or, n'est-il pas plus rationnel de croire que c'est la condition d'existence, qui a fait créer l'organisation; puisque si les conditions d'existence cessent, l'être, plutôt que de modifier son organisation, cesse aussi d'exister : chaque famille d'oiseaux a donc été créée pour satisfaire à une condition d'existence, un besoin de la nature. Le coucou est destiné à habiter un canton seul, qu'il parcourt dans tous les sens, grimpe après tous les arbres successivement, et recommence lorsqu'il a fini pour chercher les chenilles velues, dont il fait sa nourriture ; un autre en fait autant dans son canton sans anticiper sur le canton de son voisin. La femelle va successivement trouver les mâles pour se livrer à l'amour; ce besoin satisfait là, elle sent le besoin de pondre, elle n'a pas le temps de construire un nid, encore moins de couver puisqu'elle doit aller trouver d'autres mâles et pondre de nouveau, le mâle ne le peut non plus, puisque d'autres femelles viennent successivement le trouver ; alors la femelle qui sent le besoin de pondre , cherche le nid d'un autre oiseau dans lequel elle pond , après avoir préalablement gobé les œufs qui s'y trouvaient ; elle ne quitte le canton que quand elle sait que la propriétaire du nid prend soin de son œuf. Obligée de pondre à de longs intervalles, puisque six semaines après le premier elle pond encore, elle ne pourrait couver ses œufs ; ensuite elle voyage pour aller à la recherche de chenilles qui n'existent plus dans la contrée qu'elle habitait et qu'elle trouve dans d'autres, comme aussi les mâles puisqu'ils quittent leur canton vers le mois de juillet. Tel est l'instinct invariable des coucous, pour leur conservation et leur propagation ; instinct en rapport avec leur organisation, et celle-ci ainsi créée pour satisfaire le besoin de la nature, qui est la multiplicité des êtres et de leur destruction successive : la vie et la mort. Le besoin de la nature exige la création d'un être qui se multiplie avec profusion, toujours en raison des besoins de la nature. Les palmipèdes destinés à nager, à saisir les mollusques, les poissons, les vers qui nagent ; les échassiers, à parcourir les plages, à marcher dans la vase plus ou moins recouverte d'eau, antagonistes des créations inférieures, chacun selon des fonctions particulières, en rapport avec les êtres dont ils sont les antagonistes, et conformés pour exercer cet antagonisme, qui varie pour chaque espèce et dont leur organisation est d'autant plus compliquée que l'antagonisme est plus difficile ; ceux-ci à leur tour, ont leurs antagonistes, les rapaces, d'une organisation encore plus complexe, et variant suivant le besoin de l'antagonisme ; les rapaces les plus forts, redoutables à tous dans l'âge de la force, succombent toujours sous les coups de leurs antagonistes, lorsque l'âge diminue cette force auparavant si meurtrière. L'organisation rapace ne limite pas chez tous l'instinct de conservation à un seul genre d'aliment; à défaut de l'un, leur faculté chez beaucoup, s'étend à d'autres; le corbeau glouton, à défaut de charogne, de limace, se rabat sur les petits oiseaux et les souris, et sur toutes les matières animales et végétales qu'il peut avaler; parce que destiné pour un genre d'aliment qu'il ne peut toujours rencontrer, et que des longs voyages ne lui procureraient pas toujours, son organisation lui permet de se rassasier avec toute sorte d'aliments.

Les plages et les lacs du nord appellent de nombreux et variés palmipèdes et échassiers, qui sont obligés de fuir ou de mourir quand les froids solidifient les eaux, pour y revenir lors du dégel : de là ces migrations périodiques, migrations qui ont également lieu chez les gallinacés granivores, frugivores et insectivores exclusifs, lorsqu'ils ont épuisé les aliments qui leur conviennent dans une contrée, pour en chercher dans une autre, et revenir dans la même contrée quand la saison y reproduit ce qui leur convient.

Les perdrix plus granivores lorsqu'elles ont atteint leur accroissement, demeurent dans les mêmes contrées où leur aliment reste toujours; les cailles au contraire plus insectivores, suivent la végétation qui alimente les insectes; elles paraissent avec la végétation des pays tempérés et disparaissent avec elle.

Nous disons donc que chaque famille d'oiseaux est créée pour satisfaire une indication de la nature, que elle agit en vertu de son organisation pour remplir le vœu de la nature en travaillant à sa conservation :

elle détruit, elle fait mourir pour vivre, comme une autre détruit la dernière aussi pour vivre ; l'une et l'autre travaillant à leur conservation en se détruisant.

Les oiseaux granivores ne voient plus clair aussitôt que le soleil est couché ; parce que leur nourriture ne peut se voir au crépuscule ; les chouettes, les hiboux etc, chassent dans le silence de l'obscurité, parce que c'est l'heure où les souris, les mulots, courent sur la terre. Le crapaud volant ne sort de sa retraite le bec béant qu'alors qu'il pourra rencontrer des phalènes nocturnes. La besace se rend dans les prés quand arrive l'humidité du soir, parce qu'alors les vers de de terre commencent à remuer. Les pluviers, les vanneaux, qui vivent ausssi de vers, ne cessent de frapper de leurs pattes la terre, pour faire sortir les vers que leurs déjections terreuses décèlent.

Les oiseaux sont intermédiaires, par l'organisation entre les atélézoaires ou êtres inférieurs, et les animaux ; ils possèdent le mode d'oxigénation du sang des premiers, l'air pénétrant partout pour aller oxigéner le sang, et celui des animaux, le sang venant se mettre en contact avec l'air dans les poumons. Ils ont comme chez les atélézoaires, un cloaque où aboutissent les excréments, les urines et les fonctions et produits de la génération ; mais, s'ils pondent des œufs, comme les atélézoaires, il les couvent pour remplacer la gestation chez les animaux, et comme chez ces derniers, s'ils ne les allaitent pas, il les nourrissent avec des aliments particuliers, et les soignent comme le font les animaux.

Les oiseaux, contrairement aux autres , sont presque tous monogames, parce que les soins de la maternité qui exigent l'incubation, des soins plus assidus pour élever les petits, les réchauffer à chaque instant et leur procurer une nourriture souvent difficile à trouver, exigent que le mâle aide la femelle dans cette œuvre ; et la nature prévoyante a voulu qu'il naisse à peu près autant de mâles que de femelles dans les familles monogames : le nombre impair qui se trouve souvent dans les portées, est pour remplacer les pertes de la destruction dans les familles le plus en prise à la rapacité. Les familles polygames, peu nombreuses , sont celles dont la nourriture des adultes comme des petits est facile à trouver, comme sont la plupart des gallinacés et palmipèdes.

En général, le nombre des œufs de chaque nichée est réglé ; les plus forts rapaces n'en ont qu'une ou deux , parce que l'alimentation est difficile tant pour la mère qui couve que pour les petits voraces. Les nichées qui doivent être nourries avec des larves, sont de quatre, cinq ou six petits ; les mésanges dans ces classes font exception , parce qu'elles sont omnivores pour elles comme pour leurs petits. Chez les gallinacés, les palmipèdes, le nombre des petits dans les nichées est plus considérable, parce que leur nourriture est facile à trouver , et que les petits courent aussitôt qu'ils sont sortis de la coque pour chercher leur nourriture.

L'autruche, qui vit sous la zône torride, abandonne ses œufs dans le sable à l'incubation du soleil ; celle qui vit dans les régions tropicales couve ses œufs, au moins la nuit; lorsque ses petits sont éclos, elle en prend soin comme les gallinacés. Enfin toutes les mères chez les oiseaux ont une égale tendresse pour leurs petits.

L'instinct chez les oiseaux est d'autant plus développé à mesure que l'on remonte des palmipèdes, des échassiers, des gallinacés, aux insectivores, aux rapaces et aux grimpeurs; ces derniers avec plus d'instinct ont de la mémoire, de l'imagination, et même quelques-uns du jugement. Leur cerveau est aussi développé dans la même proportion. Si les oiseaux n'égalent pas les mammifères terrestre en intelligence, ils en approchent beaucoup.

Croit-on que l'agami, qui garde seul un troupeau, a moins d'intelligence que le chien de berger, qui ne peut guère se passer de son maître pour garder les troupeaux?

DES ANIMAUX PROPREMENT DITS,

OU MAMMIFÈRES TERRESTRES.

Dans les formations inférieures du sixième temps de la terre, on commence à rencontrer les restes des mammifères terrestres. Dans aucune formation précédente on n'en a trouvé, ni on ne devait en trouver, attendu que leurs conditions d'existence n'existaient pas encore: il n'y avait pas de terrain complétement émergé. Les didelphes trouvés dans un terrain oolitique à Stonefield, étaient des ornithodelphes, êtres amphibies, appartenant, par conséquent au cinquième temps. Ensuite a-t-il été bien démontré que cet oolithe était le véritable terrain inférieur ou crétacé ; n'est-il pas au contraire un espèce d'oolithe ou transformation oolitique de ces immenses amas madréporiques qui dans certaines localités étaient supérieurs à la craie.

Nous tâcherons, comme nous l'avons fait pour les êtres précédents, de suivre l'ordre des créations qui sont toujours en rapport avec leurs conditions d'existence.

DES PACHYDERMES.

Les pachydermes ou races de cochons, sont les premiers animaux de la création ; constitués pour vivre dans les marécages, se vautrer dans la vase, ils offrent plusieurs familles qui se rapprochent plus ou moins. Et comme on ne rencontre d'abord que des restes de pachydermes, l'on doit en conclure qu'au commencement du sixième temps de la terre, sa surface hors de l'eau n'était encore que marécages.

Les TAPIRS, famille très-voisine de celle des sangliers, a été la première famille animale créée ; paraît avoir été très-nombreuse, et est maintenant très-restreinte ; ils vivent comme les cochons.

Les PALÉOTHÉRIONS, C. sont des tapirs fossiles. Cuvier nous en fait connaître onze ou douze espèces, qui vivaient sur le bord des eaux. Le paleothérion grand, de la taille d'un cheval ordinaire ; paleotherion moyen, de la taille d'un grand cochon; paleotherion aux pieds épais ; paleotherion aux pieds larges ; paleotherion court; paleotherion petit, un peu plus petit qu'un chevreuil : paleotherion très-petit, comme un lièvre, etc.

Les LOPHIODONS, C. Tapirotherion (Blainville), sont encore des tapirs fossiles, on en a trouvé à Montabuzard, à Issel, à Argenton, à Soissons, à Bischweiller, à Gaunat, près Laon, près Montpellier.

Les TAPIRS vivants maintenant offrent trois familles très-rares, qui vivent dans les marais très-couverts d'arbres ; deux dans l'Amérique du Sud, et un dans les Indes ; le tapir commun, habite partout l'Amérique du Sud, dans les forêts les plus épaisses et marécageuses ; il ne sort de sa retraite que pendant la nuit ou dans les jours pluvieux pour aller se vautrer dans les marais ; il est doux et timide, et se laisse aisément apprivoiser ; sa nourriture est comme celle du cochon: tapir pinchaque, R. plus petit que le petit qui précède, a été découvert par M. Roulin dans les Cordilières. Tapir de l'Inde, C. est plus grand que le tapir commun, il habite les forêts de Sumatra et de Malacca, et paraît avoir les mêmes mœurs que ceux d'Amérique. Ces tapirs sont de la grandeur d'un âne.

Les ANOPLOTHÉRIONS, C. à grosse queue, sont des pachydermes fossiles, que l'on n'a encore pu rapporter à aucune famille existante, à cause de leur énorme queue, dont on ne devine pas trop l'usage ; mais à leur queue près, ils nous paraissent avoir appartenu à la famille des cochons sous le rapport des dents et des pieds; comme eux ils vivaient dans les marécages et se nourrissaient de racines. L'anoplothérion commun avait un mètre de hauteur et près de deux de longueur sans comprendre la queue. Celle-ci, selon Cuvier, servait de gouvernail à cet animal essentiellement aquatique. Cette grosse queue ne lui servait-elle pas aussi à se soutenir dans la vase? Anoplotherion secondaire, C. était de la grosseur d'un cochon; anoplotérion laticurtum, G. Saint-H.; le dichobune, le xiphodon.

Les **cochons**, animaux très-bruts et très-utiles, que l'on nourrit seulement pendant un an pour sa chair et surtout son lard. Le sanglier est le cochon sauvage. Le sanglier à masque, à tubercules au museau, habite le midi de l'Afrique et de Madagascar.

Le **babiroussa**, ou cochon cerf, B. se trouve dans les îles de l'Archipel indien; il est plus grand que notre sanglier et ses défenses plus grêles et plus longues, les supérieures en spirale.

Le **sanglier** des Papous, bêne des Papouas, est commun dans les forêts de la Nouvelle-Guinée, que messieurs Gesson et Garnot nous ont fait connaître.

Les **pécaris**, petits cochons sans queue de l'Amérique du Sud, ayant une ouverture sur leurs lombes, d'où suinte une humeur fétide; le pécari à collier, C. moitié moins gros qu'un sanglier sans défenses; le tajassou ou taguicati, plus grand, à lèvres blanches.

Les **chéropotames**, espèce fossile de cochon, trouvée dans les carrières à plâtre des environs de Paris.

Les **anthracothères**, cochons fossiles dont on connaît deux espèces ; l'une, de la grandeur d'un âne, et l'autre, de la taille du cochon ordinaire.

Les PHASCOCHÈRES, C. à longues défenses et à lobes charnus sur chaque mâchoire, offrent trois espèces qui habitent l'Afrique.

Les HIPPOPOTAMES, à jambes très-courtes, vivent dans l'eau, se nourrissent de végétaux, et se défendent avec férocité lorsqu'ils sont attaqués ; habitent en troupes les grands fleuves de l'Afrique. On a trouvé, en Italie et en France, deux espèces d'hippopotames fossiles ; l'une, plus grande que l'espèce actuellement vivante, et l'autre, de la grandeur d'un sanglier.

Les RHINOCÉROS, portant une ou deux cornes solides sur le nez, vivent de végétaux, et, comme les cochons, aiment à se vautrer dans la fange, et ils ont comme eux le caractère brusque, stupide, mais beaucoup plus féroce. On en connaît quatre espèces : le rhinocéros des Indes est le plus grand ; il n'a qu'une corne sur le nez ; rhinocéros de Java, aussi à une corne, mais bien plus petit que le précédent ; rhinocéros de Sumatra, de même grandeur que celui de Java, mais il a deux cornes, dont une plus petite ; le rhinocéros d'Afrique, de même taille que celui des Indes, 3 à 4 mètres de longueur, et n'a point de plis à la peau comme les espèces précédentes.

Les RHINOCÉROS fossiles paraissent aussi offrir quatre espèces trouvées en Europe ; une à deux cornes plus grandes que celle d'Afrique, est le rhinocéros de Pallas ; le rhinocéros de Cuvier ; le rhinocéros de Desmarest, de la taille d'un cochon ; le rhinocéros de Camper.

Les **damans**, de petite taille, d'un caractère doux, vivent de fruits et d'herbages dans les montagnes des pays chauds ; daman du Cap ou blaireau de rochers ; daman à occiput roux de Dongola ; daman de Syrie ; daman d'Abyssinie.

Les **mastodontes**, espèces d'éléphants fossiles des Deux-Mondes, qui n'existent plus ; on les rencontre dans les formations secondaires du sixième temps ; c'est-à-dire qu'ils ont été créés après les paléothérions, ou cochons ; les anoplotherions, etc., et avant les éléphants dont les espèces existent encore. Cuvier en décrit six espèces : mastodonte géant, de l'Ohio, 3 mètres de hauteur ; mastodonte à dents aiguës, trouvé en France ; mastodonte tapiroïde ; mastodonte petit ; mastodonte de Humboldt ; mastodonte des Cordilières.

Les **éléphants** fossiles ou mammouth, ont été trouvés en Europe, dans l'Amérique du nord, l'Asie septentrionale où ils sont très-communs, et dans la Nouvelle-Hollande ; on les rencontre dans les dernières formations du sixième temps ou plutôt dans le diluvien, en nombre considérable, surtout en Sibérie, dont un même a été trouvé dans un bloc de glace sur les bords de la mer glaciale, en 1699, où il vint échouer cinq ans après sur la côte. C'était un jeune mâle, dont la peau était recouverte d'une laine épaisse et d'une longue crinière. Quelques contrées de la Sibérie et des îles de la mer glaciale, qui sont formées du terrain diluvien entièrement, sont pétries d'ossements d'éléphants, au point que leur recherche, pour l'ivoire, forme une branche d'industrie. On les trouve souvent presque à la surface du sol ; ils deviennent d'autant plus rares, qu'on creuse plus profondément, et dans les localités où on les rencontre on a pas encore pu trouver le fond du terrain diluvien. Il faut alors croire que tous ces restes d'éléphants ont été amenés là par le déluge qui les aura enlevés d'une autre localité ; que probablement la mer glaciale s'étendait dans la totalité ou partie de la Sibérie, que le déluge aura comblée et constituée ce qu'elle est actuellement.

L'éléphant vivant offre deux variétés : celui des Indes et celui d'Afrique. Ce dernier a la tête plus ronde, les oreilles et les défenses plus grandes que l'éléphant indien, et paraît être d'un caractère plus farouche, dit-on ; car ce ne sont pas les peuples d'Afrique, qui ne les recherchent que pour les manger et en avoir les défenses, qui seraient capables de les réduire à l'état de domesticité ; et pourquoi faire? et comment les nourriraient-ils?

L'éléphant indien se prive facilement et se réduit à l'état de domesticité ; il manifeste, dans son travail, une intelligence incomparablement supérieure à celle des animaux les plus intelligents ; son caractère approche aussi le plus celui des hommes ; vain, susceptible, orgueilleux, friand, patient ou colère, vindicatif, etc.; la femelle a la pudeur de la femme, elle résiste à sa passion qui se déclare parfois chez le mâle, et à l'aiguillon de l'amour qui se développe chez elle au point de déterminer un délire hystérique des plus furieux, qui oblige de les enchaîner pour éviter des accidents : alors, dans cet état réciproque, on les a vus satisfaire cette impérieuse passion, mais très-rarement. Ainsi, c'est la pudeur qui les empêche de produire dans l'état d'esclavage. Et comme il est certain que les éléphants ont été très-nombreux sur la terre, il est à croire, qu'à mesure que l'homme envahira leurs domaines de liberté, l'espèce finira par disparaître complétement. Dans l'état de liberté, les éléphants, comme tous les végétivores, vivent en société dirigée par le plus expérimenté ; ils ne s'isolent que pour chercher leur nourriture.

DES CHEVAUX.

Les CHEVAUX, sous diverses espèces différentes se trouvent à l'état de liberté dans diverses contrées de l'Asie et de l'Afrique, où ils vivent en société conduite par un vieux cheval.

Le cheval ordinaire, à l'état de domesticité de temps immémorial, paraît encore être dans l'état sauvage dans diverses contrées de l'Asie. Les Espagnols lui ont donné la liberté dans les plaines des pampas, où il vit actuellement en troupes nombreuses, comme plusieurs autres animaux domestiques que les Espagnols ont également transportés d'Europe en Amérique, et qu'ils ont abandonnés pour vivre en liberté.

L'ANE, compagnon de domesticité du cheval, vit aussi en état de liberté primitive dans le pays des Kalmouks, où il est connu sous le nom de koulau ; les anciens les appelaient onagres. Le khur des Persans est le même que l'onagre.

L'HÉMIONE ressemble au mulet, il vit par troupes dans la Mongolie.

Le ZÈBRE, rayé partout transversalement, ressemble aussi au mulet; il habite par troupes nombreuses le midi de l'Afrique; il produit avec l'âne et avec le cheval.

Le COUAGGA habite les mêmes contrées que le zèbre; il est moins grand et beaucoup moins grand que ce dernier, et ressemble davantage au cheval. L'ouagga de buschelle est une variété de ce dernier.

DES RUMINANTS.

Les RUMINANTS, remâcheurs, à quatre estomacs; les BOEUFS, comme les chevaux, paraissent avoir été créés peu après les éléphants; leurs restes fossiles se rencontrent dans le diluvien, en compagnie de ceux d'éléphants. Les bœufs fossiles, à large front et à front bombé de harlan ont été trouvés en Europe et en Amérique du nord.

Les bœufs ordinaires offrent beaucoup de variétés, toutes à l'état de domesticité. Ce sont les animaux les plus utiles.

Les AUROCHS, sont plus communs à l'état fossile que vivants, où on ne les voit plus que dans les grandes forêts inhabitées; ils sont plus grands, et à front bombé, que les bœufs ordinaires, et sont très-farouches et dangereux lorsqu'on les attaque.

Le BISON, d'Amérique, qui vit par troupes nombreuses le long du Mississipi, avec un long poil.

Le YACK ou bœuf à queue de cheval, est petit et habite le Thibet.

Les ZÉBUS se distinguent par une ou deux bosses graisseuses sur le garrot ; ils habitent les parties chaudes de l'Asie et de l'Afrique.

Les BUFFLES, en domesticité dans certaines contrées, sont originaires des marécages de l'Inde, où ils habitent en se vautrant dans l'eau ; ils sont plus forts et plus farouches que les bœufs.

L'ARNI, à longues cornes, habite les hautes montagnes des Indes.

Le BUFFLE du Cap a de grandes cornes larges à la base ; il est extrêmement féroce.

Le BOEUF MUSQUÉ d'Amérique du Nord, à long poil, de gucal, exhale une odeur de musc.

Le BOEUF GOUR, des Indes, à pelage ras et noir, à courtes cornes.

Les CERFS, sont ornés de grandes cornes branchues, qui se renouvellent tous les ans, et des jambes grêles.

L'ÉLAN, à loupe sous la gorge, est de la taille d'un cheval ; il habite le nord des deux continents.

Le RENNE, habitant des pays glacés, où il se nourrit de lichens et de mousses, est aussi à l'état de domesticité chez les peuples du nord qui s'en servent pour conduire leurs traîneaux sur la glace.

Le DAIM, à bois plat, plus petit que le cerf, se rencontre dans beaucoup de forêts de l'Europe.

Le CERF commun, se rencontre aussi dans l'Asie

tempérée; le cerf du Canada; le cerf de la Louisiane; l'axis, ou cerf de l'Inde, tacheté de blanc.

Les **chevreuils** ont de petites cornes; le chevreuil de Tartarie est plus grand que le nôtre; le chevreuil des Indes est au contraire plus petit.

La **girafe**, dont la tête atteint à 6 mètres, et basse du derrière, ne se rencontre que du côté du cap de Bonne-Espérance.

Les **antilopes**, à familles nombreuses, habitent les montagnes des pays chauds; la gazelle vit en troupes très-nombreuses dans le nord de l'Afrique; la corinne; le kevel; le ledscren; le spimgbock ou gazelle à bourse; le saiga; l'antilope des Indes; le bubale; le caama; l'ori ou licorne des anciens; l'antilope bleue; l'antilope chevaline, de la grandeur d'un cheval; le nauguer; l'antilope des roseaux; le cava ou élan du Cap, de la grandeur d'un bœuf; le coudous; le nilgau, des Indes; le chamois, qui habite les plus hautes montagnes de l'Europe; le gnou, du Cap.

Les **chèvres**, à barbe au menton; la chèvre sauvage se rencontre en troupes nombreuses dans la Perse, où on la nomme paseng; elle est le type de nos chèvres domestiques; le bouquetin, à cornes carrées; le bouquetin du Caucase, à cornes triangulaires; chèvre de Cachemire; chèvre du Thibet; chèvre d'Angora; chèvre membrine; chèvre thébaïque; chèvre du Népaul; chèvres naines; chèvre cossue; chèvre américaine; bouc à crinière d'Afrique.

Les **moutons**; le moufton, que l'on trouve dans les montagnes de la Corse et de la Sardaigne, paraît être le type de nos moutons domestiques ; l'argali de Sibérie, Pall, qui se rencontre dans toutes les montagnes de l'Asie ; le moufton d'Amérique ; le moufton d'Afrique.

Les CHEVROTINS, sans cornes, habitent les hautes montagnes ; le musc, de la grandeur du chevreuil, vit dans les montagnes de la Tartarie chinoise, le mâle porte une poche située en avant du prépuce qui contient le musc ; chèvre meminna, de Ceylan ; chèvre de Java, de la grandeur d'un lapin ; chèvre napu, de Sumatra ; chèvre kranchil, de Java.

Les CHAMEAUX, de temps immémorial à l'état de domesticité, dont on ne trouve plus le type à l'état sauvage, sont conformés pour vivre dans les arides déserts ; sobres et pouvant se passer de boire pendant longtemps ; ils sont les seuls animaux qui peuvent aider l'homme à franchir les déserts ; le chameau à deux bosses, originaire du centre de l'Asie, plus grand et plus fort que le dromadaire, et résiste mieux hors les sables arides ; le dromadaire à une bosse, résiste mieux que le chameau dans les déserts brûlants de l'Afrique ; il paraît être originaire des contrées qu'il parcourt.

Les LAMAS n'ont point de bosses, sont de la grandeur des cerfs ; on s'en sert comme bêtes de somme ; les vigognes, sont de la taille des brebis, et précieuses pour la finesse de leur laine ; tous deux sont originaires du Pérou.

Des ÉDENTÉS sans incisives.

Les PARESSEUX, à structure informe, conformés pour

grimper lentement, ils ne peuvent marcher; ils se nourrissent des feuilles des arbres, qu'ils mangent jusqu'à la dernière, et portent leurs petits sur leur dos; l'unau sans queue; l'aï, deux fois plus petit que l'unau, se nourrit de même, et habite comme lui, les contrées chaudes de l'Amérique; ce dernier est de la grosseur d'un chat; êtres sans moyens de se soustraire à leurs ennemis, on ne comprend pas comment leur race existe.

Les PANGOLINS, dont le corps est recouvert d'écailles tranchantes, vivent de fourmis; pangolin à queue courte des Indes; pangolin à longue queue d'Afrique.

FOURMILIERS à museau long et à langue très-extensible pour être introduite dans les fourmilières qu'ils retirent lorsqu'elle est recouverte de fourmis, dont ils font leur nourriture unique; ils sont d'Amérique.

Les TATOUS, recouverts d'un test écailleux, habitant des terriers; ils se nourrissent de végétaux, d'insectes et de cadavres; les espèces se distinguent par le nombre de bandes écailleuses.

Les ORYCTÉROPES, ou cochons de terre, habitent des terriers au Cap.

Des RONGEURS à deux grandes incisives.

Les CASTORS, à queue plate recouverte d'écailles, sont les animaux de première création au commencement du sixième temps, à en juger d'après la place qu'occupent leurs restes fossiles, et d'après leur conformation; ils tiennent le milieu entre les mésozoaires et les animaux; ils sont aquatiques et habitent la région nord et tempérée de notre hémisphère, le long des fleuves. Ceux du Canada vivaient jadis en société et se construisaient des habitations, toujours au-dessus du niveau des grandes eaux, qu'ils remplissaient de vivres pour l'hiver, consistant en écorces, racines et feuilles. Partout ailleurs, les castors vivent par paire isolée et habitent des terriers au niveau de l'eau. Ceux qui deviennent veufs, vivent en ermites en attendant que d'autres veufs viennent s'unir à eux. Les castors portent de chaque côté de leur cloaque, deux paires de poches, dont les supérieures reçoivent des glandes, situées auprès d'elles, une humeur graisseuse très-odorante, nommée castoreum. On enlève ces poches pour les livrer dans le commerce. Les castors sont intelligents et s'apprivoisent.

Les castors fossiles sont de plus grandes espèces que celles vivantes.

Les RATS offrent beaucoup de familles de mœurs différentes :

Les ONDATRAS, rats à pieds palmés qui habitent le long des fleuves dans le Canada; ils se construisent des cabanes comme les castors, dont ils sont les voisins; ils sont gros comme des lapins.

Les CAMPAGNOLS, des prés; le rat d'eau; le petit rat des champs.

Les LEMMINGS, à queue et oreilles courtes, habitent les bords de la mer glaciale, vivent en troupes nombreuses; de temps à autres, ils font des migrations et marchent en grand nombre, en ligne droite sans que rien les fasse détourner, traversent les viviers, les montagnes, les habitations en dévastant tout ce qui se rencontre sur leur passage.

Les LOIRS, à queue touffue, passent l'hiver dans l'engourdissement; le lerot, qui mange lès fruits des jardins.

Les ÉCHIMYS, à piquants au lieu de poils; la souris du Caire, a aussi des piquants au lieu de poils.

Les RATS ordinaires; les souris, trop bien connues; le surmulot.

Les HYDROMYS, de l'Amérique, à pieds à demi-palmés pour nager.

Les HAMSTERS, à bajoues, pour transporter le grain dans leurs terriers.

Les GERBOISES, à longs pieds de derrière, habitent des terriers où elles s'engourdissent l'hiver.

Les RATS-TAUPES, vivent comme les taupes, et ont à peine des yeux; le zemmi; les rats-taupes du Cap.

Les HÉLAMYS ou rats-sauteurs, ressemblent aux gerboises, habitent le Cap.

Les MARMOTTES, vivent dans les terriers, et s'engourdissent l'hiver.

Les ÉCUREUILS, dont on distingue plusieurs variétés, vivent de fruits; leur longue queue, touffue latéralement, les aide à sauter d'un arbre à l'autre.

Les POLATOUCHES, ou écureuils volants, dont la peau de leurs flancs s'étend en forme de membrane de manière à les soutenir en l'air.

Les AYE-AYES, ou cheiromys de Madagascar, dont les pattes de devant ressemblent aux mains.

Les PORCS-ÉPICS, couverts de longs piquants, dont la

langue est hérissée d'écailles épineuses, habitent des terriers. On en trouve une espèce en Italie.

Les AGOUTIS, des contrées chaudes de l'Amérique, ont les mœurs des lièvres; les pacas, aussi d'Amérique.

Les COBAYES, le cochon-d'Inde, en domesticité.

Les CABIAIS, à doigts palmés, sont les plus grands des rongeurs; ils vivent en troupe le long des rivières de la Guyane; on les chasse pour les manger.

Les LAGOMYS, sans queue, à jambes égales, ont les mêmes mœurs que les lièvres; ils habitent la Sibérie.

Les LIÈVRES, ces animaux timides, légers à la course, existent toujours malgré leurs nombreux ennemis. Les lapins ont leurs terriers pour se mettre à l'abri du chasseur, mais les belettes vont les y trouver pour leur sucer le sang.

LES INSECTIVORES.

Les HÉRISSONS, dont la défense est de se rouler en boule pour présenter à leurs ennemis les aiguilles qui remplacent leur poil; ils ne sortent que la nuit pour chercher les limaces, les larves, et des fruits.

Les MUSARAIGNES, dont une liqueur odorante suinte de leur peau, ne sortent aussi que la nuit, et comme les hérissons s'engourdissent l'hiver. La musaraigne aquatique.

Les DEMANS, dont le museau s'allonge en forme de trompe, habitent des terriers sur le bord des eaux.

Les scalopes, dont les pattes ressemblent aux mains comme les taupes, dont ils ont les mœurs au Canada.

Les chrysochlores ou taupes dorées du Cap.

Les taupes, dont tout le monde connaît les mœurs.

Les tenrecs ont le corps couvert de piquants, s'engourdissent l'hiver quoiqu'habitant les pays chauds.

DES CHEIROPTÈRES.

Les cheiroptères, ou chauves-souris, qui ont une membrane formée par un repli de la peau, étendue entre leurs quatre membres, formant des espèces d'ailes qui leur permettent de voler; elles ne sortent de leurs ténébreuses retraites qu'après le coucher du soleil en été, car l'hiver elles restent engourdies. C'est alors qu'elles poursuivent dans les airs les phalènes et autres insectes nocturnes dont elles font leur nourriture.

Les vespertillons ou chauves-souris communes de nos pays, qui sont rongeurs de substances animales, offrent six espèces; les oreillards, à grandes oreilles; le grand et le petit fer-à-cheval, ou rhinolophordant, les crêtes du nez ressemblent à un fer-à-cheval; les mégadarmes, sans queue; les nyctères à une queue prise dans la membrane interfemorale; les rhynopomer à longue queue et oreilles réunies; les taphiens à queue libre.

Les phyllostomes, ou vampire à longue feuille relevée sur le nez. Le vampire, qui s'attache aux animaux et même, dit-on, aux hommes, pour leur sucer le sang; les noctilions à courte queue ; les sténodermes sans queue ; les nyctinomes, dont la queue occupe toute la membrane fémorale ; les molosses, d'Amérique.

Les ROUSSETTES, frugivores et carnassières, habitent les Indes, où on les mange ; elles sont plus grandes que les autres, et offrent plusieurs familles.

Les CHATS volants ou galéopithèques, de l'archipel des Indes, ne volent pas autrement que de s'élancer facilement d'arbre en arbre pour faire la chasse aux oiseaux.

DES CARNASSIERS.

Les OURS, à en juger par leurs restes fossiles, étaient plus communs dans les temps primitifs de la création qu'aujourd'hui ; on rencontre leurs fossiles dans les cavernes ossifères et dans les brèches à ossements ; les ours paraissent avoir été les premiers grands carnassiers créés ; on rapporte leurs restes à trois espèces, dont l'une plus grande et différente des espèces actuelles ; les deux autres se rapportent à l'ours brun ; ses fossiles sont avec d'autres mammifères.

L'OURS BRUN d'Europe, qui vit dans les parties des hautes montagnes de l'Europe ; ils courent rarement, mais ils grimpent facilement aux arbres pour en manger les fruits, ou les nids d'abeilles, car ils sont autant végétivores que carnassiers ; ils ne fuient pas l'homme, et ils ne l'attaquent, comme les gros herbivores, que quand ils sont pressés par la faim, à moins que l'homme ne commence à les attaquer ; ils vivent solitaires, et se retirent en hiver dans des cavernes ou des trous dans lesquels ils restent engourdis jusqu'au printemps. Cette espèce offre plusieurs variétés : la noire d'Europe ; l'ours à collier de Sibérie.

L'ours BLANC ou maritime, qui vit dans les glaces polaires, est plus grand que l'ours brun, mais la tête plus petite ; il paraît plus féroce, et vit principalement de poissons.

L'ours JONGLEUR, à longues lèvres des monts Hymalayas, et à épaisse fourrure, paraît être d'un caractère doux et intelligent, et ne vivre que de végétaux. L'ours malayanus, l'ours du Thibet, sont des espèces différentes des mêmes contrées.

L'ours MALAIS, moins grand que le précédent, est aussi essentiellement frugivore et facile à apprivoiser.

L'ours DU THIBET est plus féroce que les deux autres,

L'ours NOIR d'Amérique du Nord qui a les mœurs et qui vit comme le sanglier, habite les régions de neige, mais l'hiver ils descendent dans les pays tempérés où les femelles y mettent bas et restent dans la neige ; ils font beaucoup de dégâts ; cependant, comme toute la race ours, ils fuyent de plus en plus l'habitation des hommes, pour se reléguer dans les contrées inhabitées. Leur peau a beaucoup de valeur, et leur chair est mangée par les naturels.

L'ours des Cordillières du sud, ressemble à notre ours brun, mais il est noir.

Les RATONS, ou petits ours d'Amérique, ayant une

longue queue, se familiarisent aisément, vivent d'oiseaux, de crabes et autres petits animaux ; le raton ordinaire ne mange aucun aliment avant de l'avoir plongé dans l'eau.

Les COATIS, qui habitent les forêts de l'Amérique, vivent comme les précédents ; ils en diffèrent par le nez allongé et mobile.

Les POTTOR ou kinkajous, des Antilles, à queue prenante.

Les BLAIREAUX, qui ont une poche sous la queue d'où suinte une humeur fétide, habitent des terriers, se nourrissent principalement de scarabées et d'escargots.

Les GLOUTONS diffèrent des blaireaux parce qu'ils n'ont pas de poche sous la queue ; le glouton du nord se met en embuscade sur les arbres, d'où il s'élance sur les animaux qui passent.

Les MARTES comprennent beaucoup d'espèces : la marte à gorge jaune, habite les bois où elle fait la chasse aux oiseaux et petits quadrupèdes ; la fouine à gorge blanche, habite les greniers, détruit les rats, les souris, gobe les œufs et parfois étrangle les volailles ; la marte zibeline habite les pays glacés ; le putois, à long cou, fait plus de dégât dans les basses-cours que la fouine, à laquelle il ne le cède guère pour la férocité ; le furet, domestique en France, est employé pour forcer les lapins dans leurs terriers ; la belette, terreur des souris, suce aussi le sang des volailles ; l'hermine, à bout de la queue noire, ressemble à la belette.

Les MOUFFETTES, qui exhalent une odeur insupportable, sont propres à fouir la terre comme les blaireaux.

Les LOUTRES, à pieds palmés et queue comprimée habitent constamment les eaux, où elles vivent de poissons.

Les CIVETTES ont les ongles à demi rétractiles, elles sont d'Afrique, ont une crinière sur le dos, et se distinguent surtout par une poche près de l'anus d'où suinte une humeur odorante.

Les GENETTES ont deux glandes auprès de l'anus ; on les rencontre dans le midi de l'Europe.

Les MANGOUSTES, que l'on élève en Égypte en place de chats ; la mangouste ichneumon détruit les œufs des crocodiles qu'elle cherche sur les bords du Nil.

Les SURICATES, plus petites que les mangoustes auxquelles elles ressemblent.

Les HYÈNES, à mâchoire et encolure très fortes, courent difficilement ; elles sont nocturnes et recherchent les cadavres en putréfaction ; elles vont même les déterrer dans les cimetières, dans les pays chauds où elles habitent ; elles ont un trou suintant au-dessous de l'anus.

L'hyène fossile, plus grande que les espèces vivantes, a été rencontrés dans des cavernes, principalement en Angleterre, en compagnie de restes de mammifères herbivores ; ce qui a fait penser au docteur Buckland, avec juste raison, que ce carnassier les avaient apportés dans son antre et était mort parmi les débris.

L'hyène rayée, animal farouche qui habite le nord de l'Afrique et l'Asie-Mineure.

L'hyène tachetée, bien moins farouche que la rayée, a été même apprivoisée comme un chien, obéissant à son maître, et paraissant avoir des mœurs douces; l'hyène brune, du Cap, où on lui a donné le nom de loup de rivage, ressemble un peu à l'hyène rayée.

DES CHIENS.

Les loups, antagonistes des chevreuils; à défaut de ces derniers, ils se rabattent sur les charognes, ou exercent leur voracité sur tout ce qui peut se manger; la faim, qu'ils peuvent supporter plusieurs jours, les pousse même à se jeter sur les hommes; hors cela, ils fuyent les hommes, et se relèguent dans les endroits les plus retirés des forêts; ils n'en sortent et ne se réunissent que pressés par la faim; pour la satisfaire ils s'entendent, et font preuve de courage et d'adresse.

Le loup ordinaire est le plus grand carnassier sauvage de nos contrées tempérées; il se nourrit principalement des petits de chevreuils; le loup noir, des montagnes, est plus féroce, mais très-rare.

Les loups d'Amérique sont des espèces différentes qui se rapprochent davantage de l'espèce de nos chiens courants, que du loup ordinaire de nos contrées, excepté peut-être le loup du Mexique qui se rapproche d'avantage de notre loup; mais le loup rouge, le loup de la Floride, sont de véritables chiens sauvages, ou du moins ressemblent davantage à nos chiens domestiques qu'à notre loup, produisent facilement avec nos chiens, au lieu que ceux-ci s'accouplent très-difficilement avec les loups ordinaires; bien qu'élevés ensemble on a rarement réussi à les faire produire.

Les restes fossiles de loups ne sont pas caractéristiques : cependant, les restes que l'on possède ne peuvent être rapportés à aucun autre carnassier existant.

Les CHIENS, dont tout le monde connaît les qualités et l'intelligence, existent dans tous les pays de la terre, avec le même caractère, mais sous des formes et un pelage un peu différents; et partout où il y a des hommes, ils sont à l'état de domesticité et montrent le même attachement pour eux.

Les nombreuses variétés de chiens qui, évidemment, proviennent de croisement de plusieurs espèces dont les types naturels n'existent plus, tiennent sans doute plus ou moins de ces types primordiaux, qu'il n'est pas possible de reconnaître, ni même de classer les chiens domestiques d'Europe d'après les caractères qui semblent les rapprocher, tant les variétés sont nombreuses et augmentent encore tous les jours. Cependant il faut le reconnaître, nous avons des espèces ou variétés de chiens, qui ont une forme et un caractère innés; les chiens de bergers sembleraient être un type primitif; les barbets ou caniches, remarquables par leur intelligence; les chiens de chasse; les chiens courants; les dogues; les lévriers; les épagneuls; les chiens de cour, etc., semblent aussi appartenir à des types primitifs, ou au moins les caractériser. Partout, l'homme a adapté le chien à ses besoins, à ses jouissances, et partout le chien a pris de l'attachement pour l'homme.

Le chien de l'Australasie, très-fort et très-courageux, d'un caractère indépendant.

Le chien de l'Hymalaya, à queue touffue; le chien de Sumatra; le chien quao des montagnes de Rhamghur; le chien de la Nouvelle-Islande qui va à la pêche du poisson pour s'en nourrir.

Le chien des Esquimaux, qui est employé comme bête de trait pour les traîneaux; le chien d'Islande.

Les chiens turcs, à crinières, de l'Afrique septentrionale, peu intelligents.

Le chien du Mont-Saint-Bernard, dressé par des religieux pour aller à la recherche des personnes qui s'égarent dans la neige.

Chien caraïbe, qui vivait en domesticité aux Antilles, lorsque Colomb en fit la découverte; ils sont sans poils et n'aboient point.

Les autres chiens d'Amérique, sont des variétés provenant des loups rouges des pampas et des loups du Missouri et des Florides.

Le chien crabier, de la Guyane, qui vit par troupes, mange des fruits et de la chair.

Le chien antarctique, des îles Malouines, qui a les mœurs du renard.

Les CHACALS ressemblent beaucoup aux chiens et

paraissent tenir le milieu entre ces derniers et les renards ; ils vivent en troupes, chassent comme les chiens, et peuvent être un peu apprivoisés mais ils montrent beaucoup d'antipathie pour les chiens ; ils se creusent des terriers pour n'en sortir que la nuit, pour chercher les cadavres, ou chasser en se réunissant.

Le chacal du Caucase, ou chien doré ; chien de l'Inde ; chien de Nubie, du Sénégal, de Barbarie, de Morée.

Le chien de Terre-Neuve, doué d'un instinct particulier pour retirer de l'eau les personnes qui se noyent, ou même d'autres objets naufragés, également intelligent pour autre chose, et est d'un naturel caressant ; il est originaire de cette île où on le voit encore à l'état sauvage et faisant la guerre aux brebis, aux volailles, ou se nourrit de poisson qu'il pêche.

Les RENARDS, dont la ruse est passée en proverbe, sont connus par la destruction qu'ils font du gibier et des volailles de basse-cour ; ils habitent des terriers et se nourrissent aussi de fruits ; leur pupille est verticale.

Le renard commun se trouve dans toutes les contrées tempérées de notre hémisphère ; le renard charbonnier, à bout de la queue noire.

Le renard blanc, de la zone glaciale ; le renard musqué, de la Suisse.

Les renards d'Afrique septentrionale, du Nil, varié, à tête jaune, des marais ; la femelle de l'intérieur de l'Afrique ; le renard à grandes oreilles du Cap.

Les renards d'Amérique du Nord ; le renard argenté ; renard croisé ; renard de Virginie ; renard fauve ; renard tricolore.

DES CHATS.

Familles nombreuses en espèces, caractérisée par des griffes, la férocité et la passion à se rassasier de chair palpitante.

Les CHATS domestiques offrent plusieurs variétés : les tigrés, les angoras, les chartreux, les chats d'Espagne, dont les types sauvages sont en Égypte et au Caucase.

Le chat sauvage, des forêts des contrées tempérées de l'Europe et de l'Asie, qui fait la chasse aux oiseaux de toute espèce et aux petits mammifères, est un tiers plus grand que notre chat domestique.

Chat botté, Temminck, de l'Afrique septentrionale et de l'Inde ; chat ganté, Temminck, de l'Égypte, moins grand que notre chat domestique, dont il est le type, selon Temminck.

Chat chaus ; chat de l'Asie-Mineure.

Le MARGAY, de l'Amérique du Sud ; le colocollo des forêts du Chili ; le jaguarondi, du Paraguay ; le chati, du même pays, dont les mœurs sont douces ; le chat élégant, de M. Lesson, du Brésil ; l'ocelot ; l'occeloïde ; le chat bai ou cervier, est de la taille du renard ; il habite l'Amérique du Nord ; lynx du Mississipi.

Chat Bellanger, des Indes, ou rubigineux de **M.** Geoffroy.

Chat du Népault ou du Bengale.

Chat de Java ou servalien de Temminck, plus petit.

Chat parde ou lynx du Portugal, gros comme un
moineau.

Le LYNX, très-rare maintenant en Europe, a 40 centimètres de hauteur ; on les nomme aussi loup-cervier ;
lynx polaire ou loup-cervier du Canada ; lynx de Sibérie ; lynx de Moscovie, Temminck, de la taille du loup,
aussi porte-t-il le nom de loup-cervier ; il habite la Sibérie et le centre de l'Asie.

CARACAL, ou lynx de Barbarie, à oreilles noires, habite l'Asie-Mineure et l'Afrique.

SERVAL, ou chat-tigre, de la grandeur d'un chien de
moyenne taille, habite l'Afrique.

La PANTHÈRE de Java ; le chat doré, de Temminck.

LÉOPARD, un tiers plus grand que le précédent, est
le tigre d'Afrique ; il marche après le lion pour la
force. Une variété à taches moins nombreuses porte le
nom de panthère.

Le TIGRE, célèbre par sa férocité et son ardeur pour
le carnage, est, après le lion, le plus fort des carnassiers, destiné à vaincre tous les animaux pour les manger ou boire leur sang ; il est le maître des contrées
qu'il habite, parce qu'il n'habite pas les mêmes que le
lion ; il habite l'Asie méridionale où le lion ne va pas ;
leur rencontre, dans l'Asie-Mineure, se termine par la
mort du tigre, de la lionne ou du lionceau.

Le LION, qu'on ne trouve plus guère que dans les déserts de l'Afrique, était plus commun anciennement qu'aujourd'hui ; il est le plus fort de tous les carnassiers et de tous les animaux ; moins féroce que le tigre, il est susceptible d'être apprivoisé ; il offre des variétés selon les localités qu'il habite ; le lion du Cap est plus redouté que les autres ; celui de Barbarie, le plus majestueux, la femelle n'a pas de crinière ; le lion d'Arabie, à crinière épaisse.

Le COUGUAR, ou lion d'Amérique, répandu en très-petit nombre dans les contrées chaudes de l'Amérique.

Le JAGUAR, ou tigre d'Amérique, aussi redoutable que ceux d'Asie, ressemble davantage au léopard pour le pelage ; comme ces tigres, il habite les contrées humides et chaudes.

Ces carnassiers, antagonistes des hommes, doivent un jour s'anéantir, non-seulement par la destruction qu'en font journellement les hommes, dont le nombre et les moyens de destruction s'accroissent, mais encore plus en détruisant les herbivores qui les nourrissent, en s'emparant des domaines de leur retraite. Créés dans la vie collective pour se nourrir de chairs palpitantes, les animaux ainsi institués nous paraissent les plus féroces, les plus redoutables lorsque leur force les pousse à ne rien craindre ; alors, n'ayant que leur force, leur hardiesse à opposer à l'intelligence humaine, ces carnassiers les plus grands, qui ont plus de besoins, succomberont les premiers ; aussi les lions, les tigres, etc., deviennent de plus en plus rares, comme l'attestent leurs fossiles, comparés aux espèces vivantes.

Les loups, grands coureurs et presque omnivores se soutiendront encore longtemps parmi les hommes, parce qu'ils peuvent se passer de chair palpitante pour vivre, et qu'habitant indistinctement dans toutes les contrées tempérées sans fixité, leurs longues excursions nocturnes leur procurent toujours des aliments.

Les ours, habitant des lieux de difficile accès pour les hommes, où ils dorment six mois de l'année, et autant végétivores que carnivores, se montrent seulement au beau temps pour livrer aux chasseurs la moitié de leur nombre. Ainsi, tant que les conditions de vie de ces animaux existeront, ils vivront, en dépit de l'homme; l'ours blanc, comme les crocodiles, les requins, etc., etc., vivront tant que leurs éléments de conservation existeront.

Cependant des restes fossiles appartenant à des êtres, des animaux qui n'existent plus vivants, dont on ne peut même indiquer leur famille, le mégatherion, C. par sa conformation, dont nous avons vu les restes fossiles au cabinet de Madrid, était destiné à vivre comme l'osycterope ou cochon du Cap, dans la terre, le marécage qu'il sillonnait pour chercher sa nourriture; celle-ci a-t-elle manqué? ou animal sans défense et même sans possibilité de marcher, a-t-il été détruit par ses ennemis? Il en est de même du mégalonix de Jefferson, du grand mastodonte, du tatou géant, tous de l'Amérique; le premier et le dernier, du sud, et les trois autres du nord.

Le DYNOTHÉRION, C. en Europe, que M. de Blainville regarde comme de la famille des lamantins, avait ses conditions de vie, qui n'existent plus ; comme les mastodontes, le syvatherion, du centre de l'Asie, etc., etc.

Néanmoins, après les conditions d'existence qu'offre la nature, lesquelles résistent toujours aux efforts des hommes réunis à ceux des carnassiers comme on le voit pour les lièvres, les perdrix, etc., l'homme est le plus funeste antagoniste des êtres qui lui nuisent. Cependant, les serpents, pourvus d'un moyen de défense terrible, résistent aux hommes. Le serpent est le plus redoutable antagoniste humain ; des peuples anciens et modernes, lui rendent un culte, fondé sur la puissance toxique du serpent, qui n'agit contre l'homme que quand il le provoque ou le touche, ou l'irrite par la moindre cause. Hors ces cas, le serpent semble distinguer l'homme des animaux, en fuyant devant le premier, et s'élançant au contraire sur les autres. Mais si un grand nombre d'animaux sont terrifiés à la vue du serpent, même le lion, le tigre, d'autres animaux, les cochons les recherchent pour s'en nourrir, et n'éprouvent aucun effet de leur venin : ainsi va le jeu de l'antagonisme : le cochon, qui va être dévoré par le tigre, tue et mange le serpent qui allait tuer ou engloutir ce tigre. Nous avons vu, en Espagne, la cigogne apporter des vipères pour nourrir ses petits : elle apportait à son nid jusqu'à dix ophidiens dans le cours d'une journée ; et si l'on ajoute à cela que les grandes espèces de serpents, surtout les plus dangereuses, se nourrissent de leurs propres petits, indépendamment que les plus forts avalent les plus petits, on voit que l'antagoniste, qui tend à limiter leur nombre, est puissamment aidé, et l'on comprend difficilement que la race existe encore. Cependant, à la Martinique, île très-peuplée, les serpents rivalisent de souveraineté; l'intelligence humaine est là en défaut, les serpents menacent de l'emporter sur le pouvoir humain, un dixième de la population succombe sous le venin des serpents.

DES QUADRUMANES.

Après les quadrupèdes mammifères, viennent, dans l'ordre de la création, les quadrumanes, animaux qui se rapprochent des hommes par la ressemblance physique, et qui paraissent avoir été créés à peu près dans le même temps que l'homme, leurs restes fossiles sont, comme ceux de l'homme; très-rares dans les contrées tempérées. Or, comme tous les quadrumanes sont de la zone torride, et habitent les pays boisés d'arbres fruitiers dont les fruits composent leur nourriture, on doit en conclure que les singes ont été créés à une époque géologique et dans des contrées où le soleil avait beaucoup de force pour faire mûrir les fruits : sous un ciel brumeux il n'y a pas de fruits, surtout aux arbres. Les quadrumanes habitent sur les arbres, leur conformation leur permettant difficilement d'habiter sur la terre. C'est donc dans les tourbières intertropicales du sixième temps de la terre qu'il faut chercher les fossiles des singes. Cependant, M. Lartet a récemment trouvé dans le terrain tertiaire, près d'Auch, des fossiles de gibbons, ou mieux de magots.

Les **MAKIS** ou lémuriens, ou singes à museau allongé, habitent principalement Madagascar ; ils se rapprochent le plus des quadrupèdes, et sont moins intelligents que les autres quadrumanes ; ce sont des animaux nocturnes, vivant sur les arbres, de fruits, d'insectes, de petits oiseaux et de leurs œufs. On en connaît quatorze espèces : le vari, le macaco, le mococo, les mougous, etc.

Les **INDRIS**, ou makis sans queue, n'offrent qu'une seule espèce que les habitants de Madagascar dressent à la chasse.

Les **LORIS**, aussi sans queue, ou singes paresseux sont des petits animaux nocturnes à démarche lente.

Les **GALAGOS**, à longue queue touffue, habitent le Sénégal, et sont également nocturnes.

Les **TARSIERS** des Moluques, aussi nocturnes, sont autant carnassiers que frugivores.

SINGES D'AMÉRIQUE.

Les **SAPAJOUS**, ou singes américains, sont tous à longue queue, adroits, intelligents, vifs, doux et faciles à apprivoiser. Les vrais sapajous, offrant de nombreuses variétés, habitent les forêts du Brésil et de la Guyane. Le sapajou brun, que l'on colporte ordinairement en Europe ; le grand sajou ou macrocéphale ; le saï, d'un caractère doux, et très-facile à apprivoiser ; etc., etc. Tous les vrais sapajous sont à queue prenante.

Les ALOUATES ou singes hurleurs, à queue prenante, qui habitent toujours sur les arbres le long des fleuves de l'Amérique du Sud, d'où ils font entendre la nuit un hurlement en forme de discours, qui a épouvanté les premiers voyageurs. On raconte sur la vie sociale de ces singes, les choses les plus merveilleuses ; mais ce qu'il y a de certain, c'est qu'il n'est pas possible de les élever ; parce qu'ils sont moins omnivores que les autres. L'alouate ou singe rouge ; l'alouate oursaie ; l'alouate noir ; l'alouate à queue dorée, à queue noire et jaune, barbu, etc.

Les ATÈLES, Geoffroy, sont des petits sapajous qui diffèrent peu des précédents, mais qui ne hurlent pas ; ils sont noirs ; le coaïta ; le chameck ; le belzébuth ; le choura, le métis ou zambo, tous n'ayant que quatre doigts.

Les ÉRIODES, Geoffroy, qui ressemblent aux précédents, mais ont cinq doigts. Les lagotriches.

Les OUISTITIS, Geoffroy, à queue non prenante, sont de jolis petits singes, vifs et très-dociles, se rapprochant des écureuils, sont aussi de l'Amérique du Sud. Le jacchus ; l'ouistiti à pinceau au-devant des oreilles ; l'ouistiti à tête blanche ; l'ouistiti oreillard.

Les TAMARINS, à queue noire, ne fuient pas devant l'homme : le léoncito de mococo, Humboldt, très-petit ;

le marikina, à crinière qui environne sa tête; le piuche, qui est crépusculaire.

Les **sagoins**, qui vivent dans les broussailles, diffèrent des autres qui sont toujours sur les arbres, habitent par petites troupes au Brésil et à la Guyane, où ils cherchent les insectes qui composent leur nourriture; le sagoin veuve, la vidacta, de Humboldt; sagoin masque; sagoin fraise; sagoin à collier; sagoin moloch; sagoin aux mains noires; sagoin mitré; sagoin sabel; le saïmiri, qui ressemble à l'écureuil, paraît être le plus intelligent et le plus élégant des singes; il vit principalement d'insectes, surtout d'araignées qu'il préfèrent; son caractère doux et ses gentillesses le font rechercher des habitants.

Les **sakis**, Desmarest, ressemblent aux sapajous, mais leur quéue n'est pas prenante, elle à de longs poils; ils sont nocturnes, vivent de fruits et d'insectes, et recherchent les ruches d'abeilles; le saki à ventre roux qui habite les forêts de la Guyane; saki miriquoina; saki à moustache; saki à tête jaune; saki jasqué; saki moine; saki capucin, qui ne vit pas en troupe; il boit dans le creux de la main; saki cacajao; saki à gilet.

Les **nocphores**, Fr. Cuvier, ne diffèrent des sakis que par leurs grands yeux, aussi sont-ils plus nocturnes que les autres.

————— ·· ———————

SINGES DE L'ANCIEN CONTINENT,

OU CATARRHINS, *Geoff.*

Singes caudifères, plus grands que les Américains.

Les CYNOCÉPHALES ou singes à museau allongé et tronqué, sont tous d'un caractère méchant et d'une lasciveté dégoûtante ; les vieux surtout sont intraitables.

Les BABOINS, à larges favoris blanchâtres, remarquables par leur lubricité, vivent dans le nord de l'Afrique.

Le PAPION, à face noire, intelligent, traitable dans son enfance, et d'une férocité effrayante dans l'âge adulte, habite la Guinée.

Le CHACMA, ou singe noire de Levaillant ; le mâle a une sorte de crinière, et est féroce ; il habite le Cap.

Le TARTARIN, à perruque, féroce et très-fort, habite l'Éthiopie et l'Arabie.

Les MANDRILLES, à face noire et nez rouge, queue courte, habitent les côtes occidentales d'Afrique, très-forts et très-lubriques.

Le DRILL, plus noir que le précédent.

Les CYNOPITHÈQUES, sans queue, habitent les Philippines.

Les MACAQUES ont le museau moins long que les cynocéphales ; ils renferment plusieurs espèces ; la première habite le Congo ; elle est plus traitable et moins lubrique que les précédents.

Macaque à crinière ou onandourou à queue de lion, des Indes, est intraitable.

Le RHÉSUS, Audebert, des Indes, est doux dans sa jeunesse. M. Is. Geoff., de la Cochinchine.

Macaque à face noire ; macaque à face rouge ; macaque maure, des Molluques ; carbonarines de Sumatra, F. Cuvier.

Le MAGOT, ou pithèque presque sans queue, habite la Barbarie et même le midi de l'Espagne, très-intelligent et doux dans sa jeunesse, est commun dans les ménageries ambulantes. Le magot du Japon, macacus speciosus, F. Cuvier.

La TOQUE, de Malabar, à longue queue, se rapproche des guenons.

Le BONNET CHINOIS, aussi à longue queue, à lèvre inférieure noire, à poils sur la tête en forme de bonnet, est aussi de la côte de Malabar. Ces deux espèces, cercocèbes, de Is. Geoffroy, sont intermédiaires entre les macaques et les guenons.

Les GUENONS, à abajoues, à longue queue, habitent les forêts de l'Afrique ; jeunes, les guenons s'apprivoisent facilement, autrement elles sont indociles.

La MONE, Desmarest, habite la Guinée ; elle s'apprivoise facilement ; friande, voleuse et incorrigible ; le hocheur ; le blanc-nez ou axagne, aussi de la Guinée ; le talapoin, la callitriche, du Sénégal ; le grivet ; le vervet ; le patas ; la guenon à collier ; le mongaben ; le patas ; le malbrouck ; tous de l'Afrique.

Les **gemnopithèques**, F. Cuvier, ou guenons des Indes, ne sont pas aussi bien proportionnés que ces derniers à petit pouce; ils sont doux et intelligents, mais comme tous les singes, en devenant vieux ils deviennent fous dans l'état de captivité.

Le **croo**, à aigrette occipitale, à queue blanche, habite Sumatra, suivant MM. Diard et Duvaucel.

Le **douc**, ou duc de Buffon, paré de belles couleurs; il habite la Cochinchine.

L'**entelle**, Dufrêne, à queue de lion, habite le Bengale où il est vénéré par les Brhames, quoique souvent il vienne ravager leurs jardins; la guenon maure de Leschenault, de Java; le cimepaye, de Sumatra, le kahau, de Bornéo.

Les **colobes**, sans abajoues et sans pouces aux membres de devant, habitent l'Afrique; le guereza, de l'Abyssinie, noir et blanc.

SINGES SANS QUEUE ou HYLOBATES,

Singes sans queue. Les **gibbons**, ou hylobates aux longs bras, sont doux et timides, vivent en société dans les contrées les plus chaudes de l'Inde, à Sumatra, Bornéo et Java principalement; ils sont omnivores comme les hommes; les fruits, les tubercules, les œufs et quelques petits animaux, composent leur nourriture ordinaire; ils grimpent surtout après les arbres.

L'**hylobate** hooloch, ou vouloch de Latreille, est

noir; il vit dans les monts Ganaw, de baies et de jeunes pousses, et grimpe avec beaucoup d'agilité après les palmiers; il se ploie facilement à la domesticité et vit comme les hommes, mais conservant toujours du goût pour les fruits, les insectes et même les araignées, qu'il avale avec avidité; il s'attache à son maître comme le chien, et lui obéit de même.

Le gibbon syndactyle ou siamang à espace nu sous la gorge, de Devaucel; les soins maternels chez ces singes feraient honte à des mères humaines. Très-sauvage en liberté, il devient extrêmement doux en domesticité; mais il conserve toujours beaucoup de timidité et paraît insensible aux bons comme aux mauvais traitements, et demeure toujours taciturne.

Grand gibbon aux mains blanches de Java.

Gibbon cendré, ou moloch, le comte, ou Wouwou, de Camper, de Java, où ils vivent par couples dans les forêts; captifs, ils deviennent indolents et mélancoliques.

Hylobates agile (F. Cuvier), ou petit gibbon de Daubenton, ils vivent en familles, à Sumatra, où ils déploient beaucoup d'agilité; en domesticité ils sont un peu moins apathiques que les siamangs.

L'ounko, aussi de Sumatra et de Java, un peu moins grand que les précédents auxquels il ressemble beaucoup.

Les orangs-outangs, hommes des bois, habitent Bornéo et Sumatra, se rapprochent beaucoup des hommes sous tous les rapports et semblent être intermédiaires entre les animaux et les hommes; on ne les a encore vus qu'à Bornéo et à Sumatra, où d'ailleurs ils sont rares, et finiront bientôt par disparaître, n'ayant d'autres moyens de conservation que les forêts vierges et inhabitées par les hommes. On ne connaît pas leurs mœurs dans l'état sauvage, et très-peu dans la captivité puisqu'on n'a encore pu avoir que des jeunes, que l'on a conservés peu de temps, assez cependant pour savoir qu'ils avaient de l'intelligence et des sentiments humains mêlés à ceux de l'animalité. Les orangs de Sumatra paraissent appartenir à une famille différente que celle de Bornéo.

Les PONGOS de Wumb, de Bornéo, ont les yeux ronds, le poil brun, et sont plus grands que les orangs ordinaires, qui sont roux et ont les yeux ovalaires comme les hommes ; ils sont encore plus rares et leur férocité est passée en proverbe parmi les habitants du pays. Nous avons cru longtemps que les pongos étaient des orangs dans un état d'aliénation mentale.

L'orang de Wallielz, du continent indien, l'orang d'Abel de Sumatra, sont-ils des espèces différentes?

Les CHIMPANZÉS, qui habitent les forêts de la Guinée et du Congo, forment le bouzon le plus élevé de l'échelle animale ; l'immortel Linné les qualifiait *homo silvestris*, tant est grande leur ressemblance aux hommes plutôt qu'aux animaux, mais ils ne parlent pas, bien qu'ils s'entendent parfaitement : voilà donc un défaut dans leur organisation, pour les comparer aux hommes, et sans doute qu'il y en a encore beaucoup d'autres ; il est vrai qu'ils vivent en société, se construisent des cabanes, attaquent et se défendent à coups de bâtons et avec des pierres, et ont conservé des négresses pendant quatre à cinq ans parmi eux, sans que celles-ci aient eu à s'en plaindre ; mais on ne connaît rien de leur organisation sociétaire ; comme les animaux le besoin les réunit pour être plus forts. Les Australasiens et les Hottentots ont une forme de gouvernement et obéissent à des lois : ainsi les peuples qui sont en bas de l'échelle humaine, sont encore bien supérieurs aux chimpanzés qui sont en haut de l'échelle animale. Sans doute qu'en comparant les chimpanzés aux papous, la différence paraît moins grande, qu'entre ces derniers et les européens ; peut-être est-elle moins grande sous le rapport intellectuel comme nous l'établirons plus tard. Peut-être aussi le chimpanzé se rapproche-t-il davantage du papou que du babouin.

ORGANISATION ANIMALE.

Considérations. Évidemment, dans la série animale, qui commence par les tapirs, les cochons, les chimpanzés réunissent physiquement l'organisation la plus complexe, organisation qui multiplie leurs sensations, et les élève au-dessus des autres animaux par la multiplicité de leurs instincts et de leurs facultés. Cependant cette multiplicité de facultés n'assure pas la supériorité de toutes chez le même animal, car chaque animal, même les mésozoaires et atélézoaires,

sont doués en particulier d'une faculté conservatrice
supérieure, mais ils n'ont qu'une seule faculté que leur
donne leur organisation : le mollusque dans sa coquille,
le poisson dans l'eau, les reptiles, l'agilité, la puissance de la mâchoire, ou le venin ; les oiseaux, les ailes ; les pachydermes, leur peau et leur gueule ; les
chevaux, leurs ruades ; les ruminants, leurs cornes ;
les lièvres, les chevreuils, l'agilité de leurs jambes ;
les lions de la force dans leur mâchoire ; les terriers,
leur faculté de creuser la terre et de séjourner dans
les trous ; les singes, la faculté de grimper et de sauter
d'arbre en arbre.

Ainsi, les animaux qui réunissent le plus de facultés sont les mieux organisés, *et vice versâ*. Mais la faculté unique est toujours supérieure parce que la masse
d'organisation est concentrée pour développer une
seule puissance, toute la force de l'être dirigée vers
un même but, la conservation.

Instinct de conservation. Telle est l'organisation de la
matière qui tend à la conservation de cette matière,
selon son organisation, à s'assimiler telle ou telle matière, procréer, et enfin parcourir les périodes de
l'existence voulues par l'ordre de la création dans la
vie collective des êtres créés selon les conditions
d'existence du temps de la terre.

Les herbivores broutent l'herbe pour s'en nourrir et
ont des moyens de défense, selon leur organisation ;
les carnivores les étranglent et s'en nourrissent et ont
la force pour cela, aussi en vertu de leur organisation ;
mais, comme nous venons de le voir, le nombre est

bien grand de ces êtres , et leur mode de nutrition aussi grand ; sans compter les végétaux , depuis les mollusques, les annélides , jusqu'aux requins, crocodiles, tigres, lions, destinés et doués de la faculté de manger tous les autres, et qui, n'y ayant plus d'êtres au-dessus pour les égorger , sont encore destinés, les plus forts, à dévorer les plus faibles de leur famille, jusqu'à ce que la force leur manquant, ils deviennent la proie de ceux qui sont dans la force de l'âge.

Ce mécanisme de la vie collective animale , qui effraie l'homme de bien qui le contemple, et qui sert d'appui à l'athéisme dans ses raisonnements , est la conséquence toute naturelle de l'union de deux principes antagonistes sans quoi rien n'existerait, et qui fonctionnent selon un ordre, dont le but évident est la perfectibilité des êtres. Qui est-ce qui en douterait, en voyant d'abord la création des atélézoaires, puis des mésozoaires, ensuite des animaux et après les hommes?

Intelligence chez les animaux. Nous n'avons parlé, à l'égard des animaux, que de la faculté matérielle , qui est l'instinct, subordonné à l'organisation matérielle ; mais il existe une autre faculté, qui est l'intelligence, qui semble être uniquement dévolue à l'homme, et que, cependant, un petit nombre d'animaux , même d'oiseaux, partage à un certain degré ; et ce degré d'intelligence ne paraît pas être tout-à-fait le résultat de l'organisation matérielle, c'est-à-dire de la forme corporelle , ni même complétement en raison du volume de l'organe qui est le centre des facultés intellectuelles. L'agami, chez les oiseaux, qui est doué d'une intelligence qui ferait honte à la moitié des hommes, n'a pas l'organe encéphale beaucoup plus développé que les autres oiseaux de sa grosseur; l'éléphant, qui est le plus intelligent des animaux, n'a pas le cerveau proportionnellement plus volumineux que celui du cochon; enfin le chien n'a pas plus de cervelle que le mouton. Sans doute qu'il existe une organisation intime de l'encéphale que l'anatomie ne nous a pas encore dévoilée malgré les recherches de la phrénologie.

La faculté instinctive est invariable, même celle qui nous paraît la plus sublime chez certains êtres, les abeilles, les fourmis, les hirondelles, les castors, etc. agissent toujours de même; cependant nous qualifions intelligence l'action qui est le résultat du raisonnement, du calcul, ou qui nécessairement suppose ces facultés; or, lorsque le castor élève d'avance sa cabane sur le bord d'un fleuve, pour que l'entrée se trouve au niveau de l'eau, ou dehors de l'eau, au moment des grandes crues qui doivent arriver quelques mois après la construction; pour que les hirondelles se réunissent pour emprisonner le moineau qui s'est emparé de leur nid; le renard qui fait un cri effrayant, la nuit, auprès des trous de lapins, afin d'obliger ceux-ci, qui sont allés paître dans les champs de venir se réfugier dans leurs terriers, pouvoir les attraper à leur rentrée, ou aller imiter le chant du coq, dans le voisinage des habitations, pour les exciter à chanter, et s'assurer par là de leur demeure, etc., etc. :

ces facultés instinctives qui, mises en action, supposent nécessairement du raisonnement, du calcul, sortent de l'instinct commun, et constituent véritablement un degré d'intelligence : degrés dont tous ou presque tous les animaux, indépendamment de leur instinct de conservation, sont plus ou moins pourvus.

Conservation animale. Ainsi l'auteur de la nature en créant les êtres selon les conditions d'existence des temps et des lieux, a donné à chacun une organisation propre pour lui faire parcourir les périodes de son existence et soutenir l'antagonisme dans le concert de la vie collective. Puis, par la mort, la vie qui n'avait été que prêtée, reprend les éléments qui se désunissent pour les reformuler de nouveau selon l'ordre indiqué par les conditions d'existence : forme constamment en rapport avec ces conditions , tant que les conditions leur seront convenables ; les atélézoaires et partie des mésozoaires existeront tant qu'il y aura assez d'eau pour les recéler ; les oiseaux, tant que l'air, les arbres, etc., pourront les supporter ; les herbivores, tant que l'herbe croîtra, et les carnassiers, tant qu'il y aura des herbivores pour les nourrir.

La puissance de l'homme, sans doute, contribue pour beaucoup dans la conservation des espèces animales qui lui sont utiles , et un peu souvent dans la destruction de celles qui lui sont nuisibles ; mais ses efforts sont à peu près nuls, lorsque les conditions d'existence s'opposent à ses desseins. L'éléphant, qui ne se reproduit pas dans l'état de captivité, malgré son utilité pour l'homme, finira bientôt par disparaître par l'effet de l'envahissement par l'homme de ses domaines de liberté. Les serpents exerceront longtemps leur antagonisme contre la puissance de l'homme, parce que leurs conditions d'existence sont favorables à un haut degré ; et qu'il a à opposer à l'homme, une arme aussi redoutable que celle que l'homme peut lui opposer. D'ailleurs il est facile de comprendre que les êtres qui ont des conditions difficiles d'existence actuellement, finiront même par disparaître quand même l'homme n'aiderait pas cette disparition, lorsque les conditions d'existence disparaîtront ; les tapirs, par exemple, animaux les premiers créés, quand la terre n'était encore qu'un marécage ombragé par des arbres, vivant sous un ciel toujours pluvieux, cesseront d'exister quand les forêts vierges et marécageuses intertropicales, n'existeront plus.

GÉNÉRATION.

Génération. L'acte par lequel tous les animaux procèdent à leur reproduction est aussi impérieux que celui qui leur fait prendre des aliments. Chez plusieurs classes d'atélézoaires, les deux sexes sont réunis sur le même individu, tel que les zoophites, les polypes, les radiaires, les mollusques ; pour les autres, l'acte générateur a besoin du concours de deux êtres de sexe différents. Mais chez les limaçons, les aphysins, les planorbes, et peut-être toutes les co-

quilles univalves possédant les organes mâles et femelles sur le même individu, le concours de deux individus est néanmoins nécessaire à la fécondation ; ils
s'unissent dans un accouplement réciproque, les organes mâles de l'un fécondent les organes femelles de
l'autre, *et vice versá ;* chez les poissons et plusieurs
femelles de batraciens il n'y a pas d'accouplement, le
mâle féconde les œufs répandus dans l'eau.

La nature se montre d'autant plus prolixe en reproduction, que les êtres sont plus inférieurs en organisation ; mais la reproduction n'a lieu que quand
les conditions de la vie le demandent, et si celle-ci
l'exige ce n'est plus une reproduction, c'est une
création, la vie se manefeste à l'infini, tous les corps
s'animent, s'organisent, croissent en se réunissant
par juxtaposition, ou par absorption d'éléments nutritifs.

Enfin, la génération ou la reproduction s'accomplit
encore chez quelques classes d'êtres inférieurs, par la
séparation d'une portion de l'être, comme des bourgeons, chez les polypes, qui se détachent pour produire un nouvel être, ou l'être se partage en plusieurs
fragments qui forment autant d'êtres nouveaux, comme
chez les vers intestinaux.

CRÉATIONS.

Les créations incessantes d'êtres ne nous sont bien
démontrées que pour les êtres les plus inférieurs

ceux qui paraissent avoir l'organisation la plus simple ; ils disparaissent aussi vite qu'ils ont paru, quand
leurs conditions d'existence disparaissent.

Pour les autres êtres d'une organisation plus compliquée, leur apparition dans les lieux où les conditions de la vie les appellent, comme ils n'y arrivent que
secondairement, et que souvent les premiers leur servent d'aliment, on a été porté à croire qu'ils étaient
le résultat des transformations, des métamorphoses
des premiers. Telle a été notre opinion pendant longtemps d'après celle des savants dont nous avons suivi
les leçons.

Mais depuis, nous sommes complétement revenu
d'une telle erreur ; non-seulement, l'étude des recherches géologiques, des restes organiques, nous
prouvait l'invraisemblance des transformations d'un
être en un autre, puisque dans les séries d'êtres les
places sont occupées par des êtres existants dans un
ordre inverse des fossiles ; mais en considérant surtout que les êtres sont organisés d'une manière invariable, qu'il est impossible de modifier en rien leur
constitution ni leur régime, qu'ils meurent plutôt
que de changer en la moindre chose leur organisation,
leur caractère et leurs mœurs, il nous reste bien démontré que les êtres sont spécialement créés pour les
lieux où ils vivent ; que le renne, l'ours blanc, et
même le Lapon, ne peuvent vivre ailleurs que dans
leur rude climat ; que notre chat domestique, probablement issu de celui d'Egypte auquel il ressemble
parfaitement, n'est en rien modifié depuis plus de

deux mille ans qu'il est à l'état domestique en Europe; il vit sauvage en Égypte, et ici, il faut qu'il soit domestique , ne pouvant passer l'hiver dans l'état sauvage ; car les chats sauvages de nos forêts sont une espèce tout à fait distincte.

Si nous voyons s'animer des corpuscules et constituer des êtres vivants (Dumas) , c'est que la création de ces êtres éphémères est incessante, qu'elle se présente chaque jour à nos yeux, tandis que la création des autres êtres qui doivent avoir une existence prolongée ne sont créés qu'autant que les conditions de leur existence sont assurées; les observations sur les îles de l'Océanie nous montrent cette vérité ; aux nombreux polypiers, mollusques, crustacés, viennent se joindre les poissons, les reptiles, puis les cétacés, les amphibies et les oiseaux dans une végétation vigoureuse, et enfin très-peu de mammifères terrestres sur les terres les plus anciennes, dont sans doute la plupart disparaîtront, tant parce que leur conditions d'existence s'affaibliront que par le fait de ceux que l'homme protége.

Il est donc évident que les créations s'opèrent se lon que les conditions d'existence les nécessitent , pour tous les êtres atélézoaires, animaux et hommes. Et que si l'on n'a encore pu jusqu'ici constater exactement les créations d'êtres supérieurs, cela tient à ce qu'elles arrivent d'autant plus rarement, qu'elles concernent des êtres d'un ordre plus supérieur, et que presque toujours elles ont lieu dans des lieux où il y a peu de savants pour les observer, puisque les créations ne peuvent avoir et ne doivent avoir lieu dans les pays populeux ; d'ailleurs la découverte des créations ou générations spontanées des êtres les plus inférieurs est toute récente, bien que ces générations s'opéraient chaque jour devant nos yeux, que des apparitions spontanées végétales et animales se manifestaient fréquemment.

L'être créé a aussitôt la faculté de se reproduire et cette faculté est d'autant plus grande que ses conditions d'existence son plus favorables : alors c'est ainsi que sa propagation s'effectue.

Métamorphoses. Les créations, comme les copulations qui engendrent, s'effectuent toujours par le concours actif de l'électricité, qui rend intime l'union des principes différents qui composent l'être qui reçoit en même temps la vie, ou une autre vie que celles des principes constituants avant leur union.

Chez les mammifères, l'être qui vient de recevoir la vie parcourt les phases de son développement organique dans le sein de la mère et en sort tout formé; chez les oiseaux et en grande partie chez les atélézoaires, il sort du sein de la mère aussitôt qu'il a reçu la vie pour se développer plus ou moins complétement dans l'enveloppe qui le contient avec son aliment (œuf), sous l'influence d'une douce chaleur (incubation). D'autres, la plupart des insectes, les batraciens etc., subissent des métamorphoses, c'est-à-dire parcourent dans l'air ambiant les phases du premier temps de la vie, qui est parcouru chez les autres, dans l'utérus, ou dans l'œuf, mais à des degrés différents suivant les familles.

Nous disons donc que les métamorphoses sont la ressemblance des transformations que subit l'embryon dans le sein de la mère ou de l'œuf, et qui ne peuvent avoir lieu dans l'œuf trop petit des insectes et des batraciens, attendu encore que ces êtres sont d'une organisation plus compliquée que celle des poissons qui n'ont pas de métamorphoses.

Apparitions spontanées. Les créations, apparitions ou générations dites spontanées, ont été constatées par des savants de premier ordre : Spallanzani, Frey, Wiegmann, Dutrochet, Bachoué, Fourcault, Mark, Geoffroy et surtout Dumas qui les a si bien démontrés ; M. Bory de Saint-Vincent, prétend qne les particules organiques, animales ou végétales, placées dans des conditions favorables, passent aux états d'animal ou de végétal. Enfin il est connu que tous les corps végétaux et animaux en état de décomposition engendrent, sans précédents le plus ordinairement, des êtres qui en reprennent les éléments.

Microzoaires. Les infusoires ou microzoaires, objets de recherches de beaucoup de savants, offrent une multiplicité d'êtres très-différents les uns des autres à peu-près évidemment sans précédents, classés par Muller, Cuvier, Bory, Ehrenberg. La classification de ce dernier savant est combattue par MM. Dujardin, Peltier. M. de Blainville enfin, a classé les microzoaires bien caractérisés dans la série animale, en assignant à chaque forme sa place dans les diverses

classes des êtres inférieurs, ce qui prouve la disparition de ces êtres et leur permanence sous la même
forme.

On voit des microzoaires dans tous les liquides animaux , appartenant à des corps vivants ou morts ,
dans tous les liquides répandus dans la nature.

Zoospermes. Les zoospermes, que M. le professeur
Lallemant et d'autres savants , prétendent être des
demi-embryons vivants de la femelle , constituent
l'embryon complet, qui serait alors le résultat de
l'union des deux êtres, l'un dit M. Lallemant, sécrété
par les testicules du mâle, et l'autre par les ovaires
de la femelle. Les zoospermes perceraient l'ovule
pour s'y loger et recevoir les développements ulté-
rieurs ; cependant nous n'avons jamais vu de zoospermes dans l'ovule qui venait d'être fécondé, et nous ne
comprenons pas non plus que le zoosperme puisse
traverser l'enveloppe de l'ovule.

Les zoospermes sont des animalcules vivants dans
le sperme, comme les vibrions que l'on voit dans les
humeurs de l'œil de beaucoup d'animaux etc., etc.
Ces microzoaires vivent dans leur élément de nutrition, comme les entozoaires dans les intestins, les try-
datides dans les kystes, etc. etc. Néanmoins il est des
microzoaires susceptibles de vivre dans des milieux
différents : il paraît que les protées que l'on rencontre sous la peau des lombrics , sont les mêmes que
ceux qui vivent dans l'eau stagnante, etc.

Enfin les infusoires se rencontrent partout en nombres extrêmes, dedans ou dessus les tissus végétaux et

animaux, mais c'est surtout dans les eaux stagnantes, marines ou douces; certaines mares se couvrent de monades vertes en un temps très-court; dans une grande étendue d'eau stagnante, ce sont des atélézoaires plus grands qui surgissent, mais plus lentement. Un calme plat dans certaines mers intertropicales fait paraître, dans l'espace de quelques jours, une innombrable quantité d'êtres végétaux et atélézoaires de toutes les classes plus ou moins grands, et dont quelques-uns deviennent assez gros si le calme continue.

Préexistence des germes. Des savants, l'immortel Cuvier en tête, prétendent que tous les êtres qui nous paraissent se former ou surgir à nos yeux, préexistaient par leur semence dans le milieu où ils apparaissent; une semblable prétention que rien ne justifie tombe devant les observations si bien démontrées par MM. Dumas, Bory, etc, etc., et que nous avons plusieurs fois vérifiées dans l'eau distillée renfermée dans des vaisseaux clos.

Ensuite, pourquoi plutôt croire à une préexistence de semence inaltérable pendant des siècles, qu'à une nouvelle création? Ne devons-nous pas plutôt croire ce que nous voyons que ce que nous ne voyons pas? Est-il plus difficile pour la Divinité, de faire aujourd'hui ce qu'elle a fait hier, les circonstances étant les mêmes?

D'un autre côté, pourquoi supposer que les semences de tous les êtres étaient de toute éternité, ou au moins depuis l'origine du globe terrestre, répandues dans la nature, et qu'elles se développent lorsque leurs conditions de vie se manifestent? Nous le répétons, rien ne démontre ni ne justifie ces suppositions, pendant que le contraire se manifeste tous les jours à nos yeux.

Admettons donc, en thèse genérale que les êtres inférieurs, sont tous les jours créés lorsque leurs conditions de vie se présentent, qu'ils se développent et ont la faculté de se reproduire, soit seuls, soit par le concours de deux individus. Ainsi, pour ces êtres création évidente, monogénie, conjugénie, diginie, point d'embryon, ou son développement sans le secours des parents, métamorphose visible pour arriver à l'être complet.

Mais il s'en faut que l'on aperçoive les créations d'êtres supérieurs. Les êtres inférieurs, dont nous voyons les créations se développant dans le milieu ambiant, sans ovule, ou avec ovule, et le milieu sert d'oviducte ou de matrice à l'embryon. Au lieu que celui-ci, chez les êtres supérieurs, a toujours besoin, au moins d'ovule, et chez les mammifères des matrices.

Cependant, la marche progressive de l'organisation que démontre la Flore comme la faune fossile, le renouvellement de certaines espèces dans chaque système de terrains fossilifères, la présence de végétaux et d'animaux particuliers à chaque lieu de la surface de la terre, et surtout sur certaines îles, ont dû faire croire aux créations successives, et les admettre pour les animaux comme pour les atélézoaires.

Transformation des êtres. Des naturalistes célèbres

ont pensé qu'il n'y avait pas eu de créations successives, que l'organisation progressive provenait de modifications lentes des temps primitifs. Les travaux de l'anatomie philosophique, dans ces derniers temps, tendent à faire voir que les embryons des animaux supérieurs sont la répétition transitoire des conditions d'organisation permanentes des êtres inférieurs, et paraissent démontrer les développements successifs de l'organisation des êtres.

Ce système qui tend à vouloir se passer de créateur, et qui rallie intimement l'homme à la brute; qui croit à la préexistence des germes, qui prétend que, parce que les embryons des grands animaux sont conformés comme les radiaires, les larves, les mollusques, etc., ces grands animaux étaient primitivement radiaires, mollusques, ne peut se soutenir devant le développement ultérieur du fœtus, qui cesse brusquement toute ressemblance avec les êtres plus inférieurs de la classe animale, des mésozoaires, même des reptiles et des poissons.

Embryogénie. Admettre une similitude de conformation primitive pour tous les êtres, cela est évident; mais comme tous les embryons des animaux et des mésozoaires sont les mêmes pour l'organisation, pendant que les microzoaires et actinozoaires offrent des différences complètes en nombres extrêmes, dont un petit nombre seulement offre de la ressemblance avec les embryons des grands animaux, à l'état complet, il s'ensuit que l'embryogénie n'établit rien d'exact. Si tous les infusoires, les actinozoaires, eussent eu, au moment de leur apparition, la même forme, et qu'ensuite le développement de leur organisation leur eût donné des formes différentes en rapport avec les changements que subit l'embryon, alors on aurait pu établir le précédent d'un système de transformation successive dans l'échelle des êtres ; mais rien de cela n'a lieu.

Fœtogénie. L'organisation du fœtus s'effectue de la circonférence au centre par adjonction successive de parties organiques qui se continuent à la circulation et se développent, alimentées de celle-ci, pour se souder à la place qui leur convient, compléter l'organe, puis l'organisation de l'être. De ces connaissances anatomiques vérifiées sur tous les êtres et parfaitement démontrées dans ces derniers temps, on en a déduit la possibilité d'une transformation lente dans le sein de la mère ; transformation marchant sympathiquement avec les besoins de la mère ou la force de son habitude.

Les êtres ne peuvent changer. Nous ne disconvenons pas que les êtres ne puissent éprouver une certaine modification dans leur organisation superficielle par la force de l'éducation ou de l'habitude ; mais la nature ne paraît pas admettre de transformations d'un être en un autre, ils meurent plutôt que de se modifier lorsque leurs conditions de vie s'affaiblissent ; il reste encore quelques tapirs dans les forêts vierges et humides de l'Amérique qui attestent les habitudes des paléotherions du commencement du sixième temps de la terre, et les crocodiles sont toujours les mêmes que ceux du quatrième temps, et ils disparaîtront, comme les ichthiosaures , les ptérodactyles, etc, etc, lorsque leurs conditions d'existence disparaîtront aussi. Dire qu'ils se transformeront en d'autres êtres, c'est une supposition bien gratuite que repousse la raison et l'expérience des temps. La fœtogénésie nous montre au plus que tous les êtres commencent à peu près de la même manière.

Disons donc, d'après ce que nous montre la nature et les recherches fossilifères, que la puissance créatrice a toujours été et est toujours la même; qu'à toutes les époques, il y a eu créations d'êtres organiques en rapport avec leurs conditions d'existence. Que ce sont celles-ci qui réclament impérieusement la présence d'êtres organiques qui leur conviennent. Que des plantes aquatiques et des batraciens paraîtront dans une mare formée accidentellement. Que des arbres croîtront spontanément, et des lapins ou autres animaux apparaîtront dans une garenne formée sur un lieu écarté, éloignée d'endroits où ces êtres existent , pourvu qu'il réunissent les conditions de vie convenable, et que chaque climat a ses êtres particuliers.

Ajoutons encore que, les créations sont comme les générations, non l'effet du hasard ni du temps, comme l'athéisme semblerait l'insinuer, mais entièrement subordonnées à la Providence qui les règle selon les besoins des lieux , selon l'abondance des éléments de la vie. La fécondité est très-grande dans les pays très-fertiles, les hommes en fournissent l'exemple dans les delta du Nil, du Gange, etc, etc. Elle est rare dans les pays stériles, la Sibérie, le Sahara, etc, etc On a trouvé des hommes et des animaux partout où ils pouvaient vivre, dans les îles les plus éloignées des autres continents, et il a été démontré que les contrées où on n'en a point trouvé, c'est qu'il n'y avait pas de moyens d'existence pour eux.

La Providence ordonne les créations et les générations; l'antagonisme en limite l'équilibre dans les espèces et les individus.

Tel est l'ordre établi dans la nature : créer, conserver et détruire; créer par l'union de deux principes antagonistes qui reçoivent la vie momentanément, qui s'organisent pour fonctionner selon le besoin du lieu, pour s'assimiler les éléments de vie de nutrition qui surgissent, les élaborer pour leur développement, se multiplier par l'excès de nutrition, et jouir: telle est l'action du principe de conservation ; mais dans le but de l'élaboration tendant à la perfection, ces êtres se sont assimilé ce que d'autres avaient élaboré ; alors par le même destin, ils cèdent à d'autres ce qu'ils ont à leur tour élaboré, ils cèdent leur produit d'élaboration comme ils ont pris celui des autres, en détruisant et étant détruits: telle est l'action du principe de destruction. Le premier se qualifie bonheur, le deuxième malheur. Tous deux, par conséquent, sont nécessaires, indispensables pour satisfaire l'ordre de la nature établie par la Divinité en créant la terre, et tous les êtres ne sont créés qu'à ces conditions: c'est en suivant cette marche que les choses sont arrivées au point où nous les voyons, ou l'homme apparaît sur la scène de la vie collective.

VIE HUMAINE.

Apparition de l'homme. A la fin du sixième temps de la terre, après les créations successives des animaux durant une période de plus de trente mille ans, l'homme paraît, doué d'une intelligence qui le rend capable de commander à tous les animaux qui occupaient la surface de la terre avant son arrivée, et cet homme intelligent n'a pu vérifier qu'aujourd'hui, qu'il avait été créé à la fin du sixième temps de la terre, quoiqu'on le lui eût dit, il y a près de quatre mille ans, dans un livre qui est toujours resté entre ses mains.

Définition de l'homme. L'homme évidemment et essentiellement composé de deux principes antagonistes, le matériel et le spirituel, tient à la matière terrestre d'une part, et à la divinité qui l'anime de l'autre : mais ces deux éléments de composition se trouvent dans une proportion bien inégale, de manière à établir autant de diversité dans ses facultés, qui sont animales si c'est le principe matériel qui domine, ou intelligentes si c'est le principe spirituel. Ces deux propriétés, la première presque animale, forme le commencement, le premier anneau ou le premier échelon de l'échelle graduelle des facultés humaines, dont la prédominance au plus haut degré du principe spirituel sur le matériel forme le dernier échelon ou le supérieur. Les bousous de cette échelle bien longue, sont très-rapprochés et marquent les degrés de perfectibilité humaine.

Organisation de l'homme. L'homme, comme les animaux, est le résultat de la matière organisée, et organisée à peu-près de la même manière pour les fonctions qui lui sont communes avec les animaux; mais son organisation diffère pour satisfaire les indications de son principe spirituel. Ses pieds sont conformés pour assurer sa station et ses mouvements dans ce sens, ses mains pour exécuter tous les développements de son intelligence, et assurer sa supériorité sur les animaux constitués plus forts que lui, etc. Il n'a pas comme les animaux de mode particulier d'organisation qui lui donne un instinct inné; mais son organisation se prête à tous les désirs de son intelligence, lui donne la parole. pour transmettre aux autres ses idées, se faire craindre ou flatter. La conformation de sa bouche et de ses organes digestifs lui donne la faculté de se nourrir de tous les aliments, mais principalement des végétaux par la coction.

Caractère des hommes. Tous les animaux ne possèdent qu'un seul genre de caractère, si l'on en excepte un peu les éléphants, les chiens, les chevaux, etc; au lieu que les hommes possèdent tous les genres de caractères, il est rare d'en rencontrer deux qui se ressemblent. Entre ceux qui sont d'une méchanceté atroce, et ceux qui sont complétement inoffensifs, il y a bien des nuances, et ces nuances se rencontrent chez tous les peuples. Il y a des hommes qui ne peuvent faire que du mal aux autres et aux animaux, pendant qu'il en est d'autres qui ne peuvent faire que du bien aux uns comme aux autres. Il semble que les hommes résument tous les caractères, bons et mauvais, de tous les animaux, puisqu'en effet on rencontre chez les hommes, les différents caractères des animaux, ceux du tigre, du crocodile, comme celui du mouton, etc.

Enfance. L'enfance de l'animal n'est soumise qu'au développement du corps et de l'instinct de conservation, pendant que l'enfance de l'homme a de plus à recevoir la nutrition de son intelligence; ces deux fonctions marchent simultanément, la nutrition du corps par les aliments, et de l'esprit par l'éducation. Cette double fonction paraît donner de l'empire à la distinction antagoniste de la conservation, puisque la moitié des enfants meurent avant d'avoir atteint leur entier développement, tandis que presque tous les animaux résistent. Sans doute que ce n'est pas là la seule cause, qu'on doit la trouver aussi dans l'instinct de conservation plus particulier aux animaux qu'aux hommes, à leur organisation sensitive plus simple, et surtout à moins de variations dans l'alimentation.

Le corps et les facultés intellectuelles se développent d'une manière lente et graduée, surtout les dernières. Le développement précoce prospère rarement; on ne peut guère juger du degré d'intelligence avant vingt ans; la mémoire, l'imagination, n'en sont pas les indices. Le jugement qui crée le génie arrive tardivement.

Le caractère et les autres facultés innées restent toute la vie; elles peuvent se modifier, se masquer par l'éducation ; mais elles ne changent pas, parce qu'elles tiennent à l'organisation héréditaire. C'est alors que l'éducation, les bons procédés comme les bons exemples sont impérieusement commandés, pour empêcher la tendance à devenir fléau de société.

Les facultés physiques se modifient plus difficilement que les facultés morales parce que celles-ci n'ont qu'une tendance dans l'enfance, l'organe qui les constitue n'est encore qu'ébauché, la force de l'habitude peut lui imprimer un autre développement, ou un développement contraire à celui qu'il tendait à prendre ; au lieu que les organes des facultés physiques sont conformés même dans le sein de la mère : cependant l'expérience prouve qu'elles peuvent aussi se modifier par l'habitude. L'éducation, l'exemple surtout, sont donc une nécessité, pour faire de l'enfant un homme raisonnable, l'élever au-dessus de la brute. On sait que le naturel ne change pas, qu'il revient au galop, comme le dit La Fontaine, mais il peut se modifier à tel point qu'il ne s'aperçoive plus, et si les maîtres de la société, n'impriment que le bon exemple, le naturel se tiendra modifié chez l'adulte ; dans le cas contraire, le naturel à hideux caractère reviendra pour mettre le trouble dans la société, exercer l'antagonisme contre la raison et la justice.

Il en est de même du naturel pacifique et probe, que la force de l'exemple contraire et de l'habitude peuvent changer. Les impressions de l'enfance modifient le caractère plus qu'on ne pense ; la dureté comme la tolérance aveugle conduisent également au mal ; mais nous le répétons, c'est par les exemples, que l'on modifie le naturel des enfants : leur faible raison les oblige à être imitateurs et très-mobiles.

Vers l'âge de quinze ans les jeunes gens deviennent aptes à se reproduire, un peu plus tôt chez les filles et dans les pays chauds ; un peu plus tard chez les garçons et dans les pays froids. C'est alors que de nouvelles passions se développent, que les facultés physiques et morales se livrent un rude combat, que le plus souvent la puissance matérielle l'emporte, et entraîne les facultés intellectuelles dans l'abjection.

Mais il n'en est pas toujours ainsi de ce jeu de l'antagonisme ; souvent l'intelligence en reçoit une excitation qui l'élève au-dessus des passions animales, le dispose à être homme intelligent ; son imagination prédomine ; l'ambition, le désir de la gloire, le stimule.

Souvent aussi, l'équilibre se maintient entre la puissance matérielle et la puissance intellectuelle ; l'une et l'autre marchent simultanément conservant chacune l'impulsion de la puberté ; elles prennent un accroissement considérable, quelquefois inattendu ; et il en résulte des sujets grands, forts et intelligents.

Virilité. A vingt ans, l'homme annonce à peu-près ce qu'il sera, mais il n'est réellement qu'à trente ans : alors les facultés intellectuelles gagnent sur les facultés animales, et ce que l'homme perd en imagination, il le gagne en jugement.

L'homme prend sa place dans le monde, il l'occupe ordinairement selon son mérite ; mais le plus souvent selon ses richesses et ses besoins. Il ne vit plus pour lui seul, des charges lui arrivent en même temps que les moyens pour y pourvoir, soit de l'effet de ses propres capacités ou des successions. Il commence l'antagonisme social, il désire la mort de son égal et son égal désire la sienne ; de ce combat, tantôt offensif, tantôt défendeur, résulte un plus grand développement de son intelligence. Les passions s'animent ou se modèrent ; tantôt vaincu, tantôt vainqueur, il attribue presque toujours sa défaite au destin, aux vices des autres, et sa gloire ou sa réussite à son mérite, à ses capacités.

Les passions sont toujours des vices, puisqu'elles sont l'antagoniste de la raison qui règle la mesure de nos fonctions; poussées à l'extrême elles font commettre des crimes. Les passions sont de deux sortes, animales ou spirituelles; elles sont animales lorsqu'elles ne cherchent qu'à procurer les jouissances du corps, dont l'excès amène l'abrutissement, le vol, l'homicide; elles sont spirituelles quand elles tendent à l'ambition, à la domination, à l'amour des sciences et des arts, etc. Mais le plus souvent les deux genres de passions dirigent l'homme, l'intelligence déploie toute son activité pour procurer des jouissances à la matière en même temps qu'elle jouit aussi par l'élévation; c'est alors la recherche des richesses qui est le but réel des efforts de l'intelligence.

Nous expliquerons cette marche de l'antagonisme dans la vie sociale des peuples.

La sagesse est le résultat de l'équilibre parfait entre les exigences de la matière et celles de l'intelligence : l'équilibre de cet antagonisme constitue aussi la vertu, la probité, etc.

Chez l'homme le principe matériel est intimement uni au principe spirituel, de sorte que l'affection de l'un rejaillit toujours sur l'autre ; rarement on voit des hommes faire abnégation de leurs facultés animales ; plus souvent on en voit méconnaître ou agir complétement en l'absence des facultés intellectuelles, pour satisfaire les facultés animales, reporter toutes leurs sensations pour la satisfaction de la matière, agir en tout comme de vrais animaux du plus bas étage.

L'équilibre de l'action simultanée des deux principes antagonistes qui reçoivent l'animation du corps, constitue sa bonne organisation, sa vigueur, sa force ; le défaut d'équilibre constitue l'état faible, valétudinaire, infirme, etc.

Comme aussi l'équilibre des deux principes antagonistes qui composent le principe spirituel constitue le bon jugement, l'intelligence, et son défaut d'équilibre détermine le faux jugement, l'incapacité, le bavardage que l'on nomme esprit, etc.

Mais on sent qu'il doit y avoir bien des degrés dans ce jeu de l'antagonisme, et en effet il y a bien des nuances dans les tempéraments, comme dans les genres de facultés intellectuelles. Les classer tous serait une tâche difficile ; cependant notre intention est d'en faire l'objet d'un autre travail.

Une chose remarquable, c'est que les facultés animales, dans leurs nuances, sont constamment héréditaires chez les animaux, pendant qu'elles le sont, beaucoup moins chez les hommes. Si cela paraît manquer chez les animaux, c'est que ceux-ci reprennent leur type primitif. Ce défaut d'apparence héréditaire chez les hommes tiendrait alors à la plus grande diversité des types primitifs qui en multiplieraient chez eux toutes les différences de constitution, mais qui, après un temps, reprennent leurs types.

Mais il n'en est pas de même des caractères principaux des facultés intellectuelles; ils sont constamment héréditaires à travers les croisements de familles.

Telles sont donc les causes de ces multiplicités de constitutions physiques et morales, d'où proviennent le bonheur et le malheur, le plaisir et la peine, la vertu et les vices, la probité et la mauvaise foi, l'activité et la paresse, la sobriété et la gourmandise, la bonté et la méchanceté, l'inoffensif et le voleur, l'assassin, etc, etc.

Vie providentielle. Cependant, les hommes plus souvent heureux, comme ceux plus souvent malheureux, le doivent-ils toujours à leurs organisations? N'y a-t-il pas de ces bonheurs ou de ces malheurs fortuits, imprévoyables? Oui, sans doute, l'antagonisme s'exerce au dehors comme au dedans de l'homme, les deux principes antagonistes qui constituent le globe terrestre, répartis pour constituer tous les êtres en particulier, régissent encore tous les êtres en général : c'est la vie providentielle. Tous les peuples ont reconnu ces deux principes antagonistes, ils en ont fait l'objet de leur culte. Mais la vraie religion les fait émaner de la seule divinité, comme une nécessité pour conduire les hommes au bonheur.

En effet, les deux principes antagonistes, dont l'un tend à conserver et l'autre à détruire, et concourant au but unique, la perfection, régissent tous, tantôt dans le sens qui nous flatte, c'est le bonheur; tantôt dans le sens qui nous déplaît, c'est le malheur. On sent déjà qu'il ne peut pas y avoir de bonheur sans malheur, de bien-être sans malaise; que l'on ne peut pas apprécier le bien sans avoir ressenti le mal, ou au moins l'avoir vu. Après cela, qualifions-nous bien ce qui est bonheur ou malheur? Ne sommes-nous pas tous les jours trompés par la nature des événements, que nous appelons bonheur ou malheur, et qui produisent un effet tout contraire à celui porté par notre jugement? Ensuite est-il bien vrai que celui qui a beaucoup de richessses, qui est haut placé, soit en réalité plus heureux que celui qui est pauvre et humilié? l'expérience prouve tous les jours le contraire.

Comme la vie tend à équilibrer les principes antagonistes chez tous les êtres, il doit en résulter une égale répartition ou une égale influence, dans un temps ou dans un autre, de ces principes. En d'autres termes, si le bonheur séduit dans un temps, le malheur frappe dans une autre: c'est une nécessité de la nature.

Ainsi la vie providentielle qui régit la terre et ses êtres, est la providence, qui dirige l'hommme vers le vrai bonheur; celui qui sait se conformer, se résigner à ses prescriptions, avec l'intime conviction qu'elles tendent à sa perfectibilité, à sa féli cité présente ou future, ne pourra plus se plaindre; il parcourra sa carrière avec calme et patience, il ne convoitera plus ni les richesses ni les jouissances des autres, il cherchera, au contraire à leur en procurer, soit directement par son économie, sa sobriété et son travail, ou indirectement par ses lumières et son jugement, en secondant tout ce qui touche à la prospérité générale, en donnant l'exemple d'un bon citoyen.

Enfin, arrivé au milieu de l'âge viril, l'homme a parcouru la moitié de sa course, ses illusions commencent à se dissiper ; il a une plus juste idée des événements, il voit les hommes tels qu'ils sont; leurs fréquents actes de mauvaise foi lui donnent de la méfiance ; s'il prospère, il excite l'envie; si c'est le contraire, c'est la pitié; il a des ennemis par antipathie. S'il lèse les intérêts ou blesse les amour-propres, il s'attire la haine; il ne voit qu'égoïsme, cupidité, et finit par ne s'occuper que de sa famille et fuir le monde.

Il se persuade de plus en plus de l'effet de l'antagonisme, qu'il ne peut y avoir de bonheur sans malheur, et que plus le premier est grand, plus le deuxième le sera aussi; qu'enfin il y a une providence qui connaît mieux ses besoins que lui.

La vieillesse. **A** soixante ans, l'homme se rebute de lutter contre les effets de la Providence; ses facultés physiques diminuent très-sensiblement; mais ses facultés morales restent intègres plus longtemps; souvent l'intellect, fortifié de l'expérience, lui assure un meilleur jugement.

L'homme à prédominance de facultés physiques,

sans instruction , n'ayant que l'habitude du travail corporel, devient mélancolique et s'ennuie de la vie en vieillissant. Mais celui qui a reçu de l'instruction, qui a appliqué l'intelligence à son travail, qui s'est constamment fait un devoir de ce dernier, en pratiquant la vertu, recueille, au déclin de sa vie, le fruit de ses peines et conserve toujours jusqu'au dernier moment l'habitude du travail ; parce que son intelligence habituelle supplée au défaut de ses forces physiques : pour ce dernier la vieillesse n'est plus un fardeau, il voit arriver sa fin sans émotion et sans crainte ; il est convaincu d'une providence, sa confiance en Dieu est entière.

Pour le vieillard qui a peur de la mort, qu'il se rappelle ce calcul : que la mortalité, proportionnellement n'est guère plus grande dans un âge que dans d'autres, que ses voisins, dont l'un a dix ans, l'autre vingt-cinq, et le troisième quatre-vingts, sont aussi près de la mort que lui qui en a quatre-vingt-dix Que sur le million d'individus nés en même temps que lui, il y en a 990,000 de morts, que c'est par conséquent une preuve que son antagoniste destructeur n'avait guère d'empire sur celui de sa conservation.

Après cela, s'il réfléchit bien, en quoi consiste son avantage, d'avoir vécu plus longtemps que les autres ? S'il a éprouvé des jouissances, n'a-t-il pas éprouvé aussi des peines dans la même proportion ? Si, à quatre-vingts ans, il a avalé et rendu 60,000 kilogrammes d'aliments en jouissant, n'a t'il pas travaillé environ 50,000 fois en peinant pour les obtenir ? de ces 60,000

kilog. qui sont passés par ces organes, pour y être élaborés, le plus souvent avec peine, que lui en reste-t-il?
environ 75 kilog. C'est bien peu de chose, et cependant c'est encore trop pour la faiblesse de ses jambes,
qui s'arrangeraient fort que son corps ne se fût assimilé
que 25 kilog. au plus ; il est vrai que pendant ses quatre-vingts ans, il a bien passé vingt-cinq ans au lit, sans
compter le temps des maladies ; mais il a eu deux ans
de peines, légères il est vrai, pour se déshabiller et
se rhabiller, en comptant le temps de faire la barbe ;
et la femme d'autres exigences.

Ensuite que des 75 kilog., poids de son corps, il
n'en reste à la terre pour augmenter sa masse solide
que quelques centigrammes, que le surplus rentre
aussitôt dans la vie, en servant à formuler d'autres
êtres organiques, il suffit de savoir que sa vie rentre
en la divinité, qu'elle est éternelle comme la divinité ;
et que s'il a vécu beaucoup plus longtemps que les
autres, c'est que la Providence l'a voulu ainsi ; peut-
être pas dans son intérêt propre, bien qu'il doive le
croire, mais pour satisfaire l'ordre de la vie collective
tendant à l'amélioration du genre humain.

Consolation du vieillard. — Le vieillard doit se féli-
citer d'avoir été choisi par la Providence pour concourir, dans une large part, dans le but de la perfectibilité humaine ; c'est sans doute là le principal motif
qui lui inspire la crainte de la mort, ou lui fait un
devoir de chercher à conserver sa vie, et lui fait un
crime de vouloir s'en débarrasser.

Si dans nos pays, où les passions dégradantes de

l'humanité sont poussées au plus haut degré, loin d'avoir du respect pour la vieillesse, celle-ci devient à charge, est repoussée; à moins qu'entourés d'êtres sensibles, il conserve encore de l'influence, alors la jeunesse obéit respectueusement à ses volontés, écoute avec fruit ses conseils, avec intérêt le récit de ses aventures passées. Chez les nations qui sont encore gouvernées par la raison, le vieillard est le régulateur, l'arbitre de tous les intérêts, il est même l'objet d'une vénération qui semble la placer entre l'homme et la divinité.

Mais dans ce siècle d'argent, de sensualité animale, la mort du vieillard n'arrive jamais assez vite, pour jouir de sa succession, ou être débarrassé du soin de le nourrir; on calomnie la vieillesse qui ne peut plus travailler, on se révolte contre son jugement fruit de son expérience; on lui retire ses emplois pour les confier à de jeunes aventureux; on croit marcher plus vite dans le progrès en se réglant plutôt sur l'effet de l'imagination que sur celui de l'expérience; de là ces délires, ces fréquentes déceptions, ces tâtonnements infructueux; l'homme n'est jamais content de son sort: semblable au baudet de la fable de La Fontaine, à force de chercher, de demander, il tombe toujours dans une situation pire que la première.

La bonne réputation est la récompense de la vieillesse. — Dans un des temps de délire récent, les hommes ayant perdu tout équilibre, voulurent s'appuyer sur la vieillesse, ils mirent pendant un moment la caducité en place de la divinité.

A propos de cela, nous rappellerons un compte-rendu de la société d'Agriculture de la Marne, année 1840, article *Vignerons*, ou l'on a rappelé ce que nous venons de dire :

« Nous aussi, Messieurs, nous aurons aujourd'hui notre fête de la vieillesse, non pas de cette ridicule divinité qui n'avait pour attributs que les tristes marques de la décrépitude, mais de cette vieillesse escortée des vertus dont l'exemple a dû féconder, pendant de longues années, tant de germes de bonheur, de prospérité, de bien-être toujours existants au sein de nos campagnes. *Felices agricolæ.*

« Vous aviez affecté une médaille à la récompense du vigneron qui aurait montré le plus d'intelligence, de capacité et de probité dans la culture de la vigne.

« Un seul candidat vous a été présenté dans l'arrondissement de Reims. La réputation que lui a value une longue vie admirablement employée, est venue, sans qu'il y pensât lui-même, l'offrir à vos suffrages.

« M. le docteur R. notre collègue, vous écrivait le 16 mai précédent :

« Je profite de l'occasion pour signaler à la Société un vieillard, le sieur Martin Boningre, propriétaire-vigneron de Vandières, âgé de quatre-vingt-six ans qui a élevé douze enfants, dont huit vivent encore et ont eux-mêmes des enfants, et plusieurs des petits-enfants qui sont tous l'élite de la commune de Vandières sous le rapport des mœurs et de l'amour du travail ; à ces titres de bon père, d'homme probe et essentiellement religieux, nous ajouterons plus particulièrement ceux du domaine de la Société: c'est que ce vieillard a toujours été un des plus laborieux vignerons de la contrée, des plus intelligents dans son travail, et celui qui paraît avoir le plus fait pour l'amélioration de la culture de la vigne, etc., etc. Je pense donc qu'il conviendrait d'ajouter aux titres multipliés de ce respectable vieillard, une reconnaissance authentique de ses vertus et de ses bienfaits dans l'art viticole. »

« Le docteur Remy, devenu votre commissaire pour l'enquête obligée, vous a adressé un rapport qui contient le passage suivant, que je rapporterai textuellement, autant pour l'honneur de ses signataires que de celui qui en est l'objet. »

« Reconnaissez-vous le sieur Boningre père comme le vigneron le plus intelligent, le plus capable, le plus probe, le plus laborieux, et dont la longue vie éminemment religieuse et morale peut servir d'exemple? »

« Ont répondu affirmativement, et ont signé avec votre commissaire, le maire, l'adjoint, et vingt habitants les plus notables de la commune de Vandières.

« Le laurier que vous déposerez, Messieurs, sur un front vénérable, ne peut manquer de porter d'excellents fruits dans un pays où l'on met tant de prix à ce qu'il y a de meilleur et de plus élevé dans l'humanité. »

Le père Martin Boningre a porté sa médaille encore pendant trois ans.

VIE SOCIALE.

Premiers hommes. Il y a environ dix mille ans que l'homme est sur la terre; auparavant on n'en trouve aucune trace, parce que ses conditions de vie n'existaient pas encore.

Leurs restes fossiles. On rencontre quelques restes fossiles humains anté-diluviens; probablement qu'ils se trouveront plus nombreux dans les contrées où l'on doit supposer que les hommes ont existé primitivement lorsqu'on les explorera: mais nulle part, avant le déluge, on n'a rencontré des objets de son industrie; il n'a pas encore été bien démontré que les haches en silex, que l'on a trouvées dans diverses localités, étaient anté-diluviennes.

Mais comment trouverait-on des preuves du travail humain avant le déluge, quand tout porte à croire que les hommes qui existaient alors étaient de la même race que ceux qui habitent actuellement la Nouvelle-Hollande, les papons et autres indigènes des îles de l'Océanie, ou des Hottentots, etc. Où sont les objets d'industrie de ces peuples?

Les premiers créés étaient inférieurs. Le livre de Moïse nous dit formellement que les hommes avant le déluge étaient méchants et refusaient de reconnaître Dieu. Ne peut-on pas en dire autant des Australasiens, etc.?

La création des hommes a commencé par la race

inférieure comme pour tous les êtres de la terre, puis la race intermédiaire, et en dernier lieu la race supérieure ou européenne, destinée par son intelligence à commander aux autres, à les faire disparaître et se mettre à leur place.

Création d'Adam. L'histoire de la création d'Adam est une allégorie comme celle du déluge et de l'arche de Noé ; le style amphibologique du temps, ou plutôt convenable aux peuples des contrées où habitait Moïse, ou même encore des trois quarts des peuples actuels, ne peut plus être supporté par l'autre quart. Il y a donc nécessité d'expliquer autrement les événements rapportés dans la Genèse, si bien prouvés par les connaissances de ces derniers temps. Mais l'uni-origine humaine, dans le sens que tous les hommes proviennent d'un seul couple, prévaut toujours parmi la majorité des savants, des théologiens, et prévaudra jusqu'à ce que le contraire soit clairement démontré.

Pour nous, l'origine commune s'entend, recevant de Dieu la même vie, les mêmes éléments de composition, la même organisation, par conséquent les mêmes fonctions, et devant avoir la même fin. Dieu a créé les hommes sur le même modèle, sur le modèle du premier ; car nous ne comprenons pas pourquoi Dieu, tout-puissant, n'aurait pas fait le lendemain ce qu'il a fait la veille.

Paradis terrestre. Nous comprenons la parabole du Paradis terrestre en ce que l'homme étant l'être le plus parfait, doué d'intelligence pour se gouverner, Dieu l'a créé à l'endroit de la terre le plus agréable, le plus fertile, pour lui procurer les jouissances et les aliments convenables à son organisation supérieure à celle de tous les animaux ; qu'il l'a organisé pour ne se reproduire avec sa femme qu'à un âge bien plus avancé que celui des animaux, qu'en enfreignant cette loi divine, loi de la nature, contraire à la prospérité de sa race, l'enfreignant par l'impulsion de sa femme, plus précoce que lui, à l'aide d'artifices pour faire allusion au génie du mal représenté par un serpent, la nature contrariée, la Providence n'a pu lui être aussi favorable ; l'homme qui jouit tôt ne peut jouir tard : en jouissant trop tôt, il empêche le développement des facultés et diminue sa prééminence qui doit faire son bonheur ; comme les mêmes jouissances tard abrégent l'existence.

Création de chaque race humaine. Le règne humain n'est qu'un par rapport aux conditions de sa création ; étant organisé de même, il constitue une même espèce dont tous les individus peuvent se reproduire ensemble ; mais il constitue des variétés dans les formes extérieures et intérieures, variétés tellement manifestes et choquantes, comprenant sous la même forme tous les individus des mêmes contrées, que l'on ne peut raisonnablement leur accorder une origine commune, et que par conséquent on est obligé d'en faire des races différentes.

Les races ne dégénèrent pas. Par la plus singulière des inconséquences de ceux qui veulent l'unité d'origine humaine, on accorde à l'homme une perfectibilité indéfinie, et l'on regarde la race caucasique comme la première en date de laquelle les autres proviendraient, de sorte qu'on se trouve dans la nécessité de dire que toutes les autres races en sont des dégénérescences, effet des climats ou autres causes!!!

Les Juifs cependant, qui ne s'allient qu'entre eux, attestent, depuis près de quatre mille ans, que leur famille ou leur race est toujours restée la même, quels que soient les climats qu'ils habitent et le régime qu'ils étaient forcés de suivre.

Les croisements. Les croisement des races ou variétés ne modifient que momentanément les types ; ceux-ci reprennent leur naturel à la troisième génération : c'est un fait attesté par toutes les populations de la terre, comme il nous sera facile de le démontrer. Saint-Domingue nous en fournit un exemple récent.

Races ou variétés du règne humain. La Genèse dit que les trois fils de Noé repeuplèrent la terre après le déluge qui avait anéanti le genre humain, et établit une race inférieure de l'effet d'un vice mental de l'un des trois.

Il est facile de comprendre cette divine parabole qui nous montre la terre se repeuplant par trois grandes familles ou races humaines ; une inférieure, la nègre, une moyenne ou intermédiaire, la jaune, et une supérieure, la blanche ; la première, issue de Cham, la deuxième de Sem, et la troisième de Japhet. Ces trois noms désignaient trois races issues de la création divine. Cham, dans l'ancien idiome arabique, signifie noir, brûlé par le soleil, désignait la race africaine dont les familles ou nation, Kanaan, Mosrim ou Masr, nation arabe ; Kuss ou Kuskites, Ethiopien et Phuth , portent les noms des enfants de Cham. Sem , dans le même idiome, signifie ou désigne la race d'Asie, et le nom des nations de cette race, celui des enfants, comme Élam ou Élyméens, montagnards de Perse, Assur ou Assyriens , Loud ou Lydiens, Aram ou Arméniens, Arpharad ou Arrapaclistis, ancien nom des Chaldéens.

Japhet, en sanscrit, désigne les Scythes ou habitants de l'Europe, et le nom des enfants, celui des nations, Clot ou Cimbre , Magogouscythes proprement dits, Madaï ou Medes, Joun ou Ionien, duquel issurent Élishah ou Éliens, Tarhish ou Tarsonien, Kétins ou Kitiens de Chypre, Rodonins ou Rodiens.

Ces trois races existent toujours très-distinctes l'une de l'autre, et sont encore composées de nations qui offrent des variétés également distinctes.

Mais ces trois races sont de créations successives, à des époques différentes, selon les conditions géologiques, climatériques ; elles constituent un règne nouveau, le règne humain, distingué par la parole, l'intelligence, etc.

Le règne humain ne forme qu'une espèce, selon la remarque de l'immortel Cuvier, selon le caractère donné à l'espèce par tous les naturalistes, et trois races à caractères bien tranchés, qui se subdivisent en un grand nombre de familles bien distinctes.

La première ou chamique, nègre, à cheveux crépus, crâne comprimé, nez épaté, grosses lèvres et museau saillant, etc., habitent le centre et le midi de l'Afrique, l'île de Madagascar, la Nouvelle-Hollande, les terres des Papons, des Archipels-Salomon, des Nouvelles-Hébrides, de Schonten ; on divise cette race en plusieurs familles :

1° La famille nigritienne, qui paraît occuper le centre de l'Afrique, les côtes de Guinée, du Congo et l'île de Madagascar. Elle a été transportée par les Européens dans les Antilles, les colonies d'Amérique, les îles Bourbon et de France.

Cette nombreuse famille, qui se subordonne et se discipline facilement, a l'intelligence du travail et des sentiments humains distingués.

2° La famille cafre habite la partie orientale de l'Afrique, son teint est gris-noirâtre ; les individus sont grands et bien proportionnés ; ils sont belliqueux, féroces et indomptables.

3° La famille hottentote habite la pointe méridionale de l'Afrique ; son teint est jaune-noirâtre, les yeux à demi-fermés, et l'ensemble de leur physique les rapproche beaucoup des singes ; ils sont bien moins intelligents que les précédents et d'une plus petite taille.

4° La famille papou habite les îles nombreuses des Nouvelles-Hébrides, la Nouvelle-Guinée, la Nouvelle-Bretagne, Waigion, l'île d'York, la Nouvelle-Calédonie, la Nouvelle-Irlande ou Tombara ; ils sont petits et d'une constitution grêle et délicate, teint noir-jaunâtre, cheveux noirs, épais, touffus, droits ou crépus ; ils sont pêcheurs et chasseurs, sans autres intelligences.

5° La famille australasienne habite la Nouvelle-Hollande ou Australasie; leur teint est couleur de café au lait, leurs cheveux durs, épais et non frisés, constitution grêle et énervée, d'une taille ordinaire. Les peuples de cette famille paraissent dénués de toute intelligence : aussi forment-ils le plus bas échelon du règne humain. C'étaient probablement des peuples semblables qui habitaient la terre avant le déluge; aussi est-il facile de comprendre la Genèse, quand elle dit que Dieu résolut de les faire tous périr à cause de leur méchanceté : ils étaient certainement bien dignes d'exciter la colère divine.

Ces hommes primitifs, suivant nous, se rapprochant le plus de la race animale la plus distinguée en organisation, ont été créés conformément à cette loi naturelle qui nous montre, depuis l'origine des créations, cette gradation successive dans l'organisation des êtres, et cela toujours en rapport avec les conditions géologiques et climatériques propres aux êtres. En même temps que l'ordre admirable eût été interrompu, les hommes d'une condition supérieure n'auraient pu exister avec des conditions qui conviennent à ceux de cette classe inférieure. Nous reviendrons plus loin sur cet article.

La deuxième race, semique, jaune, à la face large aplatie, pommettes saillantes, narines ouvertes sur les côtés, yeux placés obliquement, cheveux noirs et longs. Cette race habite l'Asie orientale, les îles de la mer du Sud, l'Amérique centrale et méridionale, les îles de l'océan Pacifique, etc., se compose des familles suivantes :

1° La famille mongole ou tartare, qui habite le centre de l'Asie, la plus belliqueuse.

2° La famille chinoise, la plus nombreuse de toutes, habite l'Asie orientale et les îles du même côté ; famille patriarcale, la plus fidèle à ses institutions et la plus stationnaire dans sa civilisation.

3° La famille colombienne habite depuis la partie sud de l'Amérique septentrionale jusqu'à la partie sud de l'Amérique méridionale, les Osages, Mexicains, les Araucanos, les Péruviens, les Puétalos, les naturels du Brésil, etc., etc.

4° La famille patagone, qui comprend aussi les Caraïbes, remarquable par leur grande taille, habite l'extrême sud de l'Amérique méridionale et quelques contrées du nord de l'Amérique méridionale ; les Caraïbes habitaient jadis les Antilles.

5° La famille océanienne, taïtienne, habite la majeure partie des îles de l'océan Pacifique ; les insulaires qui la composent sont généralement bien faits, grands, belle figure, intelligents et se rapprochent beaucoup de la race japhétique.

6° La famille hyperboréenne, remarquable par sa petite taille et une grosse tête, la peau enfumée, rabougrie ; se compose des Lapons, Groënlandais, Esquimaux, Kamtchadales, Samoïèdes, Ostiaques, etc., ne peuvent vivre que dans leurs glaces, leurs trous enfumés.

7° La famille malaise, à couleur cuivre rouge foncé,

d'une taille ordinaire, habite la presqu'île de **Malacca,** les archipels de la Sonde, des Moluques, des Philippines, des Célèbes, les Marianes, etc. Cette famille se rapproche de la race nègre.

La race japhetique, blanche, caucasique, à intelligence supérieure, se compose des habitants de l'Europe, de l'Asie orientale, l'Afrique septentrionale, les nombreuses colonies des quatre parties du Monde et les naturels de l'Amérique septentrionale. Cette race comprend beaucoup de familles différentes.

1⁰ La famille hébraïque ou arabe, qui comprend les peuples de ces noms; les Syriens, les Égyptiens, les Nubiens, les Abyssiniens, les Maures et les habitants de la Barbarie.

2⁰ La famille scythique ou caucasique que composent les habitants de la chaîne du Caucase et des bords de la mer Caspienne, les anciens Moscovites, les Perses, les Afghans, les Turcs, les Hongrois, les Ioniens ou Grecs primitifs.

3⁰ La famille pélasgienne, qui a donné naissance aux Grecs, aux Romains, forme la majeure partie des peuples du midi de l'Europe, d'une taille moyenne, à cheveux noirs.

4⁰ La famille celtique ou anciens Goths et Tudesques qui offre encore des rejetons dans les Basques, les Bas-Bretons, les Gallois, etc., et qui, mélangée, forme les peuples de l'Europe occidentale (Bory de St-Vincent).

5⁰ La famille sclavonne, d'où descendent les Sarmates, les Bohémiens, les Lithuaniens, les Russes, les Polonais, les Prussiens, etc.

6° La famille teutone ou cimbre habite le nord de l'Europe et le nord de l'Amérique septentrionale, où elle a donné origine aux Danois, aux Suédois, aux Écossais, Irlandais en Europe; aux Hurons, Algonquins, Iroquois, Knistenaux, Assiniboins, etc., en Amérique.

7° La famille germanique fournit les hommes les plus grands; en Europe, elle habite le centre de l'Europe; sa belle carnation, due au tempérament lymphatique, la distingue.

8° La famille indienne comprend les peuples qui habitent la presqu'île en deçà du Gange; leur climat, et plus encore le régime que leur prescrit la religion de Brahma, les rend efféminés; ils sont noirs.

Intelligence des familles. Les peuples de l'Europe, qui sont les plus avancés dans les arts et les sciences, parconséquent les plus intelligents des peuples de la terre, sont donc composés de sept familles distinctes, plus ou moins mélangées dans chaque état, où il serait difficile d'accorder la prééminence en intelligence à l'une plutôt qu'à l'autre. Chaque famille offre des plus élevés en intelligence, comme des plus bas en brutes. Dans les temps les plus modernes, Newton, Voltaire, La Fontaine, etc., étaient des types celtes; Leibnitz, Werner, Saussure, etc., etc., étaient des types sclavons; Linné, Bichat, Cuvier, etc., etc., étaient des types teutons; l'empereur Napoléon était un type pélasgien; les Bourbons et les anciennes familles nobles d'Europe et de l'Asie, sont des types caucasiques.

Chaque famille se divise encore en un plus ou moins grand nombre de familles, conservant leurs caractères primitifs originaux, invariables, comme nous en donne des exemples le peuple juif, division de la famille hébraïque, les Bédouins, autre division très-rapprochée ; les Gallois et Bas-Bretons, division de la famille celte ; les Basques, autre division de la même famille ; les Malabares, division de la famille indienne.

Cette invariabilité de caractère est surtout remarquable chez la race chamique.

Les degrés d'intelligence, chez les trois races d'hommes, sont aussi manifestes que les caractères physiques qui les différencient.

Les familles, dans chaque race, ont également des caractères et des degrés d'intelligence qui les distinguent d'une manière bien tranchée. Il en est probablement aussi de même pour les subdivisions de ces familles, comme on le remarque pour les individus qui, pris en masse, offrent des séries de degrés d'intelligence pour chaque famille.

Nous ne disons pas que le plus intelligent d'une famille, ne l'est pas plus que le moins intelligent d'une famille au-dessus ; nous pourrions tout au plus dire que la série d'intelligence d'une famille est moins nombreuse et moins intelligente que la série d'une famille au-dessus. Mais tout cela n'est pas encore bien démontré, par la raison que l'on ne reconnaît pas exactement tous les individus appartenant à la même famille, qu'ensuite l'intelligence offre des modifications dans son application ; c'est-à-dire que les nations ont un génie particulier qui les distingue, effet du genre d'intelligence qui les domine ; comme le génie de la guerre,

celui des arts ou celui des sciences, etc., ou la même
famille peut avoir plusieurs génies dominants.

Mais comme ce sont des individus d'une même famille qui sont les dépositaires de l'intelligence, cette
famille, composée d'individus, comprenant les degrés
ou la série d'intelligence qui la distingue, peut, dans
un temps, n'avoir que des intelligences inférieures,
comme, dans un autre, en avoir de supérieures. C'est
en effet ce que l'on remarque chez toutes les nations
qui ont brillé un certain temps de l'effet de quelques
intelligences parmi elles; une seule intelligence supérieure chez une nation, suffit quelquefois pour lui
faire faire un grand pas dans la civilisation, ou même
l'élever à un haut degré de gloire et de prospérité.
Comme la perte de ses hautes intelligences peut la
placer dans l'abjection. Otez mille individus de l'Angleterre, tous leurs voisins leur dicteront des lois, les
chemins de fer se couvriront d'herbes, tout tombera
en ruine; faites la même chose à Paris, vous verrez
aussitôt un tribunal souverain dans le genre de celui
qui a fait guillotiner le Roi, Lavoisier, etc., etc.

La masse d'hommes composant une grande famille
ou une nation, se distingue par un caractère et une ap-
titude qui lui est propre, un certain degré d'intelligence
chez les membres qui la composent; mais elle ne s'é-
lève, se civilise que par l'effet de l'intelligence de quelques-uns de ses membres qui surgissent.

Les nations qui se sont élevées en civilisation, qui
ont brillé d'une vive lumière, comme celles qui ont
subjugué les autres, le devaient à des intelligences spé-

ciales de quelques-uns de leurs membres. Comme celles qui sont tombées dans l'abjection, le devaient bien plutôt à la perte des intelligences, qu'à des vainqueurs qui les ont subjuguées. Nous reviendrons plus loin sur cette question.

Origine des races et des familles. Nous ne reviendrons pas sur l'explication que nous avons donnée de la parabole de Noé. Celle de la création d'Adam et d'Ève, qui nous dit qu'ils ont eu deux fils, Caïn et Abel ; que le premier, jaloux du mérite de son jeune frère, le tua ; qu'alors il fut condamné à errer sur la terre, à vivre comme les animaux, portant sur lui le signe de la malédiction qu'il avait encourue ; que ses descendants furent méchants comme lui.

Cette parabole indique clairement que les premiers hommes étaient une race très-inférieure, du genre des Australasiens, des Papous, dépourvus d'intelligence pour pouvoir comprendre la Divinité. Qu'une autre race d'hommes, représentée par Abel, plus intelligente que la première, a été détruite par la première, ou c'est-à-dire n'a pu vivre, ses conditions d'existence ne le lui permettant pas encore ; mais que plus tard, une autre race, représentée par Seth, plus capable de reconnaître Dieu, plus élevée en intelligence, fut créée.

Ce qui indiquerait qu'il n'y avait que deux races avant le déluge ; l'inférieure et l'intermédiaire, et que la troisième ou la supérieure aurait été créée après.

Ces deux paraboles, parfaitement en rapport avec les connaissances géologiques et l'opinion des savants les plus judicieux, prouvent 1º que les hommes ont été créés à des époques différentes ; 2° que les premiers étaient la race inférieure ; 3° qu'il n'y avait que deux races avant le déluge ; 4° que l'organisation des hommes est invariable puisqu'ils continuent toujours de fonctionner, d'agir en vertu de cette organisation : les enfants de Caïn furent méchants comme lui, et ceux de Seth étaient vertueux comme leur père.

Ensuite, si l'on réfléchit que le nom donné aux enfants de Seth appartenait à des familles et non à des individus dont la longévité est incroyable, on peut également croire que ces familles ont été créées à des époques différentes ; que même chaque subdivision de famille l'a été aussi ; puisque les créations ont été opérées selon les conditions d'existence, que les même conditions ont produit les mêmes variétés ; comme des conditions différentes ont produit des familles et des races différentes.

Et que, comme la surface de la terre, offre toujours toutes les conditions d'existence ; il y a des hommes de toutes races et de toutes les familles ; que l'Australasie et toutes les terres océaniques étant nouvelles, étant dans un état primitif, ayant l'aspect du sixième temps, de la fin de la sixième période géologique (M. Lesson), offre des hommes en rapport avec les conditions de vie de cette époque : elle nous offre la race de Caïn et de Cham, vivant dans l'état sauvage, sans rapports entre eux, seulement les membres de la même famille se réunissent.

Les îles de la mer Pacifique, comme l'Amérique,

offrant des terres plus anciennes, nous montrent des hommes de la deuxième race.

Mais les hommes de la troisième race, de la race supérieure, vivent à la Nouvelle-Hollande; oui, ils y vivent, mais malgré eux; ils ne se trouvent pas à l'aise; nous avons vu des déportés anglais, qu'un séjour de dix ans à Botany-Bay n'avait pu acclimater, qui auraient préféré dix ans de travaux forcés, au séjour du même temps à la Nouvelle-Hollande. Des Européens, placés sans armes sur les terres de la Nouvelle-Hollande, ne pourraient y vivre, même en compagnie des indigènes. Ceux-ci vivent de chasses, de pêches, de quelques plantes bulbeuses, de limaces, de reptiles. Les produits des premiers sont très-restreints, et les autres aliments ne sont pas de notre goût : on n'y rencontre pas de fruits. La végétation, comme l'animalité, n'inspire que la tristesse et le dégoût; le pays n'est digne que d'être habité par les misérables peuplades sans vêtements ni asiles qui le parcourent, cherchant leur nourriture.

On ne peut donc pas douter du rapport qui existe entre le pays et ses habitants; que les hommes, comme les animaux et les végétaux, ne soient créés pour la nature du pays; qui ne sont pas des dégénérescences de ceux qui leur sont supérieurs; comme ceux-ci, ne sont pas des perfectionnements des premiers; que la famille malaise, qui habite à côté de la famille papou, ne provient pas plus du perfectionnement de celle-ci, que celle-ci n'est une dégénérescence de la famille malaise; comme la famille colombienne, qui habite à côté des familles peslagienne, celtique, germaine, etc.

n'est pas une dégénérescence de celles-ci, ou celles-ci un perfectionnement de la famille colombienne.

Chaque pays, qui peut nourrir des hommes a, ou a eu sa race chamique ou primitive, puis sa race semique, et enfin, jusqu'à présent, sa race japhetique ; l'une et l'autre représentées par des familles que modifie encore le besoin des lieux.

On peut même croire aussi, à moins que de supposer de grands événements géologiques, que non-seulement toutes les familles d'une même race ne proviennent pas d'un seul individu, mais même tous les membres d'une même famille ne proviennent pas d'une seule souche.

Nous avons dit, dans un autre article, qu'il n'était pas encore permis à l'intelligence humaine de comprendre la création d'êtres supérieurs. Maintenant, nous pouvons démontrer l'impossibilité d'une création unique pour chaque espèce, à moins que de supposer une suite de miracles.

Nous dirons, en passant, que l'on doit attacher peu d'importance à ce que l'on entend par espèce. Presque tous les naturalistes, et notamment notre célèbre Cuvier, disent que l'on doit entendre par même espèce tous les individus qui produisent ensemble des individus féconds ; et assimilant les hommes aux animaux, par rapport à cette fonction de la reproduction, on en a conclu, que tous les hommes appartenaient à la même espèce. Cette conclusion est inexacte : Quoi! de ce que les individus ont la même conformation des organes de la génération, s'ensuit-il que les autres organes doivent se ressembler également? Parce que tous les chiens produisent également entre eux, ils appartiennent à la même espèce, ou c'est-à-dire, ils ne forment qu'une seule espèce ; et pourquoi toutes les espèces du genre chats, qui ont les organes génitaux absolument conformés de même, ne produisent-ils pas entre eux des individus féconds? c'est parce qu'il faut sans doute encore d'autres rapports que la similitude des organes génitaux pour opérer la reproduction, comme cette faculté ne doit pas à elle seule établir des espèces à l'exclusion des autres.

Admettons donc un règne humain, caractérisé par une même conformation animale, par la parole et par l'intelligence, et que les degrés de celle-ci en établit les familles et les races.

Progression de perfectibilité humaine. Le règne humain suit la même progression de perfectibilité, que les règnes psychodiaire (Bory), atélézoaire, mésozoaire et animal qui l'ont précédé sur la terre. Les êtres composant ces règnes offrent une disparité d'autant plus grande entre eux, qu'ils s'éloignent davantage du règne humain ; disparité de conformation qui cesse presque dans le règne humain ; dans celui-ci, les différences s'établissent par les degrés d'intelligence ; et ces différences intelligentes dépendent d'une différence d'organisation, que l'anatomie cherche à apprécier ; elle l'a déjà fait pour ce qu'il y a de plus apparent ; ses progrès sont immenses depuis cinquante ans, et si sa marche ne s'égare pas par des subtilités théoriques, il y a espoir que l'on parviendra bientôt à connaître es organes des facultés intellectuelles essentiellement aussi bien que l'on connaît la conformation physique différentielle.

La progression de perfectibilité humaine, en rapport avec les conditions de vie de la surface de la terre, est évidemment démontrée par la connaissance des peuples et des contrées qu'ils habitent, observations qui corroborent l'interprétation des paraboles de la création et de l'arche de Noé selon le divin auteur de la Genèse.

Ainsi, plus de doute à cet égard, les êtres animés ont commencé par le règne psychodiaire, puis le règne atélézoaire ; ensuite, le mésozoaire, après le règne animal, et enfin le règne humain, qui a commencé par la race inférieure, race de Caïn ou chamique ; la race intermédiaire ou de Seth ou semique a commencé après ; et en dernier temps la race supérieure ou japhetique qui commande à tous les êtres qui l'ont précédée. Race, dont les individus, pas plus que ceux des autres, ne sont susceptibles de dégénérer en organisation ; qu'elles sont toutes dues à des créations successives, soit par la voie de générations particulières, ou des créations d'une manière incompréhensible jusqu'à présent à l'intelligence humaine.

Que les races inférieures sont locales, sédentaires et ne peuvent guère quitter leur pays, tandis que les races, comme les familles supérieures émigrent, envahissent, chassent ou asservissent les inférieures, lorsque leurs conditions d'existence s'y trouvent ou le permettent ; que s'il reste encore des individus de la race inférieure en état de liberté dans quelques pays, c'est que ces pays n'ont pas permis, jusqu'à présent, à la race supérieure d'y vivre, ou ne lui étaient pas connus. Nous ajouterons encore que les fossiles humains, trouvés dans les pays exclusivement habités par les familles supérieures, appartenaient aux races inférieures.

Degrés d'intelligence des races humaines. Les degrés d'intelligence des familles humaines, semblent être marqués par les degrés de latitude. Les familles les plus intelligentes vivent vers le parallèle de 50 degrés nord; et les moins intelligentes, sous le parallèle de 30 degrés sud. C'est-à-dire que le 50e degré nord, ou les environs, une dizaine de degrés au-dessous comme au-dessus, n'offre pour indigènes, que les familles de la race japhetique, et vers le 30e degré sud, que les plus basses familles de la race chamique, hottentots, papous, australasiens.

C'est de vers le 50e parallèle nord que sont partis, en rayonnant, à toutes les époques des temps historiques, ces peuples conquérants qui ont fondé, sous divers parallèles, des empires plus ou moins formidables, ou sont allés établir des colonies où les arts et les sciences ont brillés d'une vive lumière. La famille pélasgienne, sortie du nord du Caucase, est venue coloniser la Grèce et l'Italie; la même famille, partie des bords sud de la mer Caspienne, est descendue en conquérante à travers l'Asie Mineure, pour venir établir le siége de son empire en Égypte, conquérir la côte de barbarie sous le nom de Sarrasin, l'Espagne sous celui de Maure, faire fleurir partout les sciences et les arts sous le nom d'Arabe, franchir les Pyrénées, envahir le sud de la France, et venir se faire battre dans les plaines de Poitiers par Charles Martel, Scythe, à la même latitude que le lieu de leur origine; mais Abdérame n'avait plus que des Arabes, tandis que Charles Martel avait des Celtes, des Esclavons, des Germains.

Les fondateurs des empires d'Assyrie comme les civilisateurs de l'Égypte, étaient aussi sortis de dessous le 50° parallèle; Abraham avec son peuple venait du versant sud des monts Caucase.

C'est entre les 40° et 50° parallèles nord qu'il y a le plus de terres à découvert, et que celles-ci se sont montrées les premières à la surface du globe; elles ont reçu par conséquent ses premiers habitants, qui, en suivant la marche progressive dans l'ordre des créations, sont aussi arrivées les premières à recevoir les êtres les plus perfectionnés.

Races inférieures. Le contraire a lieu dessous le 30° parallèle sud, où il y a le moins de terres à découvert et le plus récemment émergées, comme nous l'avons dit plus haut, pour l'Océanie, et il est probable que la majeure partie de l'Afrique n'a pas un émergement beaucoup plus ancien que l'Australasie.

Maintenant, quelle conséquence tirerons-nous de la gradation organisative de l'être humain du moment qu'il a reçu la vie, ses formes à l'état d'embryon, qui semblent représenter des atélézoaires, les développements successifs du fœtus qui semblent marquer les degrés de l'organisation mésozoaire et animale, bien que très-incomplétement, le développement aussi successif de l'intelligence et des capacités de l'enfance, de manière à indiquer la race primitive dans la jeunesse, et la race supérieure dans la virilité?

Penserons-nous, avec les auteurs de l'anatomie philosophique, que tous les êtres reçoivent successivement et insensiblement un accroissement d'organisation qui les élève avec le temps au-dessus de leur premier état, les transforme en d'autres êtres?

Non, il nous est impossible de comprendre cette marche de l'organogénie qui s'appliquerait à tous les êtres de la nature, qui se trouve démentie par l'ensemble de tous les êtres, qui nécessiterait les suppositions les plus bizarres et les plus incroyables; par exemple, à la Nouvelle-Hollande, l'animal le plus voisin de l'homme est le kangouroo, les fossiles ne montrent que des animaux encore existants, plus seulement des restes d'éléphants qui n'y existent plus, à ce que l'on sache. Ainsi là seulement, l'organogénésie progressive serait complétement en défaut.

Les éléphants ont précédé les hommes. Avant l'apparition de l'homme sur la terre, quels étaient les animaux les plus élevés en organisation? c'étaient sans contredit les éléphants. Quels sont les animaux qui approchent le plus de l'intelligence humaine? ce sont aussi sans contredit les éléphants; ils sont actuellement ce qu'ils étaient au moment de l'apparition de l'homme, sans intermédiaires entre eux et les hommes. Ils ont été les dominateurs de la terre pendant trente mille ans, comme les hommes le sont actuellement; ils offraient plusieurs races distinctes, comme maintenant les hommes.

Les éléphants ont donc précédé immédiatement les hommes sur la surface de la terre ; car il est à peu près certain que les animaux dont l'organisation physique ressemble le plus à celle de l'homme, les singes ont paru sur la terre après les hommes ; leurs conditions de vie, d'ailleurs, ne le leur permettant pas auparavant : il n'y avait pas de fruit, etc., etc.

Les trois races d'éléphants ont paru successivement à des époques différentes ; les mastodontes, les mamouths, et les éléphants qui existent encore ; ils ont occupé toutes les terres habitables : on rencontre leurs fossiles partout, dans toutes les parties du monde ; c'est, après les hommes, les seuls êtres qui aient été cosmopolites.

Relégués maintenant en petit nombre dans les forêts vierges de l'Asie et de l'Afrique, ils semblent être arrivés au terme de leur existence ; bientôt ils n'auront plus de place pour habiter en liberté, et ils refusent de se reproduire à l'état de captivité où leur intelligence leur fait un devoir de travailler pour l'homme qui le nourrit.

Ces points de ressemblance avec les races humaines semblent indiquer que les éléphants cèdent la place aux hommes.

Antagonisme social. La vie, comme nous l'avons dit, est une émanation de la Divinité qui met en fonction deux principes opposés, d'où résultent des êtres qui acquièrent une organisation en rapport avec les conditions de vie, qui persistent jusqu'à l'usure de cette organisation : telle est la vie individuelle et sa mort.

La vie sociale ou collective met également en fonction deux principes opposés, antagonistes, d'où résulte l'harmonie nécessaire à la marche de la nature; le bien et le mal marchent simultanément en se combattant sans cesse sous des formes infinies; l'un et l'autre se rencontrent partout et sont toujours à côté l'un de l'autre; il n'y aurait pas de bien sans mal, ni de mal sans bien; il n'y aurait pas de chaleur sans froid, ni de froid sans chaleur: l'équilibre des deux températures constiue le tempéré, mais qui n'est nulle part complétement permanent. Comme l'équilibre du mal et du bien constitue l'état moyen, l'aisance de la vie, mais qui n'est nulle part dans un état permanent.

Le jeu de l'antagonisme, c'est la vie; lorsqu'il cesse, c'est la mort: chercher le bonheur sans peines est donc une chimère.

Dans la vie collective universelle, tous les êtres vivent aux dépens les uns des autres; ils se mangent mutuellement; l'antagonisme s'exerce d'individu à individu.

Dans la vie sociale, l'antagonisme s'exerce aussi d'individu à individu, sous des formes infinies, mais encore de la société contre ce qui est en dehors.

Ces deux vies, comme la vie individuelle, sont régies par l'antagonisme de deux principes généraux, le principe conservateur et le principe destructeur: c'est la vie providentielle.

Vie providentielle. La vie providentielle qui régit tous les êtres en particulier et en général, qui subordonne tout dans la nature dont l'action des deux principes antagonistes qui la constitue, règle les destins comme les événements, selon les conditions que l'homme ne peut qu'entrevoir, ou plutôt qu'il ne connaît pas, mais qu'il apprécie souvent après, et qui lui servent quelquefois de leçons, qui avertit l'homme de bien de la présence d'un Dieu qui récompense et punit les actions de la vie individuelle ; qui lui fait connaître qu'il y a une providence qui le dirige vers le bien, vers le bonheur, et un esprit malin qui le conduit au mal, au malheur.

Comme les principes antagonistes de la vie providentielle tendent à perfectionner la vie sociale par leur équilibre, il s'ensuit que l'excès d'un côté comme de l'autre entrave les progrès prospères de la vie sociale qui languit et finit par s'anéantir quand l'équilibre ne peut être rétabli.

L'excès du bien comme l'excès du mal sont donc également nuisibles à la vie sociale comme à la vie individuelle ; leur prospérité exige par conséquent un égal concours du bien et du mal ; trop de bien qui efface complétement le mal, amène la mort du corps social, comme de l'individu, *et vice versá ?*

Ce théorème de la vie providentielle, qui devrait guider les hommes pour leur bonheur, n'est que très-imparfaitement compris ; l'instinct de conservation, antagoniste du principe destructeur veut toujours agir dans la vie individuelle et dans la vie sociale comme dans la vie collective ; cet instinct porte toujours à se conserver aux dépens de son semblable, en le détruisant, en augmentant la force destructive, en agissant contre le vœu de la nature, qui tend à modifier le mode de vie, à le perfectionner, à l'élever en intelligence, par conséquent à le faire sortir du mode de vie animale, matérielle, pour le placer dans la vie intellectuelle.

La vie intellectuelle a aussi ses deux principes antagonistes qui l'élémentent, le progressif et le rétrograde, tous deux concourant à la perfection par leur équilibre.

Le destin. C'est cette marche de la vie et de la mort, avant que l'on eût compris la nécessité de l'antagonisme qui avait fait croire au destin. Homère, auteur du plus ancien livre que nous ayons après ceux de Moïse, nous dit que le destin est au-dessus des dieux. Beaucoup d'autres savants l'ont pensé comme lui. Moïse et tous ceux qui, après lui, avaient une idée plus parfaite de la Divinité, n'y croient pas; les hommes, en général, attribuent le malheur au destin; mais le bonheur, c'est l'effet de leur capacité.

Cette manière de croire est un peu vraie : sans doute que si l'on ne cherche que la peine, et que l'on s'éloigne de toutes les jouissances matérielles, de tout ce qu'on nomme bonheur, la nécessité de l'antagonisme procurera des jouissances ou empêchera la sensation du malheur : c'est la vertu chrétienne, la seule pour être véritablement heureux.

Dans l'antagonisme de la vie animale et de la vie spirituelle, où la raison est constamment en opposition avec les passions, où l'homme a la conscience du mal et du bien; s'il y a équilibre entre le principe animal et le principe spirituel, il peut résister aux exigences de la matière, à plus forte raison si le principe spirituel domine : le destin est alors subordonné, conditionnel.

Aussi la justice humaine de tous les états sociaux, basée sur la justice divine, n'admet pas de destin. Si celui-ci existait, la justice serait une bien grande injustice.

Le brahmisme, outre brahma, puissance créatrice, reconnaît deux autres puissances ou divinités, Vichnou, puissance conservatrice, et Siva, puissance destructive, qui luttent sans cesse. La théogonie du brahmisme, empruntée aux livres de Moïse, a ainsi traduit à ses sectateurs les deux actes opposés de la puissance divine : la récompense et la punition.

Point de bonheur sans peines. L'erreur des hommes est de ne pas comprendre la nécessité de l'antagonisme; tous les membres de la société recherchent les jouissances qu'ils nomment bonheur; les plus sensés travaillent à acquérir de l'argent pour se les procurer, sans s'inquiéter de son antagoniste, la peine, etc., etc., qui en est inséparable.

Ainsi plus de jouissances, plus de peines, comme plus de peines, plus de jouissances, tel est l'ordre de la vie animale, soit que les causes des prétendues jouissances ou ces peines soient héréditaires, c'est-à-dire, soit que l'on naisse riche ou pauvre, le jeu de l'antagonisme n'en a pas moins lieu. Plus les jouissances sont grandes, élevées, plus les peines le sont aussi dans la vie animale commé dans la vie sociale.

Mais la vie spirituelle qui éxerce l'antagonisme avec la vie animale, en s'affranchissant des jouissances animales, s'affranchit aussi des peines de la vie animale; c'est-à-dire en modérant les jouissances animales, il en modère aussi les peines, puisqu'il n'est pas possible de s'en affranchir complétement.

L'antagonisme de la vie spirituelle s'exerce dans une région plus élevée; ses jouissances comme ses peines sont d'un autre ordre.

La vie animale ne fonctionne que pour sa propre conservation aux dépens de tous; la vie spirituelle, au contraire, livre le soin de sa conservation à la vie providentielle, et ne fonctionne que dans l'intérêt de tous. Mais peut-on compter quatre humains sur cent mille qui soient doués de la vie spirituelle, qui en soient complétement doués, entièrement exempts des moindres passions animales, qui ne cèdent que par nécessité aux exigences de la matière, qui font abnégation de leurs passions animales, qui ne s'occupent exclusivement que de la prospérité et du bonheur des humains?

Peu d'intelligences régissent. Non, il n'y a pas plus de quarante intelligences essentielles à Paris, autant à Londres, à Pékin, etc., etc., qui luttent sans cesse contre les passions animales, qui les contiennent, maintiennent les progrès réels de la civilisation, assurent la prospérité gouvernementale du pays, en dictant des institutions qui garantissent les intérêts de tous.

Si, par un effet de la vie providentielle, le principe spirituel perd de sa force, est débordé par les passions animales, celles-ci n'étant plus contenues, exercent l'antagonisme avec avantage contre la vie spirituelle, il en résulte un bouleversement qu'anime la rage de destruction et la perte de l'ordre social, à moins que par un autre effet de la vie providentielle il ne surgisse quelques intelligences supérieures qui viennent rétablir l'ordre en contenant les passions animales, ou leur donnant une autre direction.

Il serait sans doute pénible de penser que la vie sociale ne dépende que de la puissance de quatre intelligences sur cent mille, que si elles venaient à mourir la société serait détruite, si la vie providentielle n'était là pour la secourir. Qu'on lise surtout l'histoire du peuple juif dans les livres de Moïse, on y verra dans toute son étendue ce jeu de l'antagonisme qui règle la vie sociale de cette nation, et qui sert de guide à toutes les nations intelligentes de la terre; malheur à celles qui s'en écartent. Les lois de Confucius qui régissent depuis si longtemps la Chine et le Japon, ne sont que la traduction des lois de Moïse en style propre à ces nations.

L'intelligence qui régit une nation n'est pas toujours favorable au peuple, ou, c'est-à-dire ne lui paraît pas telle, par plusieurs causes : la première est que l'intelligence qui régit peut être subordonnée à des passions animales, matérielles; la deuxième est que la vie providentielle peut n'être pas favorable aux effets de l'intelligence qui domine, afin de maintenir l'équilibre entre la vie animale et la vie spirituelle ; la troisième est que la vie providentielle impose à une nation une puissance animale, matérielle, quand les intelligences ne sont pas assez fortes pour contenir le débordement des passions : l'antagonisme s'exerce entre elles ; l'intelligence les éclaire et les maintient en équilibre dans la crainte de s'y trouver subordonnée et de succomber avec la masse de la nation.

Sociétés humaines. L'instinct de conservation réunit tous les êtres par sympathie d'espèce. Il n'y a que quelques exceptions dont les causes sont connues, qui dérogent à cette règle générale de la nature ; mais l'humanité y est entièrement soumise.

Le premier homme créé, ou le premier couple, a été l'origine d'une société. Une deuxième société a pu avoir une origine semblable, ainsi de suite. Plus tard les besoins de la famille qui augmentaient, n'étant plus en rapport avec les productions locales, il s'ensuivit des séparations, origines des nouvelles sociétés, comme les hommes actuels de la race chamique nous en montrent de nombreux exemples.

Pendant longtemps les premières sociétés restèrent sous la conduite des pères, commes les Australasiens, les Papous ; beaucoup de nègres nous en donnent l'exemple encore, comme on le remarque également chez les animaux les plus intelligents, les éléphants, les chevaux, etc., etc., à l'état sauvage.

Origine des nations. Première race. Ces sociétés peu nombreuses, comme nous le remarquons toujours chez les familles de race primitive, se multiplièrent ;

les moyens d'existence devinrent plus difficiles; alors le gouvernement des vieillards, n'offrant pas assez d'énergie pour disputer le terrain, il fallut recourir à la puissance de la force; le plus fort devint alors l'arbitre, le dominateur. Telle est la souveraineté chez la race primitive qui n'a que très-peu d'intelligence.

Deuxième race. La deuxième race survint; elle était pourvue d'intelligence pour comprendre la Divinité, établir des lois, se conduire selon des règles favorables à toute la société, la diriger par l'intelligence réunie à la force matérielle; les sociétés par conséquent devinrent plus populeuses, et à mesure qu'il surgissait des intelligences supérieures, ces sociétés devinrent envahissantes, usurpèrent le droit des autres, les chassèrent ou les soumirent; de là des nations, des États, des monarchies, lorsque l'État est dû au droit de conquête d'un seul; des États à souveraineté élective quand l'État était formé par plusieurs puissances.

Mais les temps historiques ne remontent pas assez loin pour nous faire connaître l'état de race semique avant l'apparition de la japhetique. Moïse nous indique bien les familles issues des trois races, mais il nous les montre sur la scène du monde en même temps, devenant des corps de nations considérables, et l'histoire nous montre en effet les trois premiers empires primitifs considérables sur le Nil, sur le Tigre et sur l'Euphrate.

Il est certain que les peuples primitifs de l'Égypte étaient de race chamique, que ceux des bords de l'Euphrate étaient des semiques, et ceux des bords du Tigre en grande partie des japhetiques, qui ont peuplé ensuite les îles de l'Europe méridionale, que ceux de race semique ont été refoulés vers la partie orientale de l'Asie, pendant que ceux de la race chamique ont été asservis ou refoulés en Afrique.

Que ces derniers, trop peu intelligents pour fonder des empires, qui nécessitaient une administration éclairée, etc., etc., devaient être asservis à des familles de la race japhetique, comme en effet les plus anciennes momies d'Égypte nous le démontrent.

Comme les premiers hommes ont paru entre le 40e et le 50e parallèle nord, les premiers, vivant à la manière des animaux, ont été asservis, et cette race s'est insensiblement anéantie; ceux qui existent encore indépendants habitent des pays peu favorables aux autres races.

La deuxième race formait des nations considérables qui devinrent l'objet de l'ambition des intelligences de la race japhetique qui leur imposa des maîtres. La deuxième race s'éteignit donc insensiblement, excepté dans les pays qui offrait peu d'attraits aux ambitions de la race japhetique, où elle s'est conservée par le nombre, subissant seulement de temps à autre l'autorité de l'intelligence de la race japhetique, puisque tous les souverains sont issus de cette race.

Trosième race. Enfin la race japhetique a toujours suivi la même marche; pendant longtemps elle partait en rayonnant des bords de la mer Caspienne, en hordes plus ou moins considérables, commandées par un chef intrépide, pour aller subjuguer les nations, fonder des monarchies, des empires de plus ou moins longues durées, que d'autres plus tard, partant des mêmes points, venaient conquérir de nouveau, continuer l'empire en imposant d'autres souverains, ou, avec les débris des empires subjugués, fonder de nouveaux empires.

Premier point peuplé de la terre. Plusieurs nations primitives semblent venir du pied des montagnes voisines de la mer Caspienne, Caucase, Altaï, etc. Mais ce qu'il y a d'évident, c'est que toutes les familles ou nations qui ont fondé des États, des Empires, où ont fait briller tour à tour les arts et les sciences dans les premiers temps historiques, étaient venues des monts Caucase, Altaï, voisins de la mer Caspienne, et qu'à d'autres époques postérieures, à de longs intervalles successifs, des armées envahissantes venaient conquérir de nouveau les pays conquis par leurs ancêtres, comme si ces contrées eussent été le berceau de l'espèce humaine supérieure destinées à fonder et à renouveler la vie sociale des nations.

Maintenant, depuis plusieurs siècles, les points de départ des peuples envahisseurs, rénovateurs, se font de la partie occidentale de l'Europe, centre de la civilisation, toujours partant de vers le 50e parallèle nord, pour aller dans des contrées ouest et sud, occupées par des peuples secondaires ou primitifs.

C'est vers le 50e parallèle nord qu'ont paru les premières terres ; pour la première fois se sont montrées à l'air, les psychodiaires (Bory), les végétaux cryptogames, les atélézoaires, les végétaux monocotylédones, les mésozoaires, les dicotylédones, les animaux, la première race humaine, la deuxième, puis la troisième.

Le privilége dont jouissent les terres entre le 40ᵉ et le 50ᵉ degré nord, vient donc d'avoir paru les premières hors de l'eau. Sans doute aussi que les conditions climatériques et élémentaires y sont plus favorables à l'humanité et à tous les autres êtres, puisque c'est à ces latitudes que se trouvent le plus d'habitants proportionnellement aux autres contrées.

Il est très-peu d'endroits sur la terre où l'on ait rencontré des sociétés d'hommes ; celles des races primitives n'y avaient certainement pas été importées, puisque la plupart ne peuvent vivre ailleurs que sur le sol où on les trouve, même des races secondaires. Les Hottentots, les Papous, les Australasiens, les familles hyperboréennes ne peuvent vivre sur d'autres terres que celles où on les trouve. Ainsi, nul doute qu'ils n'aient été créés là. Leur organisation ne leur permet, ni de supporter d'autres climats, ni d'autres éléments de vie, de nutrition, et leurs facultés sont restreintes pour leur genre de vie. La race secondaire peut plus ; mais elle est encore loin de pouvoir comme la race supérieure, qui est essentiellement cosmopolite, par conséquent destinée à prendre la place des autres.

Partout nous voyons se passer ce qui se passait dans les temps primitifs. Nous voyons des peuples primitifs ou de première race formant des petites sociétés ; des peuples secondaires ou de deuxième race formant des sociétés plus considérables. Nous les voyons être l'une et l'autre envahies par la race supérieure.

Comme l'histoire des premiers temps nous montre les peuples venant des monts, entre le 40e et le 50e parallèle nord, subjuguer ceux des contrées chaudes et fertiles de l'Asie occidentale d'abord, les empires d'Assyrie, de l'Égypte, des Indes, puis de l'Archipel grec.

Famille hébraïque. Nous voyons la famille hébraïque venir lentement du pied des monts Caucase, s'établir d'abord dans la terre de Chanaan, guidée par le chef Abraham ; elle vient avec un petit-fils de ce dernier coloniser en Égypte, après avoir donné naissance à la famille arabe. Cette branche principale de la famille hébraïque peu belligérante, ne voulant pas se mêler aux autres, comme c'est encore leur caractère, se trouvant subordonnée à d'autres colonisateurs de la race supérieure qui avaient asservi les races primitives et secondaires propres au sol de l'Égypte, fut obligée, quatre siècles après, d'en sortir, guidée par Moïse, pour revenir conquérir de nouveau la terre de Chanaan, en bataillant contre des tribus de race primitive ou secondaire qui peuplaient ces contrées avant eux, ou pendant leur absence.

Origine des cosmogonies. Les Hébreux avaient-ils puisé leurs connaissances en Égypte? ou plutôt, n'est-ce pas eux qui avaient transmis leurs sciences et leurs arts chez le peuple égyptien? Le silence de Moïse à cet égard nous porte à croire que ce sont les Hébreux qui ont porté le germe de la civilisation en Égypte.

ainsi que les sciences et les arts, ou au moins le fondement ; que les sciences n'y ont pas fait plus de progrès parce qu'elles étaient au niveau de l'intelligence de ses habitants, qui n'avaient que les hiéroglyphes pour les communiquer ; que cette science hiéroglyphique suffisait pour occuper la vie d'un homme, ne laissait que peu de temps pour propager les autres sciences qui se trouvaient par cela même concentrées chez les lettrés hiéroglyphites ; c'est aussi ce qui a empêché de bien comprendre les sciences des Égyptiens, ce qui rendait leurs savants mystérieux. Le fond de leur science provenait des descendants d'Abraham, nous n'en doutons pas.

Il en était de même des anciens empires de l'Asie Mineure, Babyloniens, Assyriens ; des Indiens, et plus tard des Chinois, dont les sciences morales et cosmogoniques étaient empruntées aux Hébreux, tous États dont la civilisation est postérieure à celle de l'Égypte, par conséquent à celle des Hébreux. Le Brahma est l'Abraham hébreu.

Pendant que les empires d'Asie Mineure se fondaient, se détruisaient pour s'établir de nouveau par les envahissements successifs des peuples venant des bords de la mer Caspienne, l'Archipel de la Grèce, déjà peuplé, reçoit des colonies de Phéniciens, de Syriens, qui lui portent la civilisation ; la Péninsule reçoit des envahisseurs du Nord, qui y portèrent une certaine civilisation, comme l'indique les constructions cyclopéennes, constructions antérieures à celles des Phéniciens et des Égyptiens. Ces derniers, guidés par Cecrops, vinrent apporter le germe des lumières, en fondant une colonie dans l'Attique.

Cecrops était de la famille hébraïque, et ses gens étaient de la race secondaire, dominante en Égypte, comme les Phéniciens, ou au moins la classe dominante, étaient aussi des Hébreux.

Puisque des recherches authentiques ont prouvé, que la classe inférieure en Égypte était des Nègres, que la classe dominante, les Pharaons, était de la deuxième race, et que quelques-uns des lettrés, des prêtres, étaient de la famille hébraïque.

Famille pélage. Après la famille hébraïque, les Pélages furent les premiers de la race supérieure qui subjuguèrent les peuples de l'Asie Mineure, puis de l'Égypte; ensuite passèrent de l'Asie dans l'Argolide, pour peupler la race supérieure de la Grèce. Plus tard, les Scythes, venant du Nord, sous le nom d'Hellènes, s'emparèrent de la Grèce sur les Pélages. Ceux-ci s'étendirent en Italie et fondèrent l'empire romain.

Age du monde, ou création du premier homme. Les Israélites, en conservant pure leur nationalité, nous ont conservé aussi intacts les livres de Moïse, sanctuaire où toutes les nations ont puisé leur cosmogonie, leurs dogmes et leurs lois; mais enveloppés de fables, d'allégories plus ou moins bizarres, suivant le plus ou moins d'intelligence des peuples auxquels on les interprétait, et aussi selon l'orgueil des nations qui voulaient toujours être les premières en date. Par exemple, la chronologie chinoise dit que leur premier roi Fo-hi ou Noë, régnait il y a 24,176 ans. Il est bien évident que pour flatter la nation ou la dynastie, on a ajouté le chiffre 2 en avant du 4, et qu'en retranchant le chiffre 2, on a 4,176 ans, époque véritable du déluge.

Montrons encore cette différence dans les chiffres, et cependant la concordance évidente de l'âge du monde ou de la création du premier homme.

> Age du monde selon Moïse 5,846.
> Selon les brahmes, 3,982,298, ôtant 1,500,000, temps que Brahma a mis pour créer le monde, divisant le reste par 365 jours, on a 6,800.
> Selon les Chinois, 2,276,479, qui, divisés par 365 jours, donnent 6,200.
> Selon les Japonais, 2,362,594, qui, divisés par 365 jours, donnent pour l'âge du monde 6,400.
> L'ère des mages, ou anciens perses, date de 100,000 avant notre ère vulgaire. Eh bien, divisés par 25, qui sont les phases de pleines et nouvelles lunes, vous trouverez juste 4,000.

L'ère des Chaldéens, des Phéniciens et des Égyptiens a été confondue avec le résultat de simples calculs astronomiques. Par exemple, chez ces derniers, multipliez la grande période caniculaire de 1461 ans, nommée la grande année, par un cycle solaire de 25 ans, vous aurez pour résultat 36,525, que la chronique égyptienne dit être l'âge du monde.

Enfin, toutes les autres chronologies, telles que celles des Arabes, de l'Église grecque, d'Eusèbe, Samaritaine et d'Alphonse, roi d'Espagne, donnent à peu près 6,000 ans à l'âge de la création du premier homme.

Marche de l'état social.—La vie sociale, ainsi que celle de l'homme, ne meurt pas, elle se renouvelle, se continue sous un autre nom, quelquefois avec des modifications. Le corps social a son enfance, sa jeunesse, sa virilité, sa vieillesse, sa décrépitude et sa fin ; ses maladies sont ses révolutions ; sa domination étrangère, sa conquête, l'asservissent ou le détruisent, comme les blessures graves asservissent ou tuent l'homme. Quelquefois, lorsque les maladies du corps social sont dues à une cause interne, ces maladies peuvent être considérées comme une réaction violente de la nature ; si elles ne tuent pas, le corps social peut y gagner : de même aussi, une domination étrangère peut ajouter à la puissance, aux lumières, du corps social subjugué.

Il en est donc du corps social comme du corps humain, la durée de son existence est très-variable : il en est dont la durée n'est qu'éphémère ; d'autres, comme celui de la Chine, peut-être aussi du Japon, durent depuis deux à trois mille ans.

L'histoire nous montre successivement de grands empires qui se forment aux dépens de petits États, ou d'autres fois de petits États, monarchies et républiques, qui se forment des débris des grands empires.

Tous les grands États sont formés par une seule intelligence supérieure que favorise la vie providentielle, et ils se soutiennent de même ; s'il survient des intelligences rivales, l'État se divise ; si l'intelligence gouvernementale s'affaiblit, l'État aussi devient faible, et finit par succomber. Ainsi, une seule intelligence supérieure suffit pour réunir les peuples sous son sceptre, les régir, les asservir, en faire ce qu'il veut.

C'est une nécessité pour le corps social d'être régi par un seul homme ; c'est ce seul homme qui est la représentation de la vie du corps social, il est l'image de la Divinité. Aussi peut-il faire autant de bien que de mal. Lorsque le pouvoir est partagé, au lieu d'un maître, le corps social en a plusieurs ; alors les émoluments sont multipliés, et les charges du corps social plus considérables. .

La vie sociale n'est pas la même dans tous les États ; généralement, après le maître unique, chacun y fonctionne selon son degré d'intelligence ; l'antagonisme y a une infinité de nuances. Les plus intelligents approchent du pouvoir, et subordonnent les moindres ; celles-ci s'appuient sur les plus élevées qu'elles, sans quoi elles périraient. La race primitive ne peut vivre en société avec les autres sans s'asservir à elles : c'est une nécessité qui tient à sa conformation intellectuelle. La race première ne peut même simuler la civilisation ni l'esprit gouvernemental des autres ; aussi est-ce une erreur de croire que le gouvernement d'Haïti puisse tenir sans le secours des blancs.

La race première, abandonnée à elle-même, ne peut être gouvernée que par une autorité absolue, comme celle d'un père sévère qui connaît le caractère et les besoins de ses enfants : aussi ne peuvent-ils exister qu'en petites sociétés.

La deuxième race, essentiellement ascétique, à idées permanentes, s'assujettissait facilement à de grands empires. Aussi la civilisation y restait-elle stationnaire, les sciences et les arts étaient aussi avancés au commencement qu'à la fin de l'empire.

La race supérieure, aidée d'une intelligence distinguée, formule promptement un état social; les arts, les sciences, le commerce ou la guerre, selon l'esprit dominant, y fonctionnent vite; ils arrivent promptement au point le plus élevé de leur intelligence ou de l'intelligence de quelques-uns. Puis la vieillesse et la décrépitude arrivent promptement; on se soutient quelque temps par une politique étrangère intéressée à son existence, à moins que quelque ambition ne hâte sa chute pour le renouveler ou le remplacer.

Une seule intelligence supérieure peut fonder un empire, y établir des lois, une civilisation, dont les arts, les sciences et l'agrandissement feront des progrès tant que cette intelligence sera dans sa vigueur, aidée, bien entendu, de la vie providentielle; ensuite l'État mourir, se démembrer aussi promptement qu'il s'était formé.

L'intelligence des premières races ne s'est point perfectionnée depuis leur création. Les produits de l'intelligence de la race supérieure indiquent-ils, depuis les temps historiques, des progrès dans leur intelligence? Oui, un seul, effet du christianisme; car jusqu'alors, et dans les contrées où n'a pas pénétré le christianisme, l'intelligence humaine est restée stationnaire. Chez les Mahométans, qui s'opposent à main armée au christianisme qui veut mettre un frein à leurs passions, la civilisation n'est guère plus avancée que chez la première race humaine; ils ne connaissent que le sabre pour les aider à assouvir leurs passions animales. Ce moyen, longtemps offensif chez eux, tant que leurs forces étaient renouvelées par des familles agrestes venues des bords âpres de la mer Caspienne pour s'enivrer dans des pays délicieux, n'est plus maintenant que défensif; et ils ne tarderaient pas de finir, si leur puissance n'était soutenue par les rivalités des puissances chrétiennes. La puissance mahométane est l'antagoniste de la puissance chrétienne, c'est la passion animale qui lutte contre l'intelligence humaine.

Etat stationnaire des peuples de la partie orientale de l'Asie. — Les peuples de la partie orientale de l'Asie, encore en grande partie composés de la deuxième race humaine, sont toujours ce qu'étaient les empires d'Assyrie, de Babylonie et d'Égypte. Leur intelligence ne leur a pas encore permis de comprendre le christianisme; mais ils en ont un simulacre dans le bouddhisme : encore un pas, ils reconnaîtront que Guatama a puisé ses dogmes et sa morale chez les chrétiens; il ne faut pour cela qu'un grand-lama intelligent et consciencieux, qui consentira à recevoir l'instruction dans un séminaire, ensuite viendra à Rome recevoir l'investiture d'un patriarche. Les Sickes ont aussi une tendance favorable au christianisme.

Quatre degrés de l'intelligence humaine. — Quatre époques marquent les quatre degrés de l'intelligence humaine : création de la première race, création de la deuxième, création de la troisième, et avénement du Christ : tels sont les quatre degrés d'intelligence qui régissent tout le règne humain, dont nous allons parcourir succinctement les états présents.

Civilisation. Avant l'arrivée de Jésus-Christ, la civilisation physique et morale était fort avancée. L'intelligence était concentrée dans la Grèce, et portée au plus haut degré. Cette petite contrée offrait à elle seule la scène du monde entier. Homère, Thalès, Solon, puis Socrate, Platon surtout, dévoilèrent à l'humanité les beautés de l'intelligence supérieure, et préparèrent les esprits à recevoir l'Évangile. Confucius moralise la Chine ; le nord de l'Afrique, où régnait Carthage, était civilisé : des colonies en partaient pour l'Espagne, la Sardaigne, la Corse, la côte occidentale de l'Afrique, l'Irlande, l'Angleterre.

Rome, adoptant toute la civilisation de la Grèce, sans l'avoir jamais augmentée, devint la capitale de la partie occidentale de l'ancien monde. L'Europe, l'Asie mineure et l'Afrique connues, constituaient l'Empire romain, régi par des lois uniformes. Le bienfait des arts et des sciences était généralement répandu et à l'avantage de tous les peuples de l'empire, qui semblaient ne plus faire qu'un peuple romain à la naissance de Jésus-Christ : il semblait que la civilisation intellectuelle n'avait plus rien à faire.

Mais la dignité de l'homme était toujours abaissée

par le polythéisme et la reconnaissance d'une nature libre et d'une nature esclave ; cette civilisation croissante n'était que factice et entièrement sous la dépendance des hommes, sous la dépendance du droit du plus fort.

Christianisme. Le christianisme vint révéler à l'homme sa vraie position dans le monde : posant en principe l'unité d'un Dieu, l'immortalité de l'âme, l'égalité des hommes entre eux et de leurs droits dans la nature, et fixant la marche que désormais l'homme devait suivre dans la voie de son perfectionnement intellectuel et de son bonheur.

Le monde civilisé, c'est à-dire l'empire romain, reçut peu à peu cette nouvelle lumière, après avoir lutté pendant plusieurs siècles contre le polythéisme. La vie sociale reçut une secousse violente qui devait la régénérer ; tous les peuples, intra et extra Romains, devaient recevoir cette nouvelle lumière de l'intelligence, excepté l'Indoustan, la Chine, le Japon, qui restèrent étrangers à ce mouvement de l'intelligence, leur civilisation ne faisant que commencer en comparaison de celle des peuples de la partie occidentale ; restés stationnaires depuis ces temps, leur vie sociale ne fait que commencer à goûter le besoin de se régénérer : le christianisme va les régénérer malgré son antagoniste.

Les Goths, qui venaient de fonder une domination puissante dans l'Europe centrale, reçurent le christianisme.

Commotion générale. Tous les peuples de la partie

centrale et occidentale de l'ancien monde, mûris par le temps, reçoivent spontanément l'impulsion du christianisme, qui les appelait à une vie meilleure. L'antagonisme social est changé : d'un côté, des peuples dans une très-inégale position, les uns jouissant d'une position sociale agréable sous un beau ciel et sur un sol fertile et cultivé, les autres dans l'abrutissement de l'esclavage ; d'un autre côté, d'autres peuples non civilisés, pullulant beaucoup, vivant sur un sol ingrat et sous un ciel brumeux et froid, méprisés sous le nom de Barbares par les Romains et les Grecs. Alors, pour établir l'égalité entre les diverses positions humaines, pour établir l'équilibre de l'antagonisme de la vie sociale, les derniers, poussés les uns par les autres, envahirent avec acharnement le territoire du grand empire, que les efforts et les capacités de Constantin et de Théodose avaient retardé durant le quatrième siècle ; mais dans le cinquième, le torrent roula sur l'empire et l'écrasa, entraînant avec lui les arts et les sciences, qui ne reparurent que dix siècles après.

La famille scythique ou tatare, composée des Huns, des Mongols, venant du versant nord de l'Himalaya ; les Alains, les Bulgares, les Avares, les Hongrois et les Turcs, habitant les bords de la mer Caspienne, formaient des rameaux de cette famille. Toute la portion de l'Europe au nord du Danube était couverte de la famille slave ou sarmate, formée des Polonais, des Russes, des Bohémiens, des Moraves, des Poméraniens, Welches, Serviens, Croates, etc. La famille germanique, qui compreniat les Suèves, les Vandales,

les Bourguignons, les Lombards, les Goths, les Gépides et les Hérules, à l'est de l'empire ; les Angles, les Francks, les Frisons, à l'ouest ; au centre, les Allemands, les Souabes, les Thuringiens ; des rameaux de la famille teutone ou finnoise, Prussiens, Livoniens, etc. La famille teutone, ou Cimbres, habitait le Danemark, la Suède.

Tous ces peuples avaient une religion, toute de sang, qu'avait importée chez eux Odin quelques siècles avant leur conversion, mélange de la mythologie des Grecs et des superstitions des Scythes.

Les Huns, peuple nombreux, refluant du centre de l'Asie, commencent le branle principal, en s'avançant peu à peu vers l'occident, ou, en l'an 376, franchissant le Don, envahissent le pays occupé par les Goths, divisés en Ostrogoths à l'est, Visigoths à l'ouest, et Gépides au centre. Les Ostrogoths et les Gépides se soumettent, mais les Visigoths fuient, et, après avoir obtenu des terres des empereurs, se révoltent, battent les Romains à Andrinople, et ravagent l'empire en tout sens ; les monuments de la Grèce surtout sont complétement détruits en 398. Enfin, tantôt vaincus, tantôt vainqueurs, douze ans après ils finissent par prendre Rome. Quelques années avant le désastre, les Alains, les Suèves et les Vandales s'étaient précipités aussi sur les frontières italiennes ; mais ils furent forcés de retourner en Germanie, d'où, joints aux Bourguignons, ils envahirent les Gaules, et ces derniers s'établissent définitivement dans la Séquanaise sous Gondicaire, leur premier roi. Les trois autres peuples, chassés de la Gaule, se jettent sur l'Espagne, qu'ils ravagent, puis s'y établissent.

Les Visigoths reviennent de l'Italie sur la Gaule méridionale et le nord de l'Espagne, où ils fondent le royaume de Toulouse, qui bientôt envahit toute l'Espagne, que les Vandales viennent de quitter après l'avoir ravagée pour chercher une proie plus riche, l'Afrique romaine, dont Genseric fait la conquête, et où tout périt encore sous leurs mains.

Les trahisons s'unissaient aux invasions étrangères pour la ruine du grand empire. La cour des empereurs était un réceptacle d'intrigues et de fourberies, et la dégradation romaine ressortait encore davantage devant ces austères et chastes peuples, ennemis du luxe et des douceurs de la vie, qu'ils ne pouvaient comprendre. Aussi ne s'occupèrent-ils qu'à combattre et à détruire. Genseric a pris Carthage ; ses flottes en viennent rapporter à Rome de nouveaux fléaux. Elle est prise et livrée au pillage, en 455, pendant quatorze jours. Chargé des dépouilles de la capitale du monde civilisé, des statues des dieux, des portes de bronze des temples, le roi vandale fait voile pour Carthage, où en vue du port une tempête engloutit la majeure partie de ces richesses.

A cette funeste époque pour l'empire, Attila, souverain des Huns, s'était élevé sur l'empire d'Orient, traînant après lui toute sa nation. La Thrace, l'Illyrie disparaissent devant lui. Arrêté par d'immenses tributs que lui paie la cour de Byzance, il se tourne vers l'Occident, et entre dans les Gaules déjà tant de fois ravagées, et où il achève de renverser ce qui restait encore debout; les Francs venaient de s'y établir; Ætius se joint à eux et aux Goths contre le roi barbare, et lui tue cent soixante mille hommes dans les plaines de Châlons. Attila, non détruit, repasse en Germanie, d'où, l'année suivante, il revient encore sur l'Italie où le pape Saint-Léon l'arrête aux portes de Rome. Il se retire et meurt en Pannonie. Les uns retournent en Asie, après avoir, pendant quinze années, accumulé sur le monde autant de ruines que tous les autres étrangers réunis.

Délivré de ce fléau, l'empire d'Orient se repose un peu. Celui d'Occident continue à être en proie aux Barbares établis en Italie; et enfin le dernier empereur est déposé en 476 par l'Hérule Odoacre qui prend Rome et s'y établit roi d'Italie.

Tous ces durs étrangers, par leur séjour dans ces contrées civilisées, avaient adopté une partie des mœurs des vaincus; les Vandales s'amollirent bientôt en Afrique, et au bout d'un siècle offrirent une conquête facile à Bélisaire.

Les Hérules, les Alains, les Gépides, dont Odoacre s'était fait roi, et qu'il gouverna pendant quinze ans, subissent le joug des Ostrogoths que Théodoric-le-Grand amena de la Pannonie. Ce furent les beaux jours de l'empire Goth, qui comprenait alors l'Espagne, la Provence, tout le royaume visigoth que son gendre Alaric II lui avait laissé, que Théodoric gouverna pendant trente ans avec gloire, réparant les maux de la malheureuse Italie et civilisant les peuples qu'il commandait.

Mais l'Italie ne devait pas se reposer encore. Justinien voulut reconquérir l'Italie pour l'empire d'Orient. Cette guerre acharnée rendit Rome déserte et força les Ostrogoths à quitter une contrée où les Lombards, nation féroce, venue de l'Oder, et vainqueur des Gépides, leur succèdent immédiatement et fondent, dans la partie septentrionale de l'Italie, le royaume lombard qui ne doit tomber que devant Charlemagne.

A l'autre extrémité de l'Europe, la Grande-Bretagne, ravagée d'abord par les Calédoniens, est envahie par les Saxons ; la population bretonne s'est reléguée dans les montagnes de l'ouest et dans l'Armorique, où ils sont toujours demeurés sous le nom de Welchs ou Gallois, ayant conservé le nom de Bretons sur le continent, dont la Bretagne.

D'autres invasions, sous la fin du règne de Justinien, viennent menacer Constantinople. Les Avares viennent de l'Asie centrale sous la conduite de Bacon, s'établir dans la Dacie et la Pannonie. Les Bulgares descendent le Volga, et viennent se fixer aux bords de la mer Noire, sur les bouches du Danube.

Avec la chute de la civilisation antique tout fut détruit ; les monuments, les arts et les sciences ; il semblait qu'il ne devait plus en rester de traces ; les terres étaient en friche, de nombreuses forêts couvraient les cités.

Enfin, en 552, sous le règne de Justinien, une peste épouvantable qui a parcouru tout le globe, vint terminer l'effet de la dépopulation ; achever ce que les hommes, lassés de se tuer, ne pouvaient finir.

Les nations sont renouvelées. Mais les populations étaient renouvelées ; la voie du christianisme était tracée ; toutes les populations l'embrassèrent ; une nouvelle intelligence les régissait ; le sort de l'humanité était désormais assuré ; des cloîtres nombreux s'établissaient, où se réfugiaient les sciences, les arts, l'amour du travail, et la foi chrétienne la plus pure. Les moines rendirent d'immenses services à l'humanité en défrichant les terres incultes ; copiant les manuscrits, ils conservèrent le dépôt des sciences et des arts, et surtout contribuèrent à propager le christianisme.

L'empire d'Orient, cependant, était encore debout ; la vie providentielle semblait le conserver dans la corruption pour avoir à supporter l'infamie ; ses peuples n'étaient pas jugés dignes d'une régénération chrétienne ; ils devaient gémir sous le poids de l'esclavage auparavant ; sans cesse occupés de disputes théologiques, les peuples de Constantinople tombant dans l'hérésie, anéantissaient les arts et les sciences.

Mahométisme. L'antagonisme social penchant toujours pour les passions animales, dans l'Asie occidentale et l'Afrique septentrionale, un nouvel ennemi de l'intelligence humaine se leva ; Mahomet parut vers le septième siècle ; les Arabes adoptent sa loi et la prêchent le sabre à la main ; la Syrie, l'Égypte sont soumises aux Arabes ; des peuples de la famille Pélage, venant du nord de la Perse, sous le nom de Sarrasins, adoptent leurs lois ; la Perse est conquise ainsi que toute la partie de l'Afrique romaine ; ils passent en Espagne où la bataille de Xerès assure à Tarick la possession de l'Espagne sur le roi visigoth Roderic. Mais les Sarrasins cultivaient les arts et les sciences ; Avicennes était natif de Bokara ; Averroës de Samarcande ; le calife de Bagdad et le soudan d'Égypte, protégeant les sciences et les arts, étaient aussi de la Bactriane.

Charlemagne cherche à rétablir la civilisation et l'instruction, en même temps qu'il s'élève pour rétablir l'empire d'Occident ; c'est lui qui concéda aux papes le pouvoir temporel. Mais vers la fin de son règne, les Normands ou Northmans, viennent en pillant et dévastant chercher à s'établir en France ; Charles-le-Gros cède la Neustrie à Rollon leur chef qui reçoit le baptême.

Féodalité. C'est vers le huitième siècle qu'un autre fléau s'établit en Europe ; la féodalité, antagoniste de la dignité humaine et des préceptes du christianisme, mais que semblait nécessiter le maintien de l'ordre chez les classes si différentes de la société, que créaient les divers degrés d'intelligence.

L'Italie était toujours disputée entre les Grecs, les Lombards, les Allemands et les Sarrasins. Venise, Gênes et Pise se rendent indépendantes. Les Normands expulsent les Grecs de l'Italie méridionale, mettent fin aux incursions des Sarrasins, et fondent le royaume des Deux-Siciles au commencement du onzième siècle.

En Angleterre, les Anglo-Saxons sont attaqués par les Danois ; Alfred-le-Grand avait imité les efforts de

Charlemagne sans plus de succès ; les Danois embrassent le christianisme, ainsi que les Scandinaves. Dans le dixième siècle encore, les peuples Slaves embrassent le christianisme ; Polonais, Bohémiens, Russes ; les Scythes, Hongrois, en font autant.

Au onzième siècle, toute l'Europe était chrétienne, excepté la portion de l'Espagne occupée par le califat d'Occident, qui voyait lentement diminuer ses possessions par sa guerre continue avec les chrétiens. D'un autre côté, les chrétiens d'Orient perdaient l'empire grec, ne possédait plus que la Grèce et une petite partie de l'Asie-Mineure. Le califat de Bagdad possédait le reste de l'empire romain, où les arts et les sciences étaient cultivés. Le bouddhisme forme une unité religieuse à l'instar du christianisme dans la partie orientale de l'Asie.

Les Turcs, rameau de la famille scythique, sortent de la Turcomanie, s'avancent en conquérant pour succéder à l'empire de Bagdad en embrassant le mahométisme en route. Conduits par Togrulbeg, attaquent et prennent sur les Grecs ce qui leur restaient de provinces en Asie. Fanatiques puissants, ils avaient une certaine considération pour les vaincus et respectèrent les monuments, mais ils étouffèrent les lumières.

Croisades. Arrivent ensuite les croisades que réclament Jérusalem et les chrétiens d'Orient. Pendant cent cinquante années, les chrétiens d'Occident se ruent sur les Mahométans ; ils fondent le royaume de Jérusalem ; celui d'Arménie qui dure trois siècles. L'antagonisme social s'établit entre le christianisme et le mahométisme; entre l'intelligence et les passions animales. Tantôt vaincus, tantôt vainqueurs, les peuples du Midi demeurent dominés par les passions animales, qui étouffent de plus en plus les facultés intellectuelles; tandis que ceux du Nord le sont par celles-ci qui améliorent progressivement leur sort en répandant les lumières, et rendant à l'humanité sa vraie dignité.

Durant le repos, qui succède aux Croisades, le pouvoir s'accroît, la noblesse perd en pouvoir ce qu'elle gagne en titres, en illustrations; le peuple, à l'aide des prêtres, s'affranchit; les communes se forment; il y a un tiers-État. L'art nautique fait de grands progrès; une carrière vaste est ouverte aux spéculations par les nouveaux objets d'échange. Les républiques de Venise, Gênes et de Pise, sont des centres de commerce de la Méditerranée. Les villes manufacturières des Pays-Bas; les villes anséatiques s'établissent; l'agriculture s'enrichit de produits nouveaux et reprend de l'activité. Le peuple, le bas-peuple était toujours ignorant et superstitieux, mais il avait de la foi; il se consolait de sa misère dans le sein de la religion, et les plus intelligents se plaçaient facilement dans une position honorable.

Église catholique. L'Église catholique marche à la tête de la civilisation; le clergé possède les lumières et les sciences; il en use pour le bien commun; il établit la trêve de Dieu pour refréner les guerres particulières des grands seigneurs. Les onzième, douzième et treizième siècles sont féconds en bons résultats pour l'humanité; ils se distinguent surtout par un mouvement progressif dans les différentes classes de la société. En Italie, les villes libres se liguent contre les gentils-hommes pour les assujettir à la loi commune; les communes en font autant en Espagne, ainsi que les villes anséatiques. L'affranchissement des serfs se fait individuel, collectif, ou général d'un village, ou de toute une classe de sujets, et les rois de France en donnent de nombreux exemples. Les communes se forment pour résister aux déprédations des seigneurs. Ces communes acquièrent bientôt une telle importance, que Philippe-le-Bel les constitue définitivement. En Angleterre, le roi Jean donne la grande Charte en 1215, et quatre-vingts ans plus tard, sous Édouard Ier, le Parlement et la Chambre des Communes sont régulièrement constitués et votent l'impôt. En Italie, les villes libres ont leur conseil souverain, et les assemblées du peuple en Espagne, le gouvernement représentatif est dans toute sa force. En Allemagne, les États de l'empire admettent les députés des villes. La découverte des Pandectes de Justinien sert de base aux codes qui sont établis.

Les sectes scolastiques, des réalistes et des nominaux, font briller quelques savants; Gerbert apporte les nombres arabes; Gui invente les notes de musique. Les arts, la peinture sur verre et l'architecture sont les plus florissants; ils nous laissent les admirables cathédrales de Reims, de Paris, d'Amiens, de Rouen, de Spire, de Strasbourg, etc., etc. Ainsi, l'Occident, sous l'impulsion du christianisme, devance à pas de géant tous les autres peuples de la terre.

La force brute en opposition à la civilisation. Cependant, la pépinière des rénovateurs du règne humain se grossissait toujours au centre de l'Asie ; une innombrable famille de mongols, commandée par des Scythes, à la tête desquels était Gengiskan, se déborde à l'est, au sud et à l'ouest dans l'Asie et l'Europe orientale. Après avoir conquis la Chine, Gengiskan revient ruiner les villes opulentes de la Buccharie et du Korasan. Son fils Toucki bat les Russes aux bords de la mer Caspienne. Gagour pénètre en Russie, prend Moscou ; Wladimir, traverse la Pologne, la Hongrie et pénètre jusqu'en Illyrie vers le commencement du treizième siècle. Amangou envoie ses frères Houlagou et Kublai conquérir, l'un le califat de Bagdad ; l'autre, toute la Chine, le Tonquin, la Cochinchine, le Thibet ; mais il échoue contre le Japon. Kublai reste seul empereur, et domine depuis le golfe de Finlande jusqu'à la mer des Indes ; ses Mongols se civilisent aux arts de la Chine, et lui-même, élevé dans les sciences chinoises, en devient le protecteur éclairé.

Cette secousse, de longue durée, a retardé l'invasion turque commencée au onzième siècle ; les sultans d'Iconium, soumis d'abord, parviennent à secouer la domination mongole ; ils commencent le nouvel empire des Osmanlis. Amurat Ier, et ses successeurs, combattent les empereurs grecs, leur enlèvent toute l'Asie-Mineure. Bajazet, conquérant rapide et tyran cruel, défait les chevaliers français croisés contre lui, à la sanglante bataille de Nicopolis ; il menace Constantinople, lorsque l'invasion soudaine de Tamerlan retarde la chute de l'empire grec. Simple émir de Resch, Tamerlan se fait reconnaître souverain de Samarcande, et avec ses mêmes Mongols et Pélages, tant de fois ravageurs du monde; il fonde un empire pareil à celui de Gengiskan. Toutes les contrées au sud de la mer Caspienne et du Caucase sont soumises et ravagées; la Mésopotamie, mise à feu et à sang; Bagdad détruit. Le conquérant envahit l'Inde sans combat. Appelé dans l'Asie-Mineure par l'empereur Constantin et quelques émirs rebelles aux Turcs, Tamerlan s'élance sur l'Asie-Mineure, défait Bajazet à la bataille d'Ancyre, et l'enferme dans une cage de fer. Smyrne est détruite. Depuis Attila, jamais conquérant féroce n'entassa plus de meurtres et plus de ruines; il ne ménageait que ce qui ne lui résistait pas. Toutes les villes remarquables sur l'Euphrate et sur le Tigre furent anéanties, et ne se sont plus relevées depuis; son armée dévorante ne laissait après elle qu'un désert.

Prise de Constantinople. Les Turcs continuent d'étendre leur puissance, et Mahomet, en 1453, prend enfin Constantinople dont les habitants sont massacrés ou vendus pour être esclaves; et le reste de l'empire grec, en Europe, subit le même sort. Telle fut la chute du reste de l'antique empire romain après onze siècles de résistance; le décret providentiel est accompli; aussi, les Turcs ne firent-ils plus rien en Europe.

Guerre de cent ans entre la France et l'Angleterre. Les peuples du 50ᵉ parallèle, toujours appelés à être les antagonistes des peuples amollis par les jouissances animales, à les régénérer, à prendre eux-mêmes un nouveau lustre par leur séjour sous un autre ciel, semblaient marcher dans cette voie à la partie occidentale de l'Europe, lorsque l'antagonisme s'exerça entre eux ; la France et l'Angleterre qui, par la marche ascensionnelle de leurs lumières, devaient éclairer les autres nations, se mettent à exercer l'antagonisme entre elles par une guerre de cent ans, dont l'effet à été de retarder le progrès des lumières. L'Italie seule, voit briller les arts, malgré ses discordes civiles ; malgré la peste de 1348 qui enleva un quart de la population du monde.

L'Italie guidée par les Pontifes. L'Italie, plus avancée que les autres contrées, projette ses lumières sur le reste de l'Europe. Secondée par les pontifes, la civilisation produit des philosophes, des poëtes, des historiens, des architectes, des peintres, des sculpteurs. On exhume les manuscrits de la poussière des cloîtres ; les ouvrages du ciseau des Grecs sortent des décombres des villes ; on se livre à l'étude de l'antiquité ; les arts font d'immenses progrès durant le quinzième siècle. Enfin, en 1436, Jean de Guttemberg, de Mayence, imagina les caractères mobiles de l'imprimerie. La découverte de la boussole, à Amalfi. La poudre à canon, connue des Sarrasins depuis longtemps, devient d'un usage habituel.

Pendant que l'Espagne achevait d'expulser les Maures, qui avaient occupé son territoire pendant sept cent soixante-dix-neuf ans, Colomb obtient de la reine de Castille Isabelle, trois navires avec lesquels il va découvrir l'Amérique en 1492.

Les Espagnols envahissent l'Amérique, et montrent à l'Europe étonnée l'existence d'un immense continent qu'elle ne soupçonnait pas. Sur cette vaste région, deux peuples seulement offraient une certaine civilisation. Les Atzèques dominaient au Mexique; ils avaient des arts, des lois, un gouvernement bien organisé; leur religion était de sang. Dans le Pérou, les Incas, beaucoup plus civilisés, avaient des édifices, des temples magnifiques, des lois douces, et comptaient une dynastie de rois conquérants et législateurs pendant quatre cents ans, à partir de Manco, fondateur du royaume des Incas. Tous les autres peuples américains étaient chasseurs et nomades; sur les bords du Mississipi, les Natchez seuls avaient un gouvernement régulier, avec des nobles. L'écriture était inconnue au Mexique et au Pérou; ils avaient seulement des hiéroglyphes, comme tous les peuples de l'Amérique; c'est ce qui explique le défaut de documents sur l'histoire de ces peuples, des restes d'anciennes grandes villes sur plusieurs points ensevelis depuis plus de mille ans.

Destruction des empires du Mexique et du Pérou. Tout périt sous les coups des Espagnols; Cortez renverse l'empire mexicain avec cinq à six cents hommes, et envoie l'empereur Montézuma en Espagne; Pizarre, celui des Incas, en commettant mille excès de destruction, malgré les efforts de l'évêque Las-Casas, les défenses du cardinal Ximénès. Il semble qu'une régénération ne peut s'opérer sans tout détruire et verser des torrents de sang.

La dépopulation indienne devint considérable; les

conquérants ne voulaient pas cultiver eux-mêmes la terre; il fallut transporter des nègres pour repeupler : la traite des noirs fut établie.

Ces faits immenses, de la vie providentielle en faveur des Espagnols, qui nous les montre asservis, par un peuple d'une religion opposée à la leur, pendant longtemps; puis s'affranchir peu à peu en reconquérant leur territoire sans secours étrangers et en accomplissant l'expulsion complète, devenir possesseurs d'un continent considérable par droit de conquête, prouve l'effet du jeu de l'antagonisme. Quelques intelligences qui surgissent chez un peuple suffisent pour en changer tout à-fait la position. Nous avons vu qu'une seule capacité suffisait pour faire mouvoir des masses de peuples, détruire des empires, de nombreuses sociétés humaines, sans rien créer, ou d'autres fois créer des empires formidables qui cessaient d'exister à la mort de la capacité qui les avait établis.

Les antiques ruines de l'Amérique. Les ruines antiques de l'Amérique ne seraient-elles pas l'effet de semblables prodiges humains par le seul peuple de l'Amérique, que le défaut de connaissances de l'écriture a empêché d'en transmettre l'histoire à la postérité comme tant d'autres ruines du centre de l'Asie, même les anciens monuments de la Haute Égypte, où il n'existait aussi que des hiéroglyphes inintelligibles aux populations présentes, sans arts et sans civilisation?

Mouvement des puissances maritimes de l'Europe. Les Portugais établissent des comptoirs sur les côtes de Guinée; Diaz double le cap de Bonne-Espérance;

Vasco de Gama, en 1498, va établir la puissance portugaise sur la côte de l'Indoustan, et change la voie du commerce avec l'Inde.

Les peuples de l'Europe envoient des colonies en Amérique; le Portugal s'établit au Brésil; la France, aux Antilles, au Canada, à la Louisiane; l'Angleterre, à l'embouchure de la Delaware. Mais, au lieu des peuples paisibles de l'Amérique centrale et du sud, les colons avaient affaire à des indigènes robustes, intelligents et féroces, avec lesquels il fallait traiter et non combattre; c'étaient des peuples d'entre le 40ᵉ et 50ᵉ parallèle nord, de même race que les colons : de la famille algonkine.

Ainsi, perfectionnement et augmentation de la marine, colonies, géographie plus étendue et mieux comprise; augmentation d'or et d'argent; d'un autre côté, destruction des peuples d'Amérique, traite des nègres, maladie vénérienne, résultent de la découverte de l'Amérique.

Apogée des Espagnols. L'Espagne est à son apogée, et sa puissance ne tarde pas à diminuer et à perdre de plus sa prépondérance en Europe. Le Portugal aussi, s'élève pour tomber; il va faire des traités de commerce avec la Chine; pénètre au Japon où l'infatigable saint François-Xavier cherche à introduire le christianisme. Les Hollandais acquièrent une prépondérance maritime, forment des établissements commerciaux dans l'archipel indien, au cap de Bonne-Espérance; ils deviennent les facteurs du monde et les antagonistes du progrès religieux et civilisateur des puissances européennes dans l'Asie orientale. Le commerce fut porté au plus haut degré de prospérité ; la civilisation, les arts et les sciences étaient en progrès rapide, et toujours l'Italie en tête, surtout sous le pontificat de Léon X. En France, François Ier encourage les lettres et les arts ; la langue devient plus pure ; une architecture nouvelle, mélange du gothique, du mauresque et du grec s'élève.

Luther et Calvin, Henri VIII. Mais le progrès ne peut jamais continuer sans qu'un antagoniste se présente pour l'arrêter ; Luther, Calvin, etc., viennent prêcher la discorde en flattant les passions ; l'Église est desunie ; les chrétiens se révoltent contre l'autorité du pape ; ceux-ci perdent de leur prépondérance ; la France est ensanglantée par l'effet du schisme ; les souverains du Nord cessent de reconnaître l'autorité spirituelle des papes. En Angleterre, Henri VIII, pour couvrir ses crimes, se déclare chef absolu de l'Église de son royaume. Malgré cela, les peuples restent fidèles au christianisme ; les souverains seuls dérogent au principe d'unité, et la civilisation n'en marche pas moins.

Siècle de Louis XIV. La France, victorieuse de la ligue, se met à la tête de la civilisation intellectuelle et morale ; elle abolit définitivement la féodalité sous Richelieu, pendant que l'Italie perd et que l'Espagne marche vers la décadence. La Hollande et l'Angleterre marchent en avant pour le commerce maritime et l'industrie. Les peuples de l'Allemagne se divisent en deux catégories, catholiques et protestants qui ne cessent de se battre ; la Russie devient puissance considérable sous Pierre le-Grand : le royaume de Prusse se forme et acquiert de la puissance sous Frédéric II. Un parti anglais fait trancher la tête à leur roi Charles Ier; Louis XIV dicte des lois à l'Europe et donne son nom au dix-septième siècle, fécond en hommes de lettres; les spirituels La Fontaine, Voltaire, etc., etc., rendent la littérature française immortelle; mais **tout** en sapant les causes d'anciens abus, ils n'indiquent pas de remèdes. L'empire chinois est envahi par les **Mant**chous qui y élèvent un souverain de leur nation.

Les Anglais fondent leur empire de l'Inde et succèdent à la puissance du Grand-Mogol; mais, tandis que leur puissance de l'Inde orientale s'accroît, ils perdent, à l'aide de la France, leurs provinces américaines qui se séparent de la métropole, et fondent un gouvernement fédéré à l'instar de ceux des indigènes; gouvernement soutenu par les intérêts réciproques qui acquiert promptement une grande étendue et beaucoup de puissance.

Pendant que l'Europe progressait ainsi, le reste de l'antique empire romain perd le peu de civilisation qui lui restait : l'Asie-Mineure, l'Égypte, l'Afrique, courbés sous le joug musulman sont tombées dans l'abrutissement; les Mahométans font trafic des chrétiens qu'ils peuvent prendre; et cependant l'Europe domine la terre.

Révolution française. La vie providentielle n'accomplit aucuns grands progrès pour l'humanité qu'en détruisant complétement ce qui existe. Vers la fin du dix-huitième siècle, la révolution française, épouvantable dans ses excès, détruit jusqu'aux fondements de l'édifice social ; épouvante tous les souverains de l'Europe, qui arment contre elle, qu'elle repousse et envahit leur territoire. L'anarchie, au dedans, est à son comble, lorsqu'un génie se rencontrant dans les rangs de ses armées, s'élève par sa valeur pour prendre les rênes du gouvernement, rétablir l'ordre et la religion, puis élever la France, sous le nom d'Empire, à un très-haut degré de gloire. Napoléon, enfant de la Révolution, la méconnut, établit une nouvelle noblesse, des majorats ; fonde des royaumes pour ses frères ; recule les limites de la France jusqu'à la mer Baltique, et au delà du Tibre ; et tombe enfin devant l'Europe coalisée, après des malheurs et des fautes, et la France reprend son assiette et sa dynastie ancienne, en payant les frais de la guerre.

Progrès des sciences. Depuis soixante ans, les sciences physiques, les arts, l'industrie ont acquis un développement prodigieux ; la chimie et la géologie ont été créées, et étonnent le monde par les découvertes importantes qu'elles font naître ; l'emploi de la vapeur, les chemins de fer, ont ouvert une nouvelle voie à l'industrie, qui a grandi depuis quarante ans d'une manière gigantesque.

La Grèce a rompu ses chaînes et est redevenue royaume chrétien ; l'Égypte, dirigée par un homme de génie, quoique mahométan, cherche à rétablir les arts et les sciences. Des colonies anglaises vont féconder les îles de l'Australasie. La traite des noirs et leur esclavage sont abolis.

Les colonies espagnoles se sont rendues indépendantes et érigées en républiques ; le Brésil est érigé en empire. Des mouvements, des changements de dynastie s'opèrent aussi dans la presqu'île en deçà du Gange, dans l'intérêt de l'humanité. L'antique Abyssinie subit aussi sa révolution et ses changements en versant du sang.

Conquête d'Alger. Enfin la conquête de l'Algérie, événement le plus prodigieux des temps modernes, qui rend de la dignité à l'humanité en détruisant la piraterie, l'esclavage, et reportant sur ce sol une civilisation exilée depuis douze siècles ; mais, comme tous les événements qui opèrent un grand changement, il fait verser beaucoup de sang à cause de la résistance qu'y opposent les passions fortement enracinées, et l'antagoniste de la prospérité de la France.

Progrès de la civilisation. Maintenant que nous sommes arrivés à un point de civilisation toujours croissante, où nous arrêterons-nous, nous, peuples d'Europe, qui sommes appelés à coloniser, régénérer les autres peuples par nos lumières, notre intelligence, notre supériorité enfin? Nous n'avons plus à craindre l'invasion des peuples du centre de l'Asie, continuellement resserrés dans leurs limites par des peuples puissants et civilisés ; ils se briseraient contre eux avant de pouvoir les entamer, eussent-ils à leur tête des Attila, des Gengis-Kan, des Tamerlan.

Déjà la révolution française, celle d'Espagne et celle d'Angleterre auparavant, nous montrent que nous ne pouvons nous régénérer que par nous-mêmes, par une secousse violente des principes antagonistes de

notre vie sociale. Cependant, quelque intelligence supérieure que l'ambition placerait à la tête d'une armée,
aidée de la vie providentielle, pourrait changer la face
de la vie sociale dans bien des États.

Si la civilisation actuelle pouvait périr, ce ne pourrait être que par un cataclysme universel ; car, s'il n'é-
tait pas universellement complet, l'imprimerie a trop
produit pour que quelques débris n'en échappassent
pas pour venir instruire et guider le monde nouveau.

Mais il reste encore à la civilisation un champ immense à parcourir pour que la population entière du
globe participe aux bienfaits sociaux dont la civilisation moderne a couvert la majeure partie de l'Europe,
et tout en s'enorgueillissant que l'intelligence soit ar-
arivée à ce point de perfectionnement des institutions,
des sciences, des arts, de l'industrie, etc. Si l'on soulève le voile, que de misères encore dans cette société !
des classes ignorantes, abruties, dépourvues d'intelligence, avec tous les vices, représentant la race humaine primitive, disposées à tout croire, à tout faire
dans la voie du mal. Les classes plus élevées sont dé-
vorées par la cupidité, le luxe, l'ambition, la soif de
l'argent, pour satisfaire leurs nombreux besoins ; l'in-
différence religieuse générale favorise en paix le dé-
chaînement des passions dans la vie habituelle. Néanmoins l'humanité en général ne cesse de progresser ;
les égorgements qui aujourd'hui dégradent l'humanité
en Espagne sont l'effet des passions politiques et reli-
gieuses destinées à amener un grand changement dans
la vie sociale du pays, comme ceux qui se pratiquent

en Algérie : la vie providentielle l'ordonne ainsi. La justice humaine condamne à mort les assassins. Il y aura encore longtemps de ces classes d'êtres. Mais par tous les pays civilisés de l'Europe, comme aussi en Chine, l'homme y jouit d'une protection égale.

Cependant, il ne faut pas se le dissimuler, d'après cette courte esquisse de la vie sociale, nous avons vu les peuples tour à tour offrir un centre ou deux centres rivaux de civilisation, l'un donner naissance à l'autre, puis être anéanti, cette vie sociale ou civilisation progresser d Orient en Occident, et être établie et renouvelée par les peuples du 40ᵉ au 50ᵉ parallèle nord. Ne pourrait-on pas croire alors que la partie nord-est de l'Amérique serait destinée à nous remplacer, et que la vieille Europe tomberait dans l'abrutissement comme l'Asie Mineure, l'Égypte, la Grèce et Carthage ?

Quoi qu'il en soit, pourquoi l'humanité s'en effraierait-elle ? N'a-t-elle pas toujours gagné dans cette marche, que l'on peut qualifier ascensionnelle ; mais toujours le résultat de deux causes diamétralement opposées qui constituaient l'antagonisme de la vie sociale, résultat qui aboutissait d'un côté à l'anéantissement, à la mort, et de l'autre à la régénération, à la vie plus belle et plus lumineuse.

Guerre et paix. L'antagonisme social, ou c'est-à-dire la vie sociale qui se manifeste par la guerre, peut avoir des résultats avantageux quand elle cesse, en mettant mieux les peuples en contact, en mêlant le vainqueur avec le vaincu, plus civilisé ou moins, rendant de l'énergie à l'un et adoucissant les mœurs de l'autre ; comme les envahisseurs austères et grossiers s'adoucirent au contact de la civilisation gréco-romaine, les nomades Mongols se soumirent aux mœurs et aux sciences des Chinois. Mais quand, dans la guerre, le sabre est le principe dominateur des vainqueurs, les vaincus ne recueillent que l'esclavage. La paix seule a toujours été favorable aux peuples, à leur civilisation, en faisant fructifier les germes de progrès industriels et moraux semés dans les peuples.

Genre de vie. Le genre de vie, le régime influe sur le caractère des nations ; la nourriture exclusivement végétale ne diminue pas les facultés intellectuelles, mais rend la vie plus passive ; la nourriture exclusivement animale ne les diminue pas non plus, mais elle rend la vie plus active, le caractère plus féroce et indomptable, aiment la vie nomade et peuplent moins que les végétivores. Les ichthyophages ne font toujours que de tristes peuples qui ne pensent qu'à manger. Les hommes essentiellement omnivores se sont toujours prêtés facilement à la civilisation ; aussi ce sont ceux qui habitent les climats tempérés, qui réclament une nourriture végéto-animale, qui ont toujours constitué les peuples les plus civilisés. Le nord réclame une nourriture plus animale que végetale ; c'est le contraire pour les pays chauds.

Les fréquentes relations de peuples à peuples sont encore une cause adjuvante pour la civilisation : aussi les contrées maritimes sont-elles toujours plus avancées que celles de l'intérieur. L'Égypte, la Phénicie, la Grèce, Rome, etc., en fournissent des exemples. La

Hollande est beaucoup plus avancée que la Bohême, l'Angleterre que l'Allemagne, etc.

Aujourd'hui, la prospérité de l'Europe résulte en grande partie de ses fréquents rapports avec toutes les parties du monde, de son immense commerce avec toutes les nations.

Civilisation chrétienne. Sans doute que le christianisme est au-dessus de tous les moyens civilisateurs, et sa puissance seule suffit pour amener une nation au plus haut point de civilisation, mais de cette civilisation qui constitue le bonheur ; il fut la source de la grandeur et de la prospérité européenne, et il sera toujours la cause de la supériorité intelligente des nations sur les autres. Que l'on compare l'état des nations dominées par l'islamisme avec celles dominées par le christianisme ; les premières dans l'état le plus misérable, toujours dans la crainte d'être poignardées par le caprice d'un maître, sont dans un état de décadence absolue, et n'attendent que le christianisme qu'elles ont refusé, et qu'elles refusent encore, tant l'antagoniste du bien est puissant. Il est évident que la vie providentielle nous montre le résultat de l'antagonisme de ces deux religions qui sont venues se partager le globe avec le bouddhisme ; mais cette dernière n'a qu'un pas à faire pour être dans le vrai. Le christianisme, au contraire, est tout pour le peuple ; celui-ci ne reconnaît pas d'autre autorité que celle qu'il désigne par sa voix : La voix du peuple est la voix de Dieu. L'intelligence, l'instruction, la vertu, sont de nécessité pour régir dans l'état ecclésiastique. Le principe d'élection pour représenter les droits des citoyens est basé sur le principe du christianisme; mais, dans cela comme dans tout autre acte de la vie sociale, l'antagonisme du bien est toujours là pour souvent faire pencher la balance du mauvais côté; c'est pourquoi ce principe d'élection se trouve restreint chez bien des gouvernements où l'état trop brut du peuple ne permet pas une assez grande liberté de conscience. Nous voyons même, en Angleterre, où le principe d'élection est reconnu depuis longtemps, mettre les voix du peuple aux plus offrants et derniers enchérisseurs, de sorte que c'est l'argent qui fait nommer aux emplois qui régissent les intérêts du peuple. A part ces erreurs d'un siècle d'argent, le principe libre de la prééminence de la science et du talent prévaudra, parce qu'il est d'institution divine.

Antagonisme civilisateur. Aujourd'hui les états sociaux de l'Europe occidentale sont arrivés au plus haut point de civilisation comparativement aux autres; mais cette civilisation, qui progresse tous les jours, éprouve aussi tous les jours de rudes coups de l'antagonisme. Les priviléges héréditaires sont remplacés par l'argent; ce métal semble être le mobile civilisateur, mais il n'est que celui de la corruption; parce que le seul moyen d'avoir assez d'argent c'est de moins en dépenser, de mettre un frein aux passions, au luxe, à l'ambition, à la jalousie de l'apparence de la fortune et des rangs : est riche qui veut.

La concurrence ou l'antagonisme s'exerce dans toutes les positions; il en résulte un bon effet pour les progrès des sciences, des arts, de l'industrie et du commerce.

Mais les gouvernements, en faisant participer le peuple dans son administration, diminuant ainsi leur responsabilité, créant des emplois à l'infini avec des émoluments, de sorte que bientôt, si cela continue, la moitié de la population paiera l'autre moitié pour l'administrer, etc., etc.

Les États sont dans la nécessité de surcharger le peuple d'impôts ; pour cela ils monopolisent, établissent des douanes pour prélever des taxes qui entravent l'industrie, la liberté du commerce.

Mais, nous le répétons, l'antagonisme social, qui doit amener les hommes dans une position plus favorable à l'humanité, dans un état de civilisation conforme à la dignité de l'homme, ne peut se faire que lentement ; il faut l'expérience du mal pour arriver au bien : c'est par le concours des intelligences fonctionnant dans divers sens que l'on peut arriver à un état plus favorable ; que l'on reconnaîtra que la civilisation ne consiste pas dans le luxe, dans les jouissances d'une partie de la population aux dépens de l'autre, que cela n'engendre que la ruse, l'adresse, la duplicité, la mauvaise foi, la friponnerie, etc., etc. ; qu'il est nécessaire de connaître une domination de ce genre pour pouvoir en adopter une autre, qu'il faut expérimenter le malheur pour pouvoir sentir le bonheur ; qu'enfin, de ce concours, de ce combat de la mauvaise foi contre la bonne foi, du vice contre la vertu, doit résulter une amélioration dans la position de l'homme.

Il y a sans doute encore des tigres, des crocodiles ; mais ce temps est loin de nous où ces derniers étaient les seuls dominateurs de la surface du globe ; espérons, et cet espoir est une certitude, qu'il viendra un temps où la vie sociale sera purgée de ces êtres affreux, où l'antagonisme ne s'exercera plus que par une résistance raisonnée. Comparons notre état social avec celui des Ottomans, des Bédouins, des Maroquins, des Tartares, etc., etc., où la vie humaine est comme celle des animaux, on comprendra la différence énorme de leur civilisation avec la nôtre, on comprendra quelle destruction épouvantable est nécessaire pour arriver à un changement dont actuellement l'Algérie nous donne l'exemple. Quels efforts de l'antagoniste de la vie sociale rétrograde pour amener des peuples qui vont de pair avec les lions et les panthères à la vie sociale régie par le christianisme ! Mais il ne peut en être de même des peuples de l'Asie orientale, qui n'ont plus qu'un pas à faire pour être chrétiens et avoir notre civilisation.

Sans doute qu'il y a encore loin de notre vie sociale actuelle à une civilisation intellectuelle, morale, littéraire, industrielle ; nous faisons nos efforts pour y arriver, nous sommes en voie pour cela, l'instruction marche, les académies, les sociétés savantes, représentation des sciences, font, malgré une force antagoniste, tous leurs efforts pour encourager, propager les sciences. Des congrès scientifiques se tiennent successivement sur divers points ; ils ne sont encore que des ébauches, mais qui plus tard arriveront à être vraiment utiles; on sentira la nécessité de faire marcher la morale avec la science, et, soit dit en passant, les banquets en seront exclus; cette jouissance animale est opposée à la vertu intellectuelle. Cette observation s'applique également aux petits banquets que quelquefois le clergé donne : c'est abuser de la Providence, quand on sait que tant de familles sont dans la disette, et qu'il faut que les personnes intelligentes donnent l'exemple de la sobriété.

La gourmandise comme la friandise n'abrutissent pas l'homme comme l'ivrognerie, qui le met complétement au niveau de l'animal; mais ce sont aussi des passions dégradantes, qui vont souvent de pair avec la paresse : les hommes mangent une fois trop pour leur santé et leur force.

Des intelligences suffisent pour la civilisation. Enfin, nous terminerons cette esquisse de la vie sociale en disant que la civilisation provient toujours de l'effet de quelque intelligence dirigeant la société, ou de leurs écrits; que ces quelques intelligences au pouvoir font les masses du peuple ce qu'elles valent. Que si la civilisation, les arts, etc., etc., se sont perdus dans certains pays, comme on en trouve des restes en Amérique, au centre de l'Asie, en Afrique, c'est que les intelligences qui les dirigeaient ont été anéanties par des révolutions, ou par des conquêtes, ou par des épidémies, et le même peuple civilisé retombe dans l'abrutissement, l'état sauvage, parce qu'il ne lui reste rien qui puisse le remettre sur la voie de la civilisation, faute d'avoir connu l'écriture. Chez nous, grâce à l'imprimerie, nous n'avons pas cela à craindre. Il n'a fallu en Amérique qu'un Robespierre pour y anéantir la civilisation et les arts de plusieurs siècles.

Nous ajouterons encore que les nations européennes modernes ont leur intelligence supérieure propre : l'Espagne a son Cervantes, l'Allemagne son Leibnitz, l'Angleterre son Newton, la France son La Fontaine, la Suède son Linné, etc., etc.

COROLLAIRE DE LA VIE ET LA MORT.

Nous répéterons : La vie est une émanation de la Divinité qui met en fonction deux principes antagonistes.

La vie de la terre, comme celle de tous les êtres qui en dépendent, a commencé par la fonction de deux principes antagonistes à l'état fluide, gazeux et aqueux, et non par un fluide igné, puisque la chaleur centrale est une chaleur vitale comme celle de tous les êtres, déterminée par l'effet de la pression de l'air.

La géologie, science nouvelle pour nous, créée 3500 ans après Moïse, est venue nous montrer, par son étude, que les assertions contenues dans le premier chapitre de la Genèse sont parfaitement exactes. Ainsi, aujourd'hui, ce n'est plus de la foi qu'il faut pour croire ce que nous dit Moïse dans le premier chapitre de la Genèse, c'est de la science.

Les deux principes antagonistes sont la source du bien et du mal; ils fonctionnent simultanément par la vie. Leur cessation ou leur désunion constitue la mort.

La vie est commune à la terre et à tous les êtres,

puisque c'est une émanation de la Divinité; elle né peut par conséquent mourir avec le corps, elle le quitte lorsque ses principes ne sont plus en rapport. Alors leur produit ou le produit de la vie se décompose et rentre dans la masse générale où il avait été puisé, après avoir concouru pour sa part dans le degré de progression.

Le but évident de la vie est l'élaboration de principes constituants pour les êtres futurs, puisque tous les êtres vivent aux dépens les uns des autres.

De cette succession des êtres, comme de la marche de la vie de la terre, résulte un état différent de la surface de celle-ci, favorable à une classe d'êtres à organisation plus compliquée.

La succession des êtres, jusqu'à présent, n'a réellement été qu'une adjonction d'êtres dans la vie commune, puisque les premiers créés vivent et se renouvellent toujours : les créations nouvelles n'effacent pas les premières; elles ont lieu dans des conditions d'existence qui leur conviennent et qui ne conviennent pas aux premières. La marche de la nature ne peut être rétrograde : elle reste stationnaire ou elle progresse. L'état de ce qui existe, des peuples, réduits à l'exclavage, jadis glorieux, ne sont pas dégénérés depuis depuis deux ou trois mille ans.

Ainsi, toutes les familles d'êtres existeront toujours tant que les conditions d'existence leur seront favorables, et elles cesseront de vivre quand ces conditions finiront. Comme des nouvelles créations s'opéreront lorsque des nouvelles conditions paraîtront. De sorte que les êtres sont créés ou surgissent dans les lieux où leurs conditions de vie les appellent.

Résumé de la vie de tous les êtres. Nous répétons donc que tous les êtres, végétaux, animaux et minéraux, vivent aux dépens les uns des autres en s'assimilant les éléments de la vie, l'eau et l'air, dans des proportions et selon des genres divers, suivant leur organisation qui les oblige de vivre ainsi ; que de ce concours de la vie commune résulte un état différent de la surface de la terre, et des êtres d'une organisation plus compliquée. Voilà donc évidemment le but de la vie? Or, depuis environ un million d'années que la vie fonctionne par la terre sur la terre, que la terre existe (Boitard), elle est encore dans sa jeunesse; la vie de tous les êtres se résume en la vie de l'homme, maître de la surface de la terre : tout est fait pour l'avenir de l'homme.

La terre est le patrimoine de l'homme, elle a été créée pour l'homme; cette succession d'un million d'années n'est qu'un instant par rapport à l'éternité pour arriver à la création de l'homme qui date d'environ dix mille ans.

Interprétation de la Genèse. Il nous est donc bien démontré que les six jours de la création selon la Genèse, sont les six temps, les six périodes de développement de la surface de la terre, les six grandes époques ou durée de création.

Le premier jour ou le premier temps, création, génération, union des deux principes antagonistes qui doivent composer le globe terrestre, qui n'était alors qu'un globe de vapeur, ou qu'une masse de vapeur qui a pris la forme sphérique, aplatie aux deux pôles, par l'effet du mouvement circulaire ; et ce mouvement circulaire déterminé par l'attraction et la répulsion ; effet des deux principes antagonistes ; cette vapeur devait être nécessairement lumineuse par la permanence de l'électricité. Le deuxième, cette vapeur commença à se condenser à la surface, il en résulta de l'eau qui se précipita au centre par la même cause du mouvement, et forma un globe aqueux, enveloppé d'une immense vapeur qui en était l'atmosphère. La Genèse omet de mentionner les substances amorphes, végétales, mucilagineuses, zoophytes, lithophytes, zoolithes, qui se forment à la surface du globe aqueux, parce que c'était hors de la portée de la masse des hommes à laquelle il s'adressait.

Le troisième, toutes les substances formèrent des bancs, près ou hors la surface de l'eau, sur lesquels les premiers végétaux parurent.

Le quatrième, l'immense vapeur qui enveloppait le globe terrestre, s'éclaircit, disparut en partie, et laissa pénétrer les rayons du soleil, ainsi que ceux réfléchis par la lune et les étoiles. Par la même raison, la Genèse omet de mentionner les atélézoaires.

Le cinquième, les poissons furent créés, c'est-à-dire les cétacés et amphibies, puis les oiseaux.

Le sixième, parurent les vrais animaux, les mammifères terrestres ; puis à la fin l'homme parut.

Nous pouvons maintenant nous assurer par nous-même de l'exactitude de ces assertions, racontées en termes amphibologiques, expressions du temps, traductions de la pensée plus ou moins altérées par trente-cinq siècles.

Comme nous sommes obligé d'admettre comme parabole la narration de la création ou de la génération des premiers hommes.

La race de Caïn fut la première, race inintelligente ; elle put vivre ; mais les conditions de vie ne le permirent pas encore à la deuxième, à la race d'Abel ; ce n'est que longtemps après qu'elle reparut sous le nom de Seth ; celle-ci était intelligente, elle pouvait comprendre Dieu. Ces deux races existaient avant le Déluge.

Le Déluge offre partout des traces de son existence à la même époque géologique ; il y a environ quatre à cinq mille ans ; on ne peut l'expliquer que par un dégel boréal.

Après le Déluge, les deux premières races changent de nom ; au lieu de Caïn, c'est Cham ; au lieu de Seth, c'est Sem. Ces deux races ont-elles été créées de nouveau ? Nous le pensons. Une troisième race, celle de Japhet, plus parfaite, paraît après le Déluge ; elle est destinée à commander aux autres.

Tout cela est incontestable ; car les savants qui ont admis un plus grand nombre de races, ont confondu celles-ci avec les familles. Comme ceux qui ont vu une quatrième race dans les indigènes de l'Amérique, ne peuvent raisonnablement en établir le caractère distinctif ; car les indigènes de l'Amérique du nord ne ressemblent pas plus à ceux de l'Amérique du sud que nous n'y ressemblons.

La Bible. Ancien et Nouveau Testament. L'histoire du peuple Juif est absolument la description de l'antagonisme dans tous ses états. Ce peuple, privilégié par la connaissance de Dieu, destiné à transmettre aux autres la divine science par l'histoire de sa vie sociale, a donné naissance au Sauveur du monde, arrivé dans un temps ou l'antagonisme du vrai, du bien, dominait son adversaire, c'est-à-dire dans un temps où la balance penchait vers la corruption; alors, l'antagoniste du bonheur ayant la force, Jésus fut crucifié par ceux qui représentaient cet antagoniste; moins de la moitié, par conséquent reconnurent le fils de Dieu, et le surplus de la nation fut condamné à l'infamie, à errer dans l'abjection chez toutes les nations du monde.

Les peuples qui ont reçu le christianisme sont les plus intelligents et les plus avancés en civilisation; tous les autres sont infiniment au-dessous, et la dignité de l'homme y est méconnue. Les premiers progressent vers un état meilleur; les seconds restent stationnaires ou dépérissent.

La vie sociale ne peut donc pas s'améliorer sans le christianisme? Or, comme il est clairement démontré que tout tend vers la perfection, il y aura nécessité que le christianisme devienne universel, il marchera comme les progrès de l'intelligence; il est inhérent à celle-ci, il est la loi divine qui guide l'homme vers son bonheur; hors le christianisme il n'y a rien de vrai, il n'y a que de l'animalité, qu'un état rétrograde;

vouloir se passer du christianisme c'est refuser l'intelligence, c'est méconnaître la divinité, c'est le malheur, c'est la mort.

Le sort, l'avenir des hommes dépend donc essentiellement du christianisme, de l'obéissance à la loi du créateur.

Antagonisme universel. Et cependant, la loi de l'antagonisme, créée avec le monde, oppose la moitié à l'autre moitié; il ne peut y avoir que la moitié des hommes qui fonctionnent dans le sens du bonheur, qui obéissent à la loi divine, et cette moitié a constamment en opposition la moitié contraire, comme celle-ci est sans cesse combattue par celle qui est dans le vrai. De ce conflit d'actions et d'opinions, qui constitue la vie sociale, résulte l'état rétrograde et la mort de cette vie, ou la progression : c'est ce que l'histoire nous montre.

Mais néanmoins, force reste toujours à la loi divine ; si elle est méconnue d'un côté, elle ne l'est pas dans un autre, et malgré ses antagonistes, la raison humaine persiste dans l'observation de la loi du créateur, et la vie des hommes s'améliore ; le développement de l'intelligence progresse toujours, lentement, sans doute pour nous : c'est comme une armée qui combat contre une autre d'un intérêt opposé en apparence ; la victoire est tantôt d'un côté, tantôt de l'autre, l'une ou l'autre finit par être vainqueur, ou elles cessent de combattre après s'être usées, et elles restent dans leur premier état, comme avant le combat. Eh bien! la vie est tout à fait cela : tantôt elle progresse vers le bien, vers la civilisation, ou elle rétrograde ou reste stationnaire ; mais la nécessité ramène le combat des antagonistes, et comme la vie persiste, l'antagoniste de la prospérité finit par avoir le dessous, il n'agit plus que sourdement dans l'ombre, et l'intelligence domine.

Espoir de l'humanité. Tel est le résultat de la vie humaine, de la vie sociale, qui après une succession de vie et de mort, dans la partie occidentale de l'Ancien-Monde, d'état stationnaire de la partie orientale est arrivé dans la partie occidentale de l'Europe au plus haut point d'intelligence actuelle, et est appelé à régénérer les autres nations.

Et si l'on considère que le globe terrestre n'est encore qu'au tiers de la durée de sa vie, que ce tiers nous paraît être d'un million d'années environ, on aura l'idée de ce que pourra être l'intelligence humaine progressant pendant encore deux millions d'années. Malgré les arrêts, les mouvements rétrogrades, les états stationnaires de quelques milliers d'années, effets de l'antagonisme. Tout cela fait comprendre combien nous sommes encore petits, que nous sommes dans l'enfance pour l'intelligence, et quel pourra être notre degré d'intelligence à la fin de la carrière de la terre.

Nous avons démontré que la terre est le domaine des hommes, que la vie étant une émanation de la divinité, est immortelle, que la vie de tous les êtres se résume en celle de l'homme, que tous les êtres étant sous la dépendance des hommes, ceux-ci ne conserveront que ceux qui leur sont utiles, et finiront par ne plus en conserver, les hommes seront les seuls êtres sur la terre, partageant la vie avec la divinité; l'antagonisme animal matériel cessera, cette double fonction n'existera plus que dans la vie intellectuelle : l'homme deviendra essentiellement spirituel. Tous les hommes le deviendront, les uns plus tôt, les autres plus tard; il en sera ce qu'il en est actuellement d'abord, car il est facile de comprendre que d'après l'immense distance qui sépare nos hommes intelligents d'avec ceux très-nombreux qui ne diffèrent des brutes que par la forme et le langage, les premiers, ou leurs successeurs, jouiront de la vie spirituelle quelques centaines de mille ans avant les derniers.

Nous observerons, en passant, que nous n'entendons pas par intelligence, celui qui a plus de science, qui est plus élevé en civilisation ; l'homme intelligent, qui domine par les facultés intellectuelles, est celui qui comprend le mieux la loi divine et qui s'en acquitte le mieux, c'est-à-dire, qui ne cède rien aux passions animales, qui emploie toute son intelligence pour concourir à être utile à tous les hommes, à rendre le bien pour le mal, à supporter toutes les adversités sans réaction de sa part; constamment passif dans le mal, et toujours actif dans l'action du bien.

Car celui qui possède des facultés intellectuelles et de la science, qui les emploie à son propre avantage en nuisant aux autres, qui exerce le mal, qui satisfait ses passions animales, l'intelligence de celui-ci le place au niveau de la brute rusée et méchante.

C'est surtout par les actions que l'on doit juger l'intelligence des hommes.

L'espoir de l'humanité est donc dans sa perfectibilité future. L'homme est l'être privilégié de la divinité, en qui se résume la vie commune à tous les êtres ; il tient à la divinité par la vie, et plus il s'en rapprochera par ses actions, plus il jouira du bonheur présent, et plus tôt il deviendra immortel.

Puisqu'il faut subir les conséquences de l'antagonisme, ne cherchons donc pas à avoir des jouissances prématurées, qui doivent être payées d'une égale part de peines, de malheurs. Sans chercher la peine, le malheur, la misère, la douleur, comme le font certains fanatiques qui n'agissent que contre eux, contre leurs passions, qui sont les extrêmes de ceux qui ne travaillent que pour eux, agissons de manière à éviter les jouissances des passions, travaillons dans l'intérêt commun, ne faisons pour nous que juste ce qui est nécessaire pour vivre et se bien porter ; c'est-à-dire, que la paresse, la gourmandise, la friandise, l'égoïsme, et les autres passions qui flattent les sens, mettent l'homme au niveau de l'animal et l'oblige de supporter les peines de celui-ci. Usons de notre intelligence, de notre savoir, pour l'utilité commune, pour le progrès de la civilisation, dans l'intérêt des mœurs et de la prospérité publique.

Agissons toujours dans le sens que le veut la divinité, en nous rendant constamment utile à nos semblables ; la mort viendra séparer la vie de notre corps, celui-ci ayant concouru pour une large part dans la

progression commune vers la perfectibilité, sera nécessairement reconstitué le plus prochainement avec
les éléments qui ont donné un si beau relief à sa vie.

Si au contraire, le corps a traîné sa vie dans l'abjection, par la prédominance de l'antagoniste de l'intelligence, il sera reconstitué aussi avec les mêmes éléments pour recommencer une nouvelle lutte, jusqu'à
ce qu'il arrive à avoir la prédominance de l'intelligence.

Telle est la vie, la mort et l'avenir de tous les êtres,
qui se résument en l'homme ; tel est et tel sera l'avenir
de celui-ci : un état parfaitement intelligent, spirituel.
La terre est créée pour les hommes, ils se formulent
sur sa surface pour devenir à l'état spirituel ; deux ou
trois millions d'années pour amener cet effet, ne sont
qu'un instant par rapport à l'éternité.

D'après tout ce qui précède, il est facile de comprendre que les êtres ne se transforment pas par la
succession des temps en d'autres êtres, que les êtres
de formes variées, constituant des espèces, peut-être
innombrables, ne peuvent changer dans leur organisation matérielle toujours en rapport avec les conditions géologiques et climatériques : ils meurent lorsque
leurs conditions ne reviennent pas. Que la vie qui est
une émanation de la divinité pour formuler la matière,
en mettant en action deux principes antagonistes, est
commune à tous.

Que tous ces êtres, comme la terre, fonctionnent
par la vie commune vers un but commun ; que ce
but est l'homme, qui à son tour, par son antagonisme

tend à la perfection spirituelle, tend à acquérir les sentiments qui se rapprochent de la divinité, en s'éloignant de la puissance de la matière qui le subordonne dans la vie animale.

On peut donc dire que le but de la création est de transformer la matière en principes spirituels, de constituer des êtres essentiellement spirituels comme la vie qui les anime.

Le corps de l'homme, suivant nous, est la dernière forme qui soit donnée aux êtres, nous ne pouvons en comprendre de plus majestueuse, c'est la forme destinée à recevoir la spiritualité : un certain nombre d'hommes nous le prouvent. Cette forme sera donc conservée aux hommes parfaits futurs ; ceux qui sont morts doués au plus haut degré de la spiritualité, reparaîtront sous cette forme avec les mêmes éléments de composition.

Nous voyons trois races distinctes d'hommes : la première avec des nuances différentes de perfectibilité est bien au-dessus des brutes ; la deuxième aussi avec les mêmes nuances, est au-dessus de la première, et est l'intermédiaire à la troisième, qui est supérieure aux deux premières. Or, d'après ce que nous avons dit précédemment, nous devons être dans l'attente d'une quatrième race supérieure à la troisième, destinée à remplacer celle-ci comme elle remplace la deuxième, et la deuxième la première. Issues de génération, ou provenant de création nouvelle, c'est ce qu'il n'est pas encore permis à l'intelligence humaine de reconnaître.

Nous disons donc que la quatrième race humaine qui surgira, destinée à jouer un rôle supérieur aux autres sur la terre, se composera de tous les hommes les plus parfaits de la troisième race, comme celle-ci s'est composée de la régénération des plus parfaits de la deuxième, etc., ainsi de suite, de perfectibilité en perfectibilité, jusqu'à la spiritualité complète.

Mais il ne faut pas croire que l'état social d'aujourd'hui, dit de race japhetique, soit entièrement composé de cette race, non; suivant notre estimation, au moins les deux tiers appartiennent encore aux races semique et chamique par leur manque d'intelligence. De là cette différence immense entre les derniers ou les moins intelligents, et les hommes les plus intelligents.

Bien entendu que l'on ne peut comprendre comme doués d'intelligence spirituelle, ceux qui à un haut degré, sont doués des facultés instinctives animales, comme ceux qui ont la ruse du renard, la fourberie du loup, la susceptibilité de l'ours, la méchanceté du tigre, la scélératesse du crocodile, etc., facultés qui dépendent de l'organisation animale; ils sont générés ou créés tels pour exercer l'antagonisme social; ces facultés héréditaires dans l'art de tromper leurs semblables, de vivre et de satisfaire leurs passions aux dépens des autres, sont diamètralement opposées à l'intelligence spirituelle. Tous les grands conquérants qui n'ont su que détruire sans rien édifier, les puissants criminels, les dominateurs perfides et destructeurs, restent naturellement dans la classe des bêtes féroces, leur corps n'est pas plus digne de reparaître que ceux des classes abjectes ; étant des antagonistes de la marche de la nature, n'ayant rien de la vie spirituelle, les éléments de leur corps ne peuvent être repris que pour jouer le même rôle, jusqu'à ce qu'ils soient anéantis par la puissance de la vie spirituelle.

Mais le but de la nature, du travail de l'antagonisme, étant de modifier les êtres vers un état supérieur, l'homme qui a reçu une organisation intellectuelle pour comprendre le bien d'avec le mal, s'il pratique l'un plutôt que l'autre en vertu de son organisation, il a au moins la conscience de ses actions contraires à sa dignité d'homme, il peut parconséquent faire des efforts pour entrer dans la vie spirituelle, et changer la destinée que semblait lui imprimer son organisation. Non-seulement l'homme peut améliorer sa position matérielle en se guidant sur sa conscience, qui est le *mens Dei,* mais il peut, s'il le veut, entrer dans la voie de la vie spirituelle.

Quelquefois la vie providentielle favorise l'antagoniste du bien, de la raison, dans le but de l'antagonisme ; mais celui qui fait des efforts pour résister à cet antagoniste, n'importe sous quelle forme et de quel genre il est, est toujours sûr d'être secondé par la Providence.

L'action des deux principes antagonistes, indispensable dans la marche de la vie, devant avoir pour résultat l'anéantissement de l'un essentiellement matériel, et la vie éternelle de l'autre, essentiellement spirituel, l'organisation de l'homme lui permet de se dévouer à l'un ou à l'autre, de jouir et de mourir comme l'animal, ou de supporter les effets de l'antagoniste du bien, de la raison, c'est-à-dire se dévouer à la vie spirituelle, faire abnégation des jouissances animales, faire des efforts pour imiter la Divinité, en faisant tout le bien qu'il est en son pouvoir de faire à ses semblables, obtenir ainsi la vie éternelle par la perfection de son organisation intellectuelle.

Et aujourd'hui, la vie sociale paraît fonctionner dans le sens de la matière, la vie animale semble dominer complétement la vie spirituelle; l'honneur, la bonne foi, la croyance en Dieu, paraissent ne plus être que des qualités d'utopistes; l'argent, dont tous les moyens pour l'acquérir sont bons pourvu que la justice humaine ne puisse les atteindre, remplace le mérite; les honnêtes gens se débattent péniblement sous le vaste filet que les maximes matérialistes ont étendu sur eux. Mais consolons-nous, c'est le jeu de l'antagonisme qui le veut ainsi; aujourd'hui, l'antagoniste de la probité a le dessus; demain, ce sera le contraire. De ce combat de la vie animale contre la vie spirituelle, résultera toujours quelque chose de favorable à l'humanité.

Les premiers en tête de la civilisation européenne, et leurs enfants civilisateurs de l'Amérique, sont à l'apogée du sens matériel, aussi, l'antagonisme qui depuis longtemps fonctionnait dans ce sens, commence-t-il à faiblir, et il est probable que les maximes spirituelles ne tarderont pas à avoir leur tour. C'est même une nécessité pour la portion de la **société qui** vit aux dépens de l'autre, de hâter ce retour à **la rai-**son humaine si elle ne veut pas être écrasée sous le double poids des jouissances animales et des réac-tions. Les peuples du nord, du nord-ouest de l'Europe, les plus avancés dans la vie spirituelle, sentent tous la nécessité de l'unité fondamentale religieuse, que la politique des gouvernants a toujours empêché de réaliser chez eux. Faisons le bien, et la Providence nous viendra en aide pour nous perfectionner, nous fortifier dans l'espoir de la vie future, et nous rendre heureux autant qu'il est possible de l'être en partici-pant de la vie animale, c'est-à-dire dans l'enfance de l'humanité, où notre raison, par rapport à celle de la vie spirituelle, n'est encore que comme celle des jeunes enfants qui commencent à raisonner.

Les révélations de Moïse, faites il y a plus de trois mille ans, n'ont été comprises que par un petit nombre, et encore la foi leur était nécessaire.

Celles que *Jésus-Christ* est venu ajouter, comme complément, dix-sept cents ans après, ont été plus gé-néralement adoptées : vingt générations ayant formulé un plus grand nombre d'intelligences ; mais cette ac-ceptation s'est faite presque insensiblement, d'abord dans l'ombre, à cause de l'antagoniste de la raison, de l'intelligence, qui, tout puissant, devait être vaincu.

Aujourd'hui, dix-huit siècles après cette deuxième révélation, la science paraît en offrir une troisième en nous montrant les objets qui corroborent la première révélation. De sorte que pour la révélation mosaïque, la foi est au moins inutile à quiconque veut étudier la géologie et l'histoire naturelle.

Sans doute qu'il faudra encore bien des siècles avant que la masse des peuples, même chrétiens, comprennent la géologie et l'histoire naturelle au point nécessaire pour ne plus douter de la révélation de Moïse. Pendant longtemps encore, les antagonistes du bonheur intellectuel, les partisans du bonheur matériel, lutteront contre la vérité. De là résultera un antagonisme qui persistera encore bien des siècles.

Bonheur et malheur. Les hommes toujours enfants, confondent le bonheur temporel avec le bonheur spirituel. Le premier consiste dans les jouissances matérielles, animales, et le deuxième gît dans la conscience satisfaite.

Nous ne pouvons nous résigner au jeu de l'antagonisme. Nous ne pouvons comprendre que les deux principes antagonistes qui régissent l'individu, comme la vie sociale, et qui sont encore subordonnés à la vie providentielle, doivent avoir chacun une égale part sur le cours de notre vie; qui sont inséparables dans la vie animale, dans la vie humaine; que fonctionnant simultanément ils constituent un état mixte, un mélange de petites peines et de petits plaisirs; mais que fonctionnant tour à tour dans de grandes proportions, il en résulte une alternative de grandes jouissances et de grandes peines. De nos jours, deux exemples frappants de cet effet dominent sur tous les autres : Napoléon s'élève par son génie à une très-haute puissance, bientôt l'antagoniste du bonheur l'atteint, sa puissance colossale est renversée, il est obligé de se réfugier, de demander un asile au plus puissant de ses ennemis, qui l'envoie mourir de chagrin dans une île au milieu de l'Océan, séparé de sa femme et de son fils. Charles X rétablit la puissance et l'indépendance de la France; au moment où il effectue l'acte le plus glorieux pour l'humanité, le plus favorable à la France et à l'Europe, il est honteusement chassé de son trône par le mensonge séduisant la bonne foi.

Il ne peut y avoir de vie sans antagonisme. Dans la vie humaine individuelle c'est le combat entre le principe animal et le principe intellectuel; entre les passions et la conscience. Dans la vie sociale, ce sont tous les vices contre les vertus; la ruse contre la bonne foi, etc., etc.

Le chef de l'État a son concurrent; ses ministres ont les leurs; tous les emplois, toutes les professions, toutes les situations ont leurs concurrents : le plus pauvre mendiant a aussi son concurrent qui chaque jour le désespère, et tout cela est nécessaire, indispensable à la vie progressive : le bien ne peut exister sans mal.

La vie providentielle, en même temps, entretient l'équilibre, conserve ou détruit selon des conditions que notre état d'enfance ne peut encore apprécier. Cependant il s'en faut beaucoup que tous les événements malheureux ou heureux qui nous arrivent tous les jours, soient indépendants de notre pouvoir; les deux tiers au moins nous arrivent par le défaut de notre intelligence, de notre imprévoyance.

L'antagonisme s'exerce partout et dans tout, en se subdivisant à l'infini : lorsqu'il cesse, c'est la mort.

Les deux principes antagonistes qui régissent la vie sociale ; l'un qui nous rappelle notre dignité d'homme, notre tendance vers la divinité, manifesté par ce que nous nommons conscience ; l'autre, qui flatte les passions et crée les besoins animaux, tendant à nous dégrader, à nous faire rentrer dans l'animalité, manifesté par le mensonge, agissent simultanément ou tour à tour. De là le mouvement progressif, stationnaire ou rétrograde de l'état social.

L'équilibre des deux principes antagonistes rend la société progressive. Si l'un des deux domine, il en résulte beaucoup de bien ou beaucoup de mal, et l'un et l'autre porté à l'excès anéantit son adversaire, et la société périt, comme l'histoire nous en offre mille exemples.

Mais ordinairement celui qui domine dans un temps sera à son tour dominé par l'autre. Tous les hommes savent cela, aussi, tous se hâtent-ils de jouir, de profiter de leur avantage, sans s'inquiéter que c'est une dette qu'ils contractent envers leur antagoniste ; dette qu'ils paieront tôt ou tard, eux ou les leurs. Louis XVI, comme les autres martyrs, à l'imitation de Jésus-Christ, ont été sacrifiés pour acquitter les dettes de leurs ancêtres.

La vie sociale ne peut être mieux représentée que par la réunion des jeux de hasard, d'adresse, de calcul et de force ; chacun y expose sa hardiesse et ses capacités, et rit ou pleure.

Le bonheur ne peut donc être permanent, et plus on le cherche en cherchant des jouissances, plus on s'en éloigne. C'est dans la vie spirituelle, dans le contentement de sa conscience, en faisant tout le bien possible aux autres qu'on doit le chercher, et surtout en faisant abnégation des jouissances animales, n'en prenant que pour la conservation de notre corps; tous nos efforts doivent se diriger vers la perfection de notre intelligence, la satisfaction de notre conscience, guide de la route que nous devons suivre pour arriver à la vie spirituelle, au vrai bonheur : les jouissances animales, matérielles, acquises au dépens des autres, et, tant recherchées, à l'imitation des animaux, ne procurent que peines, douleurs et malheurs.

La mort, tant redoutée des humains, n'est, cependant, comme la vie, qu'un acte de la nature, consacrée à l'élaboration perfective des êtres.

Tous les êtres vivants ont préexisté. Tous ceux qui meurent renaîtront.

La mort arrive lorsque les éléments de composition, ou appartenant à l'être, sont épuisés. Elle arrive indéfiniment à tout âge, parce qu'ils peuvent être épuisés à tout âge, chacun n'ayant à reprendre que les éléments qui lui appartiennent, qu'il a formulés dans sa vie précédente, pendant sa mort, et ceux formulés par les êtres qui ne doivent plus reparaître sous la forme précédente.

L'être, par sa nouvelle vie reprend donc et reformule de nouveau les éléments qui lui appartiennent, hors ceux qui restent à la terre, jusqu'à ce qu'il arrive à la spiritualité. S'il les a formulés dans une direction favorable à la spiritualité, il les retrouvera tels, et il sera en avant, il jouira de sa supériorité : voilà sa récompense ; mais si c'est dans le sens de l'animalité qu'il les a laissés, il les reprendra également comme il les a laissés ; il demeurera en arrière avec ses passions brutales, sa méchanceté : voilà sa punition.

La substance matérielle n'est pas entièrement reprise, puisqu'il en reste une portion à la terre ; mais il n'y reste rien de l'élément spirituel, la perfectibilité intellectuelle progressive des êtres l'atteste. La vie et la mort ont donc pour but la séparation de la matière d'avec l'esprit ; mais d'une manière lente et insensible.

Les deux principes matériel et spirituel, qui sont dans des proportions si différentes chez tous les humains, exigent aussi un temps plus ou moins long de la vie nouvelle pour les reprendre, et lorsque la faculté spirituelle fonctionne d'avantage en proportion de la vie animale, la vie spirituelle cesse plutôt que la vie animale, ou la première ne trouvant plus d'éléments à reprendre, finit son existence présente et entraîne la mort prématurée de la vie animale. Ce qui explique pourquoi les hommes chez lesquels l'intelligence prédomine, meurent plutôt que les autres ; pourquoi beaucoup de jeunes gens qui annonçaient une grande disposition intellectuelle, meurent dans la fleur de l'âge ou plutôt ; pourquoi les enfants à intelligence prématurée meurent toujours, à moins que les facultés animales ne prennent le dessus en laissant en arrière celles intellectuelles.

Ou du moins, tel est le sort des individus, dont les éléments intellectuels formulés dans la vie précédente, n'étaient plus en proportion avec l'absorption, la nutrition, l'activité d'assimilation de la nouvelle vie.

La vie animale, elle, suit son cours avec énergie et n'est subordonnée qu'à la vie spirituelle des autres : hors accident, elle dure longtemps.

Mais les hommes chez lesquels les proportions de la vie animale et de la vie spirituelle sont en équilibre, et se maintiennent telles, leurs carrières arrivent aux termes de la vieillesse humaine.

Nous avons déjà dit que la longévité des patriarches de l'antiquité devait être attribuée à des familles, et non à des individus.

Puissance divine et organisation.

La vie émanée de la Divinité, est commune à tous les êtres, elle est passive de l'action des corps.

Le corps fonctionne selon son organisation, et son organisation est conforme à ses besoins de conservation et de propagation. Plus on avance dans l'échelle de perfection des êtres, plus l'organisation est compliquée. Toutes les organisations inférieures semblent se résumer dans les organisations supérieures animales, qui toutes aboutissent et se résument sur l'organisation humaine.

Tous les êtres sont subordonnés, dans leur organisation, aux conditions géologiques et climatériques, d'autant plus par leur forme qui sont plus inférieurs, d'une organisation moins compliquée. Les hommes sont aussi subordonnés à ces conditions dans leur organisation intime : les premiers hommes ont paru lorsque ces conditions leur ont permis d'exister ; c'est dessous les quarantième et cinquantième parallèle nord, qu'existe la race supérieure, cosmopolite.

La marche favorable des conditions géologiques détermine donc la marche progressive des êtres, et en particulier des hommes, surtout vers la perfectibilité intellectuelle. L'antagonisme plus ou moins manifeste de cette marche, détermine aussi une progression plus ou moins manifeste.

Et il est à peu près évident que c'est l'antagonisme terrestre qui donne l'impulsion à l'antagonisme social, individuel.

Le guide de la conscience dans l'antagonisme individuel, social, n'est que la manifestation du désir de seconder la marche de la nature, de satisfaire à la puissance divine.

Il est donc évident que l'organisation doit être modifiée, échangée ; que non-seulement la constitution géologique amène ce changement, en fournit les éléments, mais que l'antagonisme individuel, social, entre la matière et l'esprit, entre l'animalité et la spiritualité, tendent uniquement au but de la perfectibilité spirituelle ; il est donc donné à l'homme, par sa conscience, de seconder la marche de la nature, de satisfaire à la volonté divine en tendant à atteindre le perfectionnement de son intelligence et la vie spirituelle.

L'espoir de l'humanité consiste donc dans la perfectibilité intellectuelle, dans la vie spirituelle, et il a les facultés de pouvoir y arriver plus ou moins vite.

La vie et la mort concourent également à ce but, ce sont deux passages de l'être par deux genres d'élaborations.

L'homme meurt pour fournir à la terre ce qu'il avait élaboré pour elle ; il renaît en reprenant les éléments de spiritualité qu'il avait élaborés, comme être tendant à la spiritualité.

La naissance et la mort ne sont donc que des successions des mêmes êtres ; ce sont des rénovations tendant toujours à la perfectibilité. Ainsi, cette multiplicité d'êtres en nombres infinis qui paraît aussi être en rapport avec l'immensité sans fin, ne doit pas surprendre pour l'avenir, puisque c'est une succession des mêmes êtres qui doivent se résumer en un nombre probablement inférieur.

A mesure que les conditions d'existence terrestres disparaîtront, les êtres soumis à ces conditions disparaîtront aussi.

Ainsi donc, à la fin de la vie de la terre (jugement dernier), ceux qui n'auront pas acquis la spiritualité, qui resteront encore entachés des propriétés de la matière terrestre, resteront avec la terre et subiront les conséquences de sa fin, qui aura probablement lieu par le feu, pendant que ceux qui auront acquis la vie spirituelle, jouiront d'une puissance, d'une vertu divine.

Jugeant approximativement, autant que notre petite intelligence peut nous le permettre, d'après les diverses formations de la croûte terrestre et ce que nous voyons à la surface, le globe peut avoir un million d'années environ, et c'est à peu près le tiers de sa vie, sans accident. L'humanité serait au tiers de la science sur la terre ; mais est-elle au tiers de sa perfection spirituelle ? Nous ne le pensons pas, nos hommes les plus parfaits sont encore dans une trop grande enfance, ont encore une trop petite conception du monde ; nos savants, nos gouvernants qui sont à la tête de l'intelligence, s'amusent encore comme des enfants ; et s'il a fallu un million d'années pour l'amener au point où il est, et le faire paraître à la surface de la terre seulement depuis neuf à dix mille ans, on conçoit qu'un laps de temps de deux millions d'années doit opérer un bien grand changement dans son organisation intime. Mais on conçoit aussi quelle avance ont nos intelligences sur les plus reculés de la première race, les Papous, etc., même la distance qu'il y a entre un La Fontaine, etc., etc., et un danseur de théâtre, etc., etc.

L'homme a donc deux destinées : l'une qu'il lui est très-difficile d'éviter, et l'autre qu'il lui est également très-difficile d'obtenir. Puisqu'il est très-difficile de faire abnégation des jouissances animales, matérielles, et très-difficile de se résigner à n'écouter que sa conscience, qui vous dit de ne faire que du bien aux autres, de ne travailler que pour l'intérêt général.

La renaissance des hommes ne peut avoir lieu qu'après l'entière décomposition des corps, qu'après une nouvelle élaboration des principes constituants, qu'après une nouvelle condition de la surface de la terre.

D'un autre côté, les investigations géographiques nous montrent des êtres nouveaux, des êtres plus compliqués en organisation; à chaque nouvelle formation de la croûte terrestre, une nouvelle série d'êtres se présente.

La forme humaine est la dernière qui a paru après cette succession régulière d'êtres. Elle a paru il n'y a pas plus de neuf à dix mille ans; et, donnant à chaque formation environ trente mille ans, les hommes ne commenceraient à renaître que dans vingt mille ans.

Mais une marche particulière pour l'humanité semblerait indiquer une rénovation à des époques plus rapprochées, en admettant la succession d'une race à une autre. En donnant dix mille ans de date au règne humain, les deux premières races seulement existaient avant le déluge, dans l'espace de quatre à cinq mille ans; la troisième a paru après le déluge, il y a aussi quatre à cinq mille ans; hors une quatrième race, la chrétienne a paru à l'époque de Jésus-Christ, d'où l'on peut donc croire que le règne humain se renouvelle tous les deux ou trois mille ans. Nos intelligences supérieures sont à leur troisième rénovation humaine, à leur troisième renaissance; ils ne se rappellent pas plus leurs vies précédentes que les enfants ne se rappellent leur première enfance.

Dans une 2ᵉ partie, nous considérerons l'homme sous le rapport de la santé et des maladies.

TABLE ANALYTIQUE.

429

FIN DE LA PREMIÈRE PARTIE.